重庆文理学院市级特色学科专业群机器人与智能装备项目资助

机械故障诊断与维修

谭修彦 ‖ 主编

赵华君 ‖ 主审

西南交通大学出版社

·成都·

图书在版编目（CIP）数据

机械故障诊断与维修 / 谭修彦主编. —成都：西
南交通大学出版社，2017.11
ISBN 978-7-5643-5904-1

Ⅰ. ①机… Ⅱ. ①谭… Ⅲ. ①机械设备 – 故障诊断 –
教材②机械设备 – 故障修复 – 教材 Ⅳ. ①TH17

中国版本图书馆 CIP 数据核字（2017）第 280304 号

机械故障诊断与维修

	责任编辑 / 李　伟
谭修彦 / 主　编	助理编辑 / 李华宇
	封面设计 / 何东琳设计工作室

西南交通大学出版社出版发行

（四川省成都市二环路北一段 111 号西南交通大学创新大厦 21 楼　610031）
发行部电话：028-87600564　028-87600533
网址：http://www.xnjdcbs.com
印刷：四川森林印务有限责任公司

成品尺寸　185 mm×260 mm
印张　14.75　　字数　368 千
版次　2017 年 11 月第 1 版　　印次　2017 年 11 月第 1 次

书号　ISBN 978-7-5643-5904-1
定价　37.00 元

课件咨询电话：028-87600533
图书如有印装质量问题　本社负责退换
版权所有　盗版必究　举报电话：028-87600562

| 前言 |

　　本书是根据 21 世纪工程类本科专业教学内容和课程体系改革精神编写而成的。随着社会经济的快速发展，推动了机械工业的技术进步，机械的结构和功能日趋复杂和完善，自动化程度越来越高，产品品种越来越齐全，价格越来越昂贵，机械设备的停机损失越来越大，直接或间接用于维修的费用不断上升，机械设备的不拆卸故障诊断与合理维修越来越受到重视。但是，在工程实际应用中因为存在诸多不可避免的因素，或者一些人为因素的影响，零件会发生失效，机械设备的可靠性会降低并出现各种故障，以致耽误工期，使用户蒙受经济损失，甚至会造成严重事故。因此，对机械设备实施状态检测，及时消除隐患、排除故障，保障设备的正常运行，已成为一项十分紧迫的任务。

　　编者在任教"机械故障诊断与维修"课程时，想选一本能将故障诊断与维修有机融合且可作为机械类本科生学习的教材，但往往很难如意。已出版发行的这类教材往往多注重诊断理论的介绍，偏重于对诊断设备原理的介绍，对设备故障判断与维护维修方面介绍太少，甚至没有，与教育部培养一大批具有一定理论基础和较强实践能力的，适应现代生产、建设、管理、服务第一线的应用型人才的要求相差甚远。

　　本书的特点是结构合理，理论联系实际，将故障诊断技术与维修技术有机结合，使学生既学习了机械故障诊断的基本原理与技术，又掌握了相关现代维修技术。

　　本书全部内容由重庆文理学院谭修彦统稿，重庆文理学院赵华君教授审阅。在本书编写过程中，编者参考了大量文献资料，在此对这些文献的作者表示感谢。

　　本书可作为高等院校机械类专业学生的教材，亦可供工科设备类专业及相关专业技术人员参考使用。由于编者水平有限，书中难免存在不足之处，恳请专家与读者批评指正。

编　者

2017 年 10 月

|目录|

第一章 概 述

第一节 机械故障诊断技术的发展历程

一、机械故障诊断技术的起源

一般而言，我们所提及的机械设备是源于蒸汽为动力的机器。人类的工业革命发端于蒸汽机的发明，从此以后，大量以蒸汽机为动力的机械设备不断涌现；随着工业革命的进一步发展，人类又发明了电力，继而诞生了新的动力机械——电动机；另外还有以燃油为能源的动力机械——燃油发动机，简称发动机；当然最"可怕"的是人类还发明了核动力机械。有了这些非自然的动力，人类"征服"自然的能力得到了巨大的提升，并且创造出了种类繁多的机械设备。

由于技术手段的限制以及对经济利益的考虑，几乎所有的机械设备都需要进行维修。开始时工业生产规模比较小，机械设备的技术水平和复杂程度都很低，设备的利用率和维修费用问题并没有引起人们的注意，对设备故障也缺乏正确的认识，那时的机械设备主要以分散的、独立的、小功率的为主，出现故障时只需停机、拆卸、检查、判断（诊断）、维修、再投入运行即可，这样就诞生了第一种维修方式——事后维修。目前，针对这类小型、非关键的机械设备，仍然采用事后维修的方式。

随着机械设备功率的不断提升，逐渐诞生了技术水平和复杂程度都比较高的机械设备，这些设备如果因故障意外停机将会对生产造成非常大的损失，同时还有可能造成较大的人员伤亡，因此，人们根据机械寿命理论，利用统计学原理，创造了一种新的维修模式——定期维修（计划维修），即根据某类机械设备的平均寿命，制定一个维修周期，按计划对这类机械设备进行维修。这种维修方式的确避免了大部分故障停机事故，较大幅度地提高了经济效益，减少了人员的伤亡，但是因为使用的是平均寿命方式进行定期维修，就不免还有一小部分设备事故会发生，产生了维修不足的现象。另外，维修时还会对一小部分性能良好、不需要维修的设备进行了过剩（多余的）维修。可见这种维修方式仍然只能是一种过渡型维修方式，这期间开始孕育了机械设备状态监测与故障诊断技术，各国企业的管理者和科研人员开始在技术层面关注如何掌握设备的真实运行状态，如何判断机械设备的故障，为新一代维修方式的诞生奠定了基础。目前，在工业生产中仍有部分机械设备采用定期维修方式，其中的关键设备是采用冗余技术来减少因意外停机造成的损失。

随后而来的工业化特点是生产设备的大型化、连续化、高速化和自动化。它在提高生产效率、降低成本、节约能源和人力、减少废品率、保证产品质量等方面有很大优势。然而，在这一阶段由于机械设备故障停机所造成的损失也在急剧地增加，例如，在一条自动化的连续生产线上，因为其中某一台设备上一个机械零件的失效而造成整个生产线停产，损失巨大。所以，自然地催生了新一代维修方式——状态维修。状态维修方式的诞生得益于计算机技术的发展，人们将所采集到的大量数据通过计算机进行快速处理、分析、判断，准确地掌握某一个机械零件乃至整个生产系统的运行状态，确定最佳维修时间和维修部位。目前，这种维修方式已经成为工业生产中的主流维修模式，其理论基础就是机械故障诊断技术。

可以说，机械故障诊断技术源于机械故障所带来的重大经济损失和人员伤亡，受益于科学技术的整体进步，尤其是计算机技术的飞速发展。目前，全球仍然在这一技术领域投入大量的人力、物力，以期使这一技术更趋完善。

二、机械故障诊断技术的发展进程

自 20 世纪 60 年代开始，随着科学技术的不断进步和发展，尤其是计算机技术、网络技术和信息技术的迅速发展和普及，机械设备运行状态监测与故障诊断技术逐步形成了一门较为完善的、新兴的综合性工程学科。该学科以设备管理、状态监测和故障诊断为内容，以建立新的维修体制为目标，在全球范围内以不同形式得到了推广，逐步成为国际上一大热门学科。

最早开发设备故障诊断技术的国家是美国。1967 年 4 月在美国宇航局的倡导下，美国海军主持召开了美国机械故障预防小组成立大会。除了一名瑞典滚珠轴承公司的代表外，几乎全部是来自于军界的代表，以海军和空军居多。这个小组的成立有两个主要原因：一个是技术进步和工业发展（如阿波罗计划这类尖端技术和系统）在保证机械设备的安全性、可靠性方面，面临着巨大的压力和挑战，机械设备的故障问题日益突出；二是在军事部门已经开发的一部分初级的监测和诊断技术，在可靠性工程等方面为发展和完善机械设备故障诊断技术打下了基础。

从此开始，美国投入了大量的人力、物力来开发和完善这项技术。例如，美国国家标准局的机械故障预防小组，研究了机械故障的机理以及检测、诊断和预测技术；俄亥俄州立大学的齿轮动力学及噪声实验室，研究了齿轮噪声机理与振动传递的监测技术和故障诊断技术；机械工艺技术公司的赛格研究所，研究了回转机械故障的诊断以及停机时间控制系统；本特利内华达公司的转子动力学研究所，研究了转子动力学性能、轴承稳定性、油膜振荡以及转子裂纹故障的监测与诊断；西屋电气公司的技术研究部，开发了电站数据中心、诊断运行中心，并且在人工智能诊断和热参数诊断技术方面有所突破。

在随后的几十年，机械故障诊断技术在美国的航空航天、军事、核能等尖端领域得到了广泛的应用，目前仍处在领先地位。例如，美国麻省理工学院综合利用混合智能系统实现核电站大型复杂机电系统的在线监测、故障诊断和状态维修；美国机械故障预防小组深入研究各类机械故障的机理、可靠性设计和材料耐久性评估；美国密歇根大学、辛辛那提大学和密苏里罗拉大学在美国自然科学基金的资助下，联合工业界共同成立了"智能维护系统中心"，旨在研究机械系统性能衰退分析和预测性维护方法；美国斯坦福大学在复合材料结构健康监测方面也取得了显著的研究成果。

在英国，20 世纪 70 年代初就成立了机械健康监测组织与状态监测协会，该协会对故障诊断技术的发展起到了很大的作用。曼彻斯特大学、南安普敦大学、剑桥大学等长期致力于基于先进检测方法的设备在线监测与损伤识别、可靠性、可维护性的研究工作及其应用和推广。另外，德国的柏林科技大学、法国的贡皮埃涅技术大学、加拿大的阿尔伯塔大学、澳大利亚的悉尼大学、日本的九州工业大学、印度的印度理工学院等，以及各国的其他科研机构都在机械设备状态监测与故障诊断技术领域做出了重要贡献。

我国高等学校和科研机构对故障诊断技术的研究起源于 20 世纪 80 年代初。1983 年，中国机械工程学会设备维修学会，在南京召开了首届设备诊断技术专题座谈会，交流了国内外的情况，分析了国内设备维修现状以及开展设备诊断技术的必要性，向全国提出了"积极开发和应用设备诊断技术为四化建设服务"的十条建议，强调了加速开展有关设备诊断技术工作的必要性和紧迫性。1985 年，在郑州聚集了国内有关机械设备状态监测与故障诊断技术方面的众多专家教授，正式成立了以"机械设备故障诊断"命名的研究会，并于次年加入到中国振动工程学会，更名为"故障诊断学会"，并在沈阳召开了"第一届全国机械设备故障诊断学术年会"。

随后这一技术在我国的冶金、石化、铁路、电力等行业逐步得到了推广和应用。技术研究的不断深入，我国生产的信号采集和分析仪器已经接近国际水平，各类国产的状态监测与故障诊断系统得到了广泛的应用。这些都得益于国内各大高校和科研机构对机械故障诊断技术持续不断的研究，以及国家层面对这一技术研究的大力支持和不断的资金投入。这一领域研究较为有代表性的高校有清华大学、北京化工大学、天津大学、哈尔滨工业大学、东北大学、西安交通大学、上海交通大学、华中科技大学、中南大学、重庆大学、华南理工大学等。目前，国内各高校科研人员正寻求在故障诊断技术理论研究上有所突破和创新。

第二节　开展机械故障诊断的意义

在各国工业生产中重点、关键性机械设备的数量越来越多，其中大多数为大型、自动、连续生产的设备，其在生产中的重要性是不言而喻的，对这些机械设备实施状态监测与故障诊断技术所带来的经济效益和社会效益是巨大的，具体包括以下几点。

一、预防事故，保障人身和设备的安全

在许多重要行业，如航天、航空、航海、核工业以及其他大型电力企业等部门中，许多设备故障的发生不仅会造成巨大的经济损失，而且还会带来严重的社会危害。比如日本的福岛核电站事故，其危害是长远的。为了避免这类恶性事故的发生，仅靠提高设计的可靠性是不够的，必须利用设备运行状态监测与故障诊断技术来进行管理，才能够防患于未然。

二、推动设备维修制度的全面改革

定期维修存在着明显的不足，即维修不足和维修过剩。据 20 世纪后期的统计数据，美国每年的工业维修费用接近全年税收的 1/3，其中因为维修不足和过剩维修而浪费的资金约为总维修费用的 1/3，这一浪费是巨大的，它促使人们考虑使用新的维修制度来避免这种损失。

状态维修是一种动态维修管理制度，它是通过现代技术手段，持续采集设备的各类数据

并加以处理、分析、判断，然后根据设备运行的实际状况，统筹安排维修时机和部位，最大限度地减少维修量和维修时间，在保证设备能够正常运行的前提下，寻找到一条最优的维修方式。

维修制度由定期维修向状态维修的转化是必然的。要真正实现状态维修就必须使状态监测与故障诊断技术成熟和完善。机械故障诊断技术是一种不分解和破坏设备，对作用于设备的应力、故障趋势、强度和性能进行定量描述，预测寿命和可靠性，同时决定其恢复方法的技术。因此，这一技术的发展与完善决定着状态维修制度的实现，它的推广和应用改变了原有的设备管理体制，成为企业提高设备综合管理水平的重要标志。

三、提高经济效益

采用设备状态监测与故障诊断技术的最终目的是最大限度地减少和避免设备事故（尤其是重大的设备事故）的发生，并且减少维修次数和延长维修周期，以使每个零部件的工作寿命都能得到充分发挥，极大限度地降低维修费用，获取最大的经济利益。因此，机械故障诊断的应用可以带来巨大的经济效益。20世纪后期的统计数据表明，英国2 000家工业企业在这一技术调整了维修管理制度后，每年节约维修费用达3亿英镑（1英镑=8.762元人民币），去除使用这一技术的投入，净节约了2.5亿英镑。

第三节　机械故障诊断技术的基本内容和基础理论

一、基本概念与诊断过程

（一）基本概念

"故障诊断"的概念来源于仿生学。机械"故障"是指该机械装置丧失了其应该具有的能力，即机械设备运行功能的"失常"，其功能是可以恢复的，而并非纯粹的失效或者损坏。机械设备一旦发生故障，往往会给生产和产品质量乃至人的生命安全造成严重的影响。为了使设备保持正常的运行状态，一般情况下必须采用合适的方法进行维修。所谓"诊断"原本是医学术语，其主要包含两个方面的内容："诊"是对机械设备的客观状态作监测，即采集和处理信息等；"断"则是确定故障的性质、程度、部位以及原因，并且提出对策等。机械故障诊断与医学诊断的对比见表1-1。

机械设备从系统论的角度来看也是一个系统，与其他系统一样也是元素按一定的规律聚合而成的，也是具有层次性的。机械系统的基本状态取决于其构成零部件的状态，而机械系统的输出则取决于其基本状态以及与外界的关系（输入、客观环境的作用）。按照"构造"与"功能"，可以将机械系统分为三个类型：

（1）简单系统：在构造上，系统由一个或多个物理元件组成，元件之间的联系是确定的，系统的输出-输入之间存在着构造所决定的定量或逻辑上的因果关系。

（2）复合系统：在构造上，此系统由多个简单系统作为元素组合而成，这种组合是多层次的，层次之间的联系也是确定的，因而在功能上，其特点与简单系统相同。

表 1-1 机械故障诊断与医学诊断的对比

医学诊断方法	设备诊断方法	原理及特征信息
中医：望、闻、问、切； 西医：望、触、叩、听、嗅	听、摸、看、闻	通过形貌、声音、颜色、气味来诊断
听心音、做心电图	振动与噪声监测	通过振动大小及变化来诊断
测量体温	温度监测	观察温度变化
验血、验尿	油液分析	观察物理、化学成分及细胞（磨粒）形态变化
测量血压	应力应变测量	观察压力或应力变化
X射线、超声检查	无损检测（裂纹）	观察内部机体缺陷
问病史	查阅技术档案资料	找规律、查原因、做判断

（3）复杂系统：在构造上，该系统由多个子系统作为元素组合而成，这种组合也是多层次的，在子系统内，层次之间的联系至少是不完全确定的。在功能上，系统的输出与输入之间存在着由构造所决定的一般并非严格的定量或逻辑上的因果关系。

显然，机械设备是复杂系统，因为这类系统的输出一般表现为模拟量。对于相同的机械设备而言，它们相同的机械元件本身的几何特性（尺寸、形状、表面形貌等）也不可能完全一致，相同的联系（压力、间隙、介质状况等）也不可能完全一致，因此，即使在完全相同的输入（工作环境）下，相同机械设备的状态与行为（输出）也就难于一致，并非确定。

判断机械设备发生故障的一般准则是：在给定的工作条件下，机械设备的功能与约束的条件若不能满足正常运行或原设计期望的要求，就可以判断该设备发生了故障。而机械设备的故障诊断，是指查明导致该复杂系统发生故障的指定层次子系统联系的劣化状态。很显然，故障诊断的实质就是状态识别。

机械设备的故障，从其产生的因果关系上可以分为两类：一类是原发性故障，即故障源；另一类是继发性故障，即由其他故障所引发的，当故障源消失时，这类故障一般也会消失，当然它也可能成为一个新的故障源。

（二）基本内容

（1）信号检测：就是正确选择测试仪器和测试方法，准确地测量出反映设备实际状态的各种信号（应力参数、设备劣化的征兆参数、运行性能参数等），由此建立起来的状态信号属于初始模式。

（2）特征提取：将初始模式的状态信号通过放大或压缩、形式变换、去除噪声干扰等处理，提取故障特征，形成待检模式。

（3）状态识别：根据理论分析结合故障案例，并采用数据库技术所建立起来的故障档案库为基准模式，把待检模式与基准模式进行比较和分类，即可区别设备的正常与异常。

（4）预报决策：经过判别，对属于正常状态的设备可以继续监测，重复以上程序；对属于异常状态的设备则要查明故障情况，做出趋势分析，预测其发展和可以继续运行的时间以

及根据问题所在提出控制措施和维修决策。

（三）诊断过程

依据诊断内容，机械设备的诊断过程可以表述为图1-1。

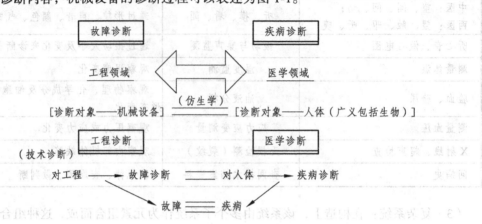

图1-1 机械设备的诊断过程

二、机械故障诊断技术的分类

（一）按诊断对象分类

（1）旋转机械诊断技术：对象为转子、轴系、叶轮、泵、转风机、离心机、蒸汽涡轮机、燃气涡轮机、电动机及汽轮发电机组、水轮发电机组等。

（2）往复机械诊断技术：对象为内燃机、压气机、活塞曲柄和连杆机构、柱塞转盘机等。

（3）工程结构诊断技术：对象为金属结构、框架、桥梁、容器、建筑物、地桩等。

（4）机械零件诊断技术：对象为转轴、轴承、齿轮、连接件等。

（5）液压设备诊断技术：对象为液压泵、液压缸、液压阀、液压管路、液压系统等。

（6）电气设备诊断技术：对象为发电机、电动机、变压器、开关电器等。

（7）生产过程综合诊断技术：对象为机床加工过程、轧制生产过程、纺织生产过程、船舶运输过程、核电生产过程、石化生产过程等。

（二）按诊断方法（或技术）分类

（1）振动诊断法：以平衡振动、瞬态振动、机械导纳及模态参数为检测目标，进行特征分析、谱分析和时频域分析，也包含有相位信息的全息谱诊断方法和其他方法。

（2）声学诊断法：以噪声、声阻、超声、声发射为检测目标，进行声级、声强、声源、声场、声谱分析。

（3）温度诊断法：以温度、温差、温度场、热像为检测目标，进行温变量、温度场、红外热像识别与分析。

（4）污染物诊断法：以泄漏物，残留物，气、液、固体的成分为检测目标，进行液气成分变化、油质磨损分析。

（5）诊断法：以强度、压力、电参数等为检测目标，进行结构损伤分析、流体压力和变化分析以及系统性能分析。

（6）形貌诊断法：以裂纹、变形、斑点、凹坑、色泽等为检测目标，进行结构强度、应力集中、裂纹破损、摩擦磨损等现象分析。

（三）按目的、要求和条件分类

1. 性能诊断和运行诊断

性能诊断是针对新安装或新维修的设备及其组件，需要诊断这些设备的性能是否正常，并且按诊断结果对它们进行调整。而运行诊断是针对正在工作中的设备或组件，进行运行状态监测，以便对其故障的发生和发展进行早期诊断。

2. 在线诊断和离线诊断

在线诊断一般是指对现场正在运行的设备进行自动实时诊断。这类被诊断设备都是重要的关键设备。而离线诊断是通过记录仪将现场设备的状态信号记录下来，带回实验室结合机组状态的历史档案资料作出综合分析。

3. 直接诊断和间接诊断

直接诊断是根据关键零部件的信息直接确定其状态，如轴承间隙、齿面磨损、叶片的裂纹以及在腐蚀环境下管道的壁厚等。直接诊断有时受到设备结构和工作条件的限制而无法实现，这时就需要采用间接诊断。间接诊断是通过二次诊断信息来间接判断设备中关键零部件的状态变化。多数二次诊断信息属于综合信息，因此，容易发生误诊断或出现伪报警和漏检的可能。

4. 简易诊断和精密诊断

简易诊断：使用便携式监测和诊断仪器，一般由现场作业人员实施，能对机械设备的运行状态迅速有效地作出概括评价。它具有下列功能：

（1）机械设备的应力状态和趋向控制、超差报警、异常应力的检测；

（2）机械设备的劣化和故障的趋向控制、超差报警及早期发现（功能方面）；

（3）机械设备的监测与保护，及早发现有问题的设备。

精密诊断：使用多种高端仪器设备，一般由故障诊断专家来实施。它具有下列功能：

（1）确定故障的部位和模式，了解故障产生的原因；

（2）估算故障的危险程度，预测其发展趋势，考量剩余寿命；

（3）确定消除故障、改善机械设备状态的方法。

三、机械故障诊断技术和方法简述

故障诊断技术和方法很多，必须结合设备故障的特点来获取故障征兆的有效信号，并且相应地采用不同的诊断技术和方法。常用的典型诊断技术和方法简述如下：

（一）诊断技术

对比正常机器或结构的动态性（如固有频率、振型、传递函数等）与异常机器或结构的动态特性的不同，来判断机器或结构是否存在故障的技术被称为振动诊断技术。对于在生产中连续运行的机械设备，根据它在运行中的代表其动态特性的振动信号，采用振动诊断技术可以在不停机的条件下实现在线监测和故障诊断。对于静态设备或工程结构，可以对它施加人工激励，然后根据反映其动态特性的响应，采用振动诊断技术可以判断出是否存在损伤或裂纹。振动诊断技术所采用的方法可以有很多，如振动特征分析、振动频谱分析、振动倒谱分析、振动包络分析、振动全息谱分析、振动三维图分析、振动超工频或亚工频谱波分析、振动时域分析、振动模态分析等。振动诊断技术在机械设备故障诊断中应用得十分广泛，且方便、可靠。

另外，在产品的无损检验中，振动诊断也有它的特殊地位，例如，焊接和胶接的质量用超声波或 X 射线透视无法准确判别的情况下，用振动诊断可以清晰地区别缺陷及部位。又如，铝合金自行车车架是用高强度航空胶黏结的，往往由于黏结表面清理不干净，产生假黏结现象，胶充满了黏结空间，而实际上是虚黏，若用 X 射线和超声波探测并无异常现象，而用振动诊断却可以很准确地区别胶接质量的好坏。

（二）声学诊断技术

声学诊断技术一般包括噪声诊断技术、超声诊断技术和声发射诊断技术。

噪声诊断技术是采集机械设备运行时所发出的噪声，并进行相应的信号处理、分析和诊断，来判断机器运行的状态是否正常，以及异常时的部位、大小、严重程度。对于工程结构和机械零件的损伤常采用敲击声诊断法。

超声波诊断技术是对被检测设备发射出超声波，根据接收的回波来判断被检设备的正常与否。它常用于现场监测管道腐蚀、铸锻件缺陷、柴油机活塞裂纹等。

声发射诊断技术是根据金属材料发生故障时，通过晶界位移所释放出来的弹性应力波的大小、形态、频率等来判断金属结构的故障部位、大小及严重程度。声发射诊断技术主要用于检测、诊断金属构件的裂纹发生和发展、应变老化、周期性超载焊接质量等方面。

（三）温度诊断技术

大多数机械设备的运行状态都与温度相关。例如，传热率与温度梯度和原动机与加工设备的性能密切相关，因此，根据系统及其周围环境温度的变化，可以识别系统运行状态的变化。温度监测技术在机械设备诊断中是最早采用的一种技术，随着现代热力学传感器和检测技术的发展，温度诊断技术已经成为故障诊断技术的重要方向。常用的方法有：

（1）一般温度监测诊断技术：以温度、温差、温度场的变化为检测目标，采用各种类型的温度传感器，进行不同状态量的比较和分析。

（2）红外监测诊断技术：采用红外测温或红外热成像技术，进行各种不同状态的识别、分析和诊断。

（四）油液分析诊断技术

油液分析诊断技术主要有铁谱技术、光谱技术和磁塞技术。较为普及的是磁塞技术和铁谱技术。

磁塞技术即利用安装在机器循环润滑油箱底部的磁性塞子，吸附润滑油中的铁磁性磨粒，并依此判断机器运行状态的一项技术。磁塞技术对于机器故障中后期或者突发故障的判断较为准确。

铁谱技术是以机器润滑油中的金属磨粒为标本，检测时使其梯度沉积在观察玻璃片上，通过显微镜进行观察、分析和诊断，是一种不解体的检验方法。因为可以观察较为细小的磨粒沉积，所以可以判断早期的机械故障。

四、机械故障诊断技术的应用现状

机械故障诊断技术非常适合于下列几种设备：

（1）生产中的重大关键设备，包括生产流水线上的设备和没有备用机组的大型机器；

（2）不能接近检查、不能解体检查的重要设备；

（3）维修困难、维修成本高的设备；

（4）没有备品备件，或备品备件昂贵的设备；

（5）从人身安全、环境保护等方面考虑，必须采用故障诊断技术的设备；

（6）需要使用故障诊断技术的一般设备。

目前，设备故障诊断技术已经普及应用到各种行业的各类机械设备以及重要零部件的故障监测、分析、识别和诊断。

机械故障诊断技术已经发展成为一门独立的、跨学科的综合性信息处理与分析技术。它基于可靠性理论、信息论、控制论和系统论，以现代测试仪器、计算机和网络技术为技术手段，结合各种诊断对象（系统、设备、机器、装置、工程结构、工艺过程等）的特殊规律而逐步形成的一门新兴学科。它大体上分为三个部分：第一部分为机械故障诊断物理、化学过程的研究，如对械零部件失效的腐蚀、蠕变、疲劳、氧化、断裂、磨损等机理的研究；第二部分为机械故障诊断信息学的研究，它主要研究故障信号的采集、选择、处理与分析过程，如通过传感器采集设备运行中的信号（振动、转速等），再经过时域与频域上的分析处理来识别和评价所处的状态或故障发生部位产生故障的原因；第三部分为故障诊断逻辑与数学原理方面的研究，主要是通过逻辑方法、模型方法、推论方法及人工智能方法，根据可观测的设备故障表征来确定进一步的检测分析，最终判断机械故障发生的部位和产生故障的原因。

机械故障诊断技术还可以划分为传统的故障诊断方法、数学诊断方法和智能诊断方法。传统的故障诊断方法包括振动监测与诊断技术、噪声监测与诊断技术、声学监测与诊断技术、红外监测与分析技术、油液监测与分析技术以及其他无损检测技术等；数学的诊断方法包括基于贝叶斯决策判据以及基于线性和非线性判别函数的模式识别方法，基于概率统计的时序模型诊断方法，基于距离判据的故障诊断方法、模糊诊断原理、灰色系统诊断方法、故障树分析法、小波分析法以及混沌分析法与分形几何法等；智能诊断方法包括模糊逻辑、专家系统、神经网络、进化计算方法、核方法以及基于信息融合方法等。

目前，机械故障诊断技术应用呈现精密化、多维化、模型化和智能化特点。例如，近年来激光技术已经从军事、医疗、机械加工等领域深入发展到振动测量和设备故障诊断中，并且已经成功应用于测振和旋转机械安装维修过程中。随着新的信号处理方法的出现和应用，机械故障诊断技术对特定故障的判断准确率得到了大幅度提高，而基于传统的机械设备信号处理与分析技术也有了新的突破进展。机械系统发生故障时，其真实的动态特性表现是非线性的，如旋转机械转子的不平衡等故障，但是由于混沌和分形几何方法的日臻完善，这一类诊断问题已经基本得到解决。因为传感器技术的发展，机械故障诊断技术的应用也得到了新的拓展，对一个机械系统进行状态监测和故障诊断时，现在可以对整个系统设置多个传感器同时用于采集机器的动态信号，然后按一定方法对这些信号进行融合和处理，从中提取更为清晰可用的特征信号，更加准确地判断出机器的早期故障。在智能化方面，现代智能方法包括专家系统、模糊逻辑、神经网络、核方法等已经得到普遍应用，并在实践中得到了不断改进。

五、机械故障诊断的理论基础概述

（一）数学基础

在数学方面，信号数据的采集和处理、状态监测和故障诊断技术广泛地应用高等数学和现代数学的许多分支。从经典的微分方程和差分方程到近代的有限元和边界元法，从概率论、随机过程、回归分析和数理统计到最优化方法、运筹学、误差理论、数据处理和计算数学、电子计算机尤其是微型计算机。近20年来，傅里叶变换、Z变换、拉普拉斯变换等积分变换的广泛应用以及快速傅里叶变换技术的发明，给频域内信息的识别和诊断提供了有力的手段。在时域内，作为概率论分支的时间序列法在数据处理中的迅速推广和应用，为系统的建模和识别、在线监测和故障诊断、预报和估算寿命提供了非常方便和准确的工具，其应用范围更加广泛，可以适用于各种各样的系统，如线性系统和非线性系统，也可以用于平稳和非平稳的过程。在故障诊断技术数学基础方面的发展动态是，模拟人脑的思维模式的模糊数学的产生、应用和发展，通过灰色系统理论的引入，显示出其另一个动向，小波变换和分形几何的分析方法为非平稳随机过程的数据处理提供了精确的方法，其时频分析功能构成了数据处理的新动向。微型计算机在诊断应用中进入了人工智能阶段，也就是智能诊断阶段，出现了智能诊断系统。

（二）物理基础

在物理学方面，几乎全部物理学科的内容都已经应用到故障诊断中，在物态特性方面利用气体和液体的特性来发现泄漏现象；在光学方面，利用了光学和光谱分析方法；在热学方面，应用了温度监测、红外技术和热像技术；在声学方面，应用了噪声分析技术、声发射技术和超声波技术；在放射线学方面，应用了 X 射线探伤；在电学方面，应用了电测技术、涡流特性识别技术和无线电遥测技术等。

（三）力学基础

在力学方面，应用到机械与结构的力和力矩的监测技术，包括静态和动态测试，尤其是振动分析方法形成的振动分析技术、应用线性振动和非线性振动理论、随机振动和现代结构力学的理论，在机械设备的故障诊断中具有特殊的重要意义。振动诊断技术在被诊断系统的信号采集、数据处理、故障识别和诊断中显示出简便可靠的优越性，尤其适用于不停机在线监测和诊断报警。断裂力学在设计中的应用，为裂纹控制和裂纹发展的趋势预报，以及为疲劳破坏分析和寿命估算提供了理论基础。

（四）化学基础

在化学方面，污染的监测和分析，如空气的污染、液体和油液等流体的污染、油液中磨损微粒的铁谱分析，以及机器或结构材料腐蚀的监测和预报等，从另一个角度为故障诊断提供了重要信息。

在物理、力学和化学方面，其基础理论直接为机器运行状态的监测、故障的识别和诊断提供了方法和工具，因此涉及的学科比数学还要多，涉及的范围也比数学要宽广得多。

这些数学、物理、力学和化学等基础理论为人们研究、分析和掌握各种诊断方法提供了科学原理上的依据，为由局部推测整体、从现象判断本质和由当前预见未来建立了可靠的基础，使人们能够对机械设备和工艺过程等生产系统进行正确诊断。

第四节　机械故障诊断技术的发展趋势

随着现代科学技术的发展，特别是信息技术、计算机技术、传感器技术等多种新技术的出现，数据采集、信号处理和分析手段日臻完善，从前无法和难以解决的故障诊断问题变得可能和容易起来。设备故障诊断技术正在变成计算机、控制、通信和人工智能的集成技术。近年来故障诊断技术呈现以下发展趋势。

一、诊断对象的多样化

故障诊断技术应用领域已经从最早的军事装备，应用到石化、冶金、电力等工业大型关键机组、机泵群，并且已经从单纯的机械领域拓宽到其他应用领域，如今的故障诊断技术在大型发电系统、水利系统、核能系统、航空航天系统、远洋船舶、交通运输等许多领域发挥着巨大的作用，如监控核反应堆的运行状态、航天器的姿态以及生产过程的监控和诊断等。

二、诊断技术多元化

诊断技术吸收了大量现代科技成果，使诊断技术可以利用振动、噪声、应力、温度、油液、电磁、光、射线等多种信息实施诊断，如前所述，还可以同时利用几种方法进行综合诊断。近年来，激光和光栅光纤传感器以及嵌入式系统也在实际工程中得到了广泛应用。激光技术已经从军事、医疗、机械加工等领域深入发展到振动测量和设备故障诊断中，并成功应用于旋转机械故障诊断等方面；光栅光纤传感器已经在电缆温度监测、火灾和易燃易爆及有毒气体预警、桥梁等大型构筑物安全监测等领域得到应用。

与此同时，多种现代信号处理方法，如神经网络、全息谱技术、小波分析、数据融合技术、数据挖掘技术等前沿科学技术成果也被用于故障诊断领域，提高了诊断的准确性。

三、故障诊断实时化

实时监测是航空航天技术和现代化工业生产的要求。现代化工业要求向生产装备的高度自动化、集成化和大型化发展，越复杂的工业设备，越应当具备高度的可靠性和抵御故障的能力，以确保系统安全、稳定、长期、满负荷、优化运行。为此需要快速、有效的故障信号采集、传输、存储、分析和识别以及决策支持。高性能计算机和网络通信以及现代分析技术、故障机理研究和专家系统的开发为实时诊断提供了技术保障。

四、诊断监控一体化

现代高速、高自动化的工业装备和航天器不仅要求监测诊断故障，而且要求监测、诊断、控制一体化，能探测出故障的早期征兆，实时诊断预测，并及时对装备进行主动控制。机器装备的故障不是人去处理，而是由装备本身控制系统按照诊断的结果发出指令去排除故障或采取相应对策，以确保安全和正常运行。

五、诊断方法智能化

在工业现场，从监测到的故障信息去判别故障原因往往需要技术人员具有较高的专业水平和现场诊断经验，要想将诊断技术推广应用，就必须使仪器或系统智能化，制造出"傻瓜式"诊断系统，这样可以降低对使用者技术水平的要求。应当充分利用计算机及其软件技术和专家知识、经验使诊断系统智能化，从而使普通技术人员使用诊断系统得到的结果达到诊断专家的水平。神经网络、专家系统、决策支持系统和数据挖掘技术等可以为实现人工智能诊断提供技术支持。

六、监测诊断系统网络化

随着网络的普及应用，国内外许多大型企业设备管理已经向网络化发展，设备监测和故障诊断网络化已成必然。采用传感器群对工业装备进行监测，将数据采集系统有线或无线通信与监测诊断系统、企业管理信息系统通过网络相连，使管理部门及时获取设备的运行状态信息，有利于科学维修决策。借助网络还可以获得范围广泛的专家支持、网上会诊，实现远程诊断。

七、诊断系统可扩展化

由于监测诊断系统实现了网络化，在许多场合与现代智能控制、现代智能控制器件（如PLC）连接，可以做到信息共享；机器的监测系统可以显示设备的工作状况，而智能控制器件也可以显示机器的运行状态和故障水平。监测系统可以设若干数据采集工作站，如所要监测的机器增加了，可通过增设新的数据采集站任意扩展。

八、诊断信息数据库化

机器的工作状态数据、机器的结构参数和知识是动态的海量数据。基于数据库的动态监测系统为处理、查询和利用大量的监测数据、故障信息数据、知识数据提供了技术保证。关系模型和面向对象的数据库理论、分布式数据库管理系统、数据仓库技术，以及建立在这些技术基础上的先进决策支持系统、高级管理人员信息系统、数据挖掘技术等，为故障诊断提供了新的发展方向，也为企业决策提供了更可靠的依据。

九、诊断技术产业化

国内外许多以监测诊断系统为产品的高科技公司不仅注重开发和生产，而且十分重视用户培训和售后技术及维修服务，致力于诊断系统产业化、实用化。近年来，我国自行开发研制的在线监测诊断系统已经占据了石化、冶金、电力等行业的市场，如往复压缩机械监测诊断系统，自主开发的产品已经独占中国市场，十几年前国外监测诊断系统垄断中国市场的局面已经不复存在。

十、机械设备诊断技术工程化

机械故障诊断技术原来只是用于机器出现故障去查找原因，现在逐渐发展到监测和预防故障，取得了杜绝事故的减灾效益；近年来又开展了基于诊断改进机器、基于诊断指导优化运行、基于诊断设计新一代机器等，在企业实施取得了巨大的经济效益，这一工程被称为设备诊断工程。

多年来，国内石化、冶金等企业已将设备监测诊断技术与风险工程相结合，应用于维修工程和设备综合管理系统，成为企业信息化的重要组成部分，并开始取得实效。

故障监测与诊断技术是一个新兴的研究领域，近年来，系统科学、工程控制论、安全科学与工程、维修工程乃至医学等学科以及信号处理、模式识别、人工智能等技术的发展，促进了故障监测诊断技术这一交叉学科的不断发展，研究深度和领域得到很大充实，在工程实践中也取得了一些成绩，但同时也暴露了一些尚待解决的问题。

（1）故障诊断的准确率问题。在工程应用中，诊断的结果是故障排除和维修决策的重要依据，故障诊断的准确率往往是评价故障诊断水平的重要指标，应在对故障案例进行深入分析和研究的基础上，加强故障机理和识别特征的研究，应用监测预警、容错等技术，减少误诊和漏诊，提高故障诊断的准确率。

（2）复杂系统精确建模问题。机电装备复杂系统的自身结构复杂，又在复杂工况、多干扰下运行，与系统关联性强，对这类复杂系统建立精确的数学模型异常困难。在研究过程中，需采取定量和定性相结合、因果链分析和排除的方法去分析判别，那些需要使用精确数学模型计算推理的故障诊断方法就很难适用。

（3）单一信号诊断和系统诊断问题。单一信号诊断是指只关注机器故障发出的信号，对其进行处理和分析，提取特征并研究如何识别的故障诊断方法。这种方法如同仅依据心电图给患者看病一样，有时也能诊断出疾病，但很难对患者做出全面客观的诊断。系统诊断是对机器内部零部件间、输入/输出及机器与环境之间的相互作用进行深入了解，研究机械装备系统各参数的关联，不但研究机器结构和故障信号的关系，而且对故障机理和因果链进行深入研究，这是现代诊断技术发展的方向。

（4）综合监测诊断问题。实际生产过程中，由于机器系统的复杂性和各种监测诊断方法的局限性，只采用一种监测诊断方法不可能完全解决实际对象所有的故障问题，因此，在许多场合要同时应用多种监测和故障诊断方法来进行综合诊断。研究如何将多种监测参数和诊断方法有效地融合在一起，运用不同的方式研究故障状态及其征兆，这种综合诊断方法在工程上将得到广泛应用。

（5）诊断技术的工程应用问题。临床医学在医学界占有极其重要的地位，许多重大疾病的发现和防治都是临床诊断首先解决的。对机械故障诊断，重视理论研究的同时也应重视现场的临床诊断和防治对策的研究。当前，故障诊断技术的实际应用成果与理论研究相比显得非常不足，如何将故障诊断技术理论研究与工程应用相结合，改进机器的健康状态是今后需要进行的十分重要的工作。

现代机械故障诊断技术正在成为信息、监控、通信、计算机和人工智能等集成技术，并逐渐发展成为一个多学科交叉的新学科。

复习题：

1. 开展机械故障诊断有何意义？
2. 简述机械故障诊断技术的分类。

第二章　机械的故障诊断

第一节　机械技术状况变化的原因和规律

机械在使用过程中，随着运转时间的增加，其技术状况会不断发生变化，使用性能也逐渐变坏，直至丧失工作能力。因此，必须对机械技术状况变化的规律、现象和原因，进行分析研究，有针对性地采取维护保养和定期检查等措施，以延缓机械技术状况的变化，维持其正常使用寿命。

一、机械的组成

任何机械都是由数量众多的零部件组成。这些零部件按其功能分为零件、合件、组合件及总成等装配单元。它们各自具有一定的作用，相互之间又有一定的配合关系。将所有这些装配单元有机地组合起来，便成为一台完整的机械。

（一）零　件

零件是机械最基本的组成部件，它是不可拆卸的一个整体。根据零件本身的性质，零件又可分为通用的标准零件（如螺钉、垫圈等）和专用零件（如活塞、气门等）。在装配合件、组合件和总成时，从某一个专用零件开始，这个零件称为基础零件（气缸体、变速器壳等）。

（二）合　件

两个或两个以上零件装合成一体，起着单一零件作用的，称为合件（如带盖的连杆、成对的轴承衬瓦等）。在装配组合件或总成时，开始装配的某一个合件称为基础合件。

（三）组合件

组合件是由几个零件或合件连成一体，零件与零件之间有着一定的运动关系，但尚不能起着单独完整的机构作用的装配单元（如活塞连杆组合、变速器盖组合等）。

（四）总　成

由若干个零件、合件、组合件连成一体，能单独起一定作用的装配单元称为总成（如发动机总成、变速器总成等）。按总成在机械上的工作性质，总成又可分为主要总成（如发动机总成、变速器总成等）和辅助总成（如水泵总成、分电器总成等）。

机械在使用中，由于零件技术状况的变化，引起合件、组合件和总成技术状况的变化，从而引起整个机械技术状况的变化。

机械的性能往往是由主要总成性能决定的，而总成性能往往是由关键零部件的技术状况决定的。每个零件应该符合一定的技术标准，每个合件、组合件、总成则应符合一定的装配技术标准，才能保证机械应有的技术性能。

二、机械技术状况变化的原因

机械零件在使用过程中，由于磨损、疲劳、腐蚀等产生的损伤，使零件原有的几何形状、尺寸、表面粗糙度、硬度、强度以及弹性等发生变化，破坏了零件间的配合特性和合理位置，造成零件技术性能的变坏或失效，引起机械技术状况发生变化。

零件损伤的原因按其性质可分为自然性损伤和事故性损伤。自然性损伤是不可避免的，但是随着科学技术的发展，机械设计、制造、使用和维修水平的提高，可以使损伤避免发生或延期发生；事故性损伤是人为的，只要认真注意是可以避免的。这两种损伤产生的形式如图 2-1 所示。

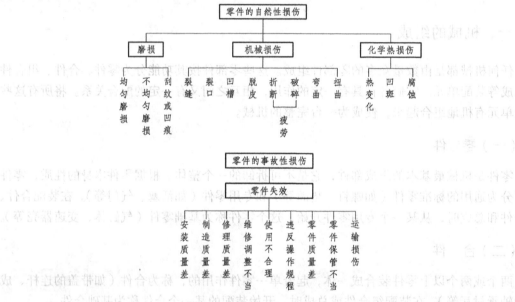

图 2-1　零件损伤的形式分类

三、机械零件的损伤

机械零件的损伤可分为磨损、机械损伤和化学热损伤三类，其中造成机械技术状况变化最普遍、最主要的原因是磨损。

（一）摩擦与磨损

机械在使用过程中，由于相对运动零件的表面产生摩擦而使其形状、尺寸和表面质量不断发生变化的现象称为磨损。

1. 磨损产生的原因

磨损产生于摩擦，摩擦是两个接触的物体相互运动时产生阻力的现象，这种阻力称为摩擦力。摩擦与磨损是相伴发生的，摩擦是现象，磨损是摩擦的结果，润滑是降低摩擦力、减少磨损的重要措施，三者之间存在密切的关系。随着科学技术的发展，摩擦、磨损与润滑已形成一门新的基础学科，统称为摩擦学。

任何零件表面，即使加工表面光洁度很高，仍存在着微观不平度。当两个运动零件表面相接触时，其接触面中存在着凹凸不平的接触点，在载荷作用下，接触点的单位压力增大，凸出点被压平。在压合的接触表面上，将产生足够大的分子吸引力，两个表面间接触距离越大，分子的吸引力就越小。摩擦是分子相互作用和机械作用相结合的结果。当两个零件表面比较粗糙时，摩擦力以机械阻力为主；当表面光洁度很高时，摩擦力以分子吸引力为主。

为了减少摩擦表面的分子吸引力和摩擦力，必须避免零件摩擦表面的直接接触，只要在摩擦表面之间加入适当的润滑油，就能达到这个目的。

2. 摩擦分类

按摩擦零件的运动特点分类如下：

（1）滑动摩擦：它是相对工作的两零件发生相对位移而产生的摩擦。这是机械结构中最普遍的形式，如曲轴与轴承间、活塞与缸套间都属于滑动摩擦。

（2）滚动摩擦：它是通过滚动轴承（包括滚珠、滚柱、滚针轴承）改变了滑动摩擦的形式，从而减小了零件的接触面和摩擦阻力。

（3）混合摩擦：最常见的是齿轮传动中啮合表面之间的摩擦，即属于混合摩擦。它介于滑动摩擦与滚动摩擦之间。

按摩擦零件的润滑情况分类如下：

（1）干摩擦：运动零件表面之间完全没有润滑的摩擦。干摩擦的摩擦系数很大，摩擦也很强烈，磨损快，一般运动件中应避免。但有些零件为了工作需要必须采用干摩擦，如干式离合器、制动器等。有些零件因无法润滑不得不采用干摩擦，如履带板和履带销。

（2）液体摩擦：零件摩擦表面之间被润滑油隔开，零件表面不发生直接接触，由于这种摩擦大部分是发生在润滑油内部，所以减少了机械磨损。

（3）边界摩擦：零件摩擦表面有一层很薄的油膜，由于润滑油具有吸附能力，形成的油膜有很高的强度，能承受很大压力，可防止摩擦面的直接接触。如齿轮啮合表面间的摩擦就属于边界摩擦。

（4）半干摩擦和半液体摩擦：这类摩擦都是在半润滑下的摩擦。如两摩擦零件间的大部分负荷是由零件接触面所承受，小部分负荷由油膜所承受时，称为半干性摩擦；如与之相反，两零件间大部分负荷由油膜承受，小部分负荷由零件接触面所承受时，称为半液体摩擦。

上述各种摩擦中以液体摩擦的摩擦力最小，但在实际使用中难以得到保证，在外界条件变化时，往往会转化成其他摩擦形式，如发动机曲轴主轴承和连杆轴承，在正常运转时处于液体摩擦，但在转速急剧下降时，即转化为半液体摩擦，在初启动时是处于边界摩擦。活塞组在工作过程中，随着行程的改变，温度、速度、润滑油黏度的不同，能转化成液体摩擦、边界摩擦，甚至是半干摩擦。

3. 磨损分类

根据零件表面的磨损情况，磨损可分为以下三类：

（1）机械性磨损：零件表面存在微观不平度，相对运动时，由于摩擦力、承受力的作用，使其凸起和凹坑相互嵌合而刮平，或因凸起部位的塑性变形而碾平。这种零件表面发生的磨损，称为机械性磨损。它只有几何形状的变化。

（2）磨料性磨损：由于运动零件表面进入空气中的灰砂或零件本身磨掉下来的金属微粒，以及积炭等与运动零件表面作用而引起的磨损，称为磨料性磨损。这类磨损是造成机械零件磨损的主要原因，其磨损程度大于机械性磨损。

（3）黏附性磨损：运动零件摩擦表面之间，由于承受较大的载荷，单位压力大，破坏了正常的润滑条件；同时，由于零件的滑动摩擦速度很高，使零件表面产生的热量不容易扩散，零件表面的温度越高则强度越低，使零件表面因高温而局部熔化并黏附在另一个零件的表面上，继续相对运动时被撕脱下来，这种过程称为黏附性磨损。

这种磨损的产生，取决于金属材料的塑性（塑性越大越容易产生黏附）、工作条件（如工作温度、压力、摩擦速度、润滑条件等）和配合表面的粗糙度，并与零件的材质有关，钢对铜、镍、生铁等都容易产生黏附性磨损；此外，零件装配间隙过小，润滑油不足，也容易产生黏附性磨损。这种磨损的特点是一旦发生就发展很快，短时间内就能使零件受到破坏。在发动机零件磨损中约20%属于黏附性磨损，如"拉缸""烧瓦"等都属于这类磨损。

（二）机械损伤

零件的机械损伤有以下几种形式。

1. 变　形

零件变形，一般表现为弯曲、扭转、翘曲等几何外形的变化。造成变形的原因，主要是零件承受的外力（载荷）与内应力不平衡，或由于加工过程的残余应力未消除（如未经热处理或时效处理）而出现的内应力不平衡。这些情况，有的属于热加工应力（如铸件或焊件在加工过程中某些部位冷缩不均匀，产生压缩应力），有的属于冷加工应力（如冷冲压过程产生的局部晶格歪曲而形成残余应力）。这些应力如超过零件材料的屈服极限，就会产生塑性变形，超过强度极限，就会产生破裂。

2. 破　损

零件破损，一般表现为折断、裂纹和刮伤等。这类破损比较容易察觉，其中疲劳裂纹也是造成零件断裂的原因之一，必须采用特殊的检验方法。零件破损的原因，大致有以下几种情况。

（1）零件的变形或疲劳超过其材料极限强度，使零件应力集中部位产生裂纹，并逐步扩展到断裂。

（2）零件内部隐伤（如气孔、夹渣、裂隙）所形成的应力集中，从隐伤薄弱处产生裂纹，逐渐向外扩展，直至断裂。

（3）零件刮伤的原因，大多数是由于修理不当而引起的。如活塞销的卡簧脱出，致使活塞销端部刮伤气缸壁；机油内的机械杂质刮伤气缸壁和活塞等。

3. 疲　劳

零件表面作滚动或混合摩擦时，在长期交变载荷下，由于损伤的积累，零件表面材料疲劳剥落或断裂。零件在使用中，由于额外振动造成的附加载荷；润滑油不清洁或零件表面粗糙使载荷应力集中到某些部位；零件的磨损和腐蚀致使零件表面粗糙；修理或加工质量不高，使零件的耐疲劳程度削弱，这些因素，都加速疲劳损伤的发生。

（三）化学热损伤

零件化学热损伤主要是机械在使用、保管过程中，受到化学腐蚀介质发生化学或电化反应，使零件发生腐蚀损伤。根据零件材质，可分为金属腐蚀和非金属腐蚀两类。

1. 金属腐蚀

金属腐蚀一般分为化学腐蚀和电化学腐蚀。

（1）化学腐蚀：金属表面与周围介质直接发生化学作用，而使零件遭受损伤的现象称为化学腐蚀。它发生在金属与非电解物质（如高温气体、有机液体、汽油等）接触时，发生化学反应后生成金属锈，不断脱落又不断生成。最常见的化学腐蚀为金属氧化。氧化使有些金属的结构松弛，强度降低。

（2）电化学腐蚀：金属与电解质溶液接触时，发生电化学作用而引起的腐蚀为电化学腐蚀。产生电化学腐蚀必须具备3个条件。

① 金属表面要有两种不同的电极。如两种不同元素的金属，金属内含有杂质，或金属表面粘有脏物等，只要性质不同，就会形成两个电极。

② 要有能生成电解质的物质，如二氧化碳、二氧化硫、氯化氢等。

③ 要有水，能形成合适的电解质溶液。

上述3个条件，在机械上是经常存在的。例如，只要接触空气就会产生对金属的电化腐蚀，因此，电化学腐蚀对机械腐蚀是比较普遍的。

金属腐蚀除以上两类外，还有穴蚀、烧损等。

2. 非金属零件的腐蚀变质

机械上还有很多非金属零件，包括大量的橡胶制品、塑料制品、胶木制品、木制品等，在使用和保管过程中，也会发生腐蚀和变质现象。例如，橡胶制品会发生霉菌腐蚀、老化、硫化、溶胀等腐蚀和变质现象。

上述几种零件损伤是引起机械技术状况发生变化的主要原因。它们所起的作用是不同的。在使用过程中引起机械技术状况变化的主要原因是磨损；在保管过程中引起机械技术状况变化的主要原因是腐蚀；在干燥地区由于尘土多，容易加速磨料性磨损；在潮湿地区容易受到化学腐蚀。虽然引起机械技术状况变化的原因是多方面的，而其直接原因是由于零件损伤，其中绝大部分是零件磨损。

四、机械零件磨损规律

机械零件所处的工作条件各不相同，引起磨损的程度和因素也不完全一样。绝大部分零件是受交变载荷的作用，因而其磨损是不均匀的。各个零件的磨损也都有它的个性特点，但在正常磨损过程中，任何摩擦副的磨损都具有一定的共性规律。在正常情况下，机械零件配合表面的磨损量是随零件工作时间的增加而增长的，这种磨损变化规律的曲线，称为磨损规律曲线。

（一）机械零件磨损规律曲线

图 2-2 所示为机械零件磨损规律曲线，其中横坐标表示机械工作时间，纵坐标表示磨损量，曲线的斜率表示这一时间磨损的增长率。在正常情况下，零件配合表面的磨损量是随着机械工作时间的增加而增长的。从图中表示磨损量增长的曲线斜率的变化可知，机械零件磨损可分为 3 个阶段。

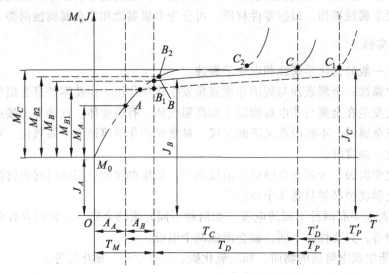

图 2-2　机械零件磨损规律曲线示意图

T—机械工作时间；J—零件尺寸和间隙；M—磨损量；M_o—开始磨损点；T_M—磨合期；T_A—生产磨合期；
T_B—运用磨合期；T_C—大修间隔期；T_D—使用期；T_L—延长使用期；T_P—破坏期；T_P'—延长破坏期；
M_A—生产磨合期磨损；M_B—初期磨损；M_{B1}—降低了的初期磨损；M_{B2}—增加了的初期磨损；M_C—极限磨损；J_A—新机大修尺寸和间隙；J_B—开始正常工作尺寸和间隙；J_C—最大允许的尺寸和间隙

（1）第一阶段为磨合阶段（曲线 OB），包括生产磨合（OA）和运用磨合（AB）两个时期。机械零件加工不论多么精密，其加工表面都必然具有一定的微观不平度，磨合开始时，磨损增长非常迅速，曲线斜率很大，当零件表面加工的凸峰逐渐磨平时，磨损的增长率逐渐降低，达到某一程度后趋向稳定，为第一阶段结束，此时的磨损量称为初期磨损。正确使用和维护保养，可以减少初期磨损，延长机械的使用寿命。

（2）第二阶段为正常工作阶段（曲线 BC）。由于零件已经磨合，其工作表面已达到相当光洁程度，润滑条件已有相当改善，因此，磨损增长缓慢，而且在较长时间内均匀增长，但到后期，磨损增加率又逐渐增大。在此期间内，合理使用机械，认真进行保养维修，就能降低磨损增长率，进一步延长机械的使用寿命（到 C_1）。否则将缩短使用寿命，到 C_2 点就达到极限磨损而不能正常工作。

（3）第三阶段为事故性磨损阶段。由于自然磨损的增加，零件磨损增加到极限磨损 C 点（包括 C_1、C_2）时，因间隙增大而使冲击载荷增加，同时润滑条件恶化，使零件磨损急剧增加，甚至会导致损坏，还可能引起其他零件或总成的损坏。

大部分零件到达极限磨损时，机械技术状况急剧恶化；故障频繁；工作性能明显下降，工作质量降低到允许限度以下；燃、润油料和动力消耗过大。总之，引起机械的动力性能、经济性能和安全可靠性能都明显降低，不能正常工作，必须及时修复。

上述零件的磨损规律是机械使用中技术状况变化的主要原因。由此可见，零件的磨损规律客观地成为机械技术状况变化的规律。

零件已经有一定程度的磨损，但还没有达到极限磨损程度，这种磨损称为容许磨损。在容许磨损范围内的零件，还有一定的使用寿命，应充分使用，不要轻易报废，到达极限磨损即到达最大允许使用限度的零件即应报废，不要继续使用。

（二）机械零件磨损规律的作用

（1）机械零件磨损规律是机械管理的基本规律，一切机械管理工作的基本点就是要最大限度地发挥机械效能，降低消耗，延长使用寿命。掌握和运用机械零件磨损规律，减少磨合阶段的磨损，延长正常的使用阶段，避免早期发生事故性磨损，这些都是为了保证这个基本点的实现。

（2）机械零件磨损规律作用于机械从初期走合、使用直到报废的全过程，并对机械的自然寿命和经济寿命起到决定性作用。

（3）机械管理各项工作，都是以机械零件磨损规律为主要内容的。如机械的正确使用和维护保养，都是为了减少零件磨损，保持机械完好的技术状态。而修理则是为了及时更换或修复达到磨损极限的零件，恢复机械完好的技术状态。

（4）零件磨损规律又是制定机械技术管理各种技术文件（如规程、规范、制度、标准等）的主要依据。如机械走合期，规定是为了减少初期磨损，机械操作规程和使用规程都是为了在各种条件下正确使用机械，减少正常使用期的磨损；机械维修中的修理间隔期、送修标志、作业内容、装配标准、质量检验等技术要求，以及配件的分类、储备和消耗定额等，都是根据零件磨损规律制定的。

（5）机械零件磨损规律又是机械技术状况变化的基本规律。掌握零件磨损规律，才能充分认识机械管理全过程各项工作的内在联系和本质区别，以及各自的作用和地位，才能做好机械管理工作。

第二节　机械故障理论

机械在使用中，由于某种原因而丧失规定的功能造成中断生产或降低效能的事件或现象，称为机械故障。为了防止和减少机械故障的发生，探索故障的理论和规律，分析故障机理，采取有效措施控制故障的发生，以及做好故障记录及分析等一系列工作，称为故障管理。

机械故障理论是全员生产维修（TPM）和预防维修（PM）的理论基础。也可以认为，故障理论是机械管理与维修的认识论与方法论的基础。

故障物理学是从可靠性工程中分离出来的一门新学科，它是对故障进行物理的、化学的剖析，对故障从苗头形成的机理加以探索和研究，即对形成故障的材质、制造工艺、试验方法等进行物理和化学的研究的科学。它涉及的学科领域和技术门类很广，实用性强，对运用故障分析理论，认识和掌握故障的规律，有效地实施故障管理发挥了重要的促进作用。

一、机械故障类型

机械故障类型是故障物理学中的一个重要组成部分，可以从它的性质、原因、影响、特点等情况作如下分类。

（一）按故障的性质划分

（1）间断性故障：在短期内丧失其某些功能，稍加调整或修理就能恢复，不需要更换零件。

（2）永久性故障：某些零部件已损坏，需要更换或修理后才能恢复。

（二）按故障的影响程度划分

永久性故障按造成的功能丧失程度划分为：

（1）完全性故障：导致机械完全丧失功能。

（2）部分性故障：导致机械某些功能的丧失。

（三）按故障产生的特征划分

（1）劣化性故障：零部件的性能逐渐劣化而产生的故障，它的特征是缓慢发生的。

（2）突发性故障：突然发生并使机能完全丧失的故障，它的特征是急速发生的。

（四）按故障发生的原因划分

（1）外因造成的故障：由于外界因素而引起的故障。又可分为：

① 环境因素：如温度、湿度、气压、振动、冲击、日照、放射能、暴风、沙尘、有毒气体等。

② 使用因素：机械使用中，零部件承受的应力超过其设计规定值。

③ 时间因素：物质的老化和劣化，大多数取决于时间的长短。

（2）内因造成的故障：由于内部原因造成的故障。又可分为：

① 磨损性故障：由于机械设计时预料中的正常磨损造成的故障。

② 固有的薄弱性故障：由于零部件材料强度下降等原因诱发产生的故障。

（五）按故障的发生、发展规律划分

（1）随机故障：故障发生的时间是随机的。

（2）有规则故障：故障的发生比较有规则。

二、机械故障规律

使用经验及试验表明，机械在使用期内所发生的故障率随时间变化的规律，可用图 2-3 所示的浴盆曲线表示。机械的故障率随时间的变化大致分为 3 个阶段：早期故障期、偶发故

障期和耗损故障期。

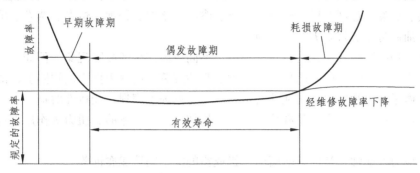

图 2-3 典型故障率曲线——浴盆曲线

（一）早期故障期

它出现在机械使用的早期，其特点是故障率较高，且故障随时间的增加而迅速下降。它一般是由于设计、制造上的缺陷等原因引起的。机械进行大修理或改造后，再次使用时，也会出现这种情况。机械使用初期经过运转磨合和调整，原有的缺陷逐步消除，运转趋于正常，从而故障逐渐减少。

（二）偶发故障期

它是机械的有效寿命期，在这个阶段故障率低而稳定，近似为常数。偶发故障是由于使用不当、维护不良等偶然因素引起的，故障不能预测，也不能通过延长磨合期来消除。设计缺点、零部件缺陷、操作不当、维护不良等都会造成偶发故障。

（三）耗损故障期

它出现在机械使用的后期，其特点是故障率随运转时间的增加而增高。它是由于机械零部件的磨损、疲劳、老化、腐蚀等造成的。这类故障是机械部件接近寿命末期的征兆。如事先进行预防性维修，可经济而有效地降低故障率。

对机械故障的规律与过程进行分析，可以探索出减少机械故障的适当措施，见表2-1。

表 2-1 减少机械故障的适当措施

故障阶段	早期故障期	偶发故障期	耗损故障期
故障原因	设计、制造、装配等存在的缺陷	不合理的使用与维护	机械磨损严重
减少故障措施	精心检查、认真维护。做好选型购置，加强初期管理，认真分析缺陷，采取改造措施并反馈给生产厂	定人定机，合理使用，遵章操作，搞好状态检查，加强维护保养，重视改善维修	进行状态监测维修，合理改装，大修或更新

三、机械故障的模式和机理

（一）机械故障的模式

机械的每一种故障都有其主要特征，即所谓故障模式或故障状态。机械的结构千变万化，其故障状态也是相当复杂的，但归纳它们的共同形态，常见的有下列数种：异常振动、磨损、疲劳、裂纹、破裂、过度变形、腐蚀、剥离、渗漏、堵塞、松弛、熔融、蒸发、绝缘劣化、异常响声、油质劣化、材质劣化及其他。

上述每一种故障模式中，均包含几种由于不同原因产生的故障现象。例如：

疲劳：应力集中增高引起的疲劳、侵蚀引起的疲劳、材料表面下的缺陷引起的疲劳等。

磨损：微量切削性磨损、腐蚀性磨损、疲劳（点蚀）磨损、咬接性磨损。

过度变形：压陷、碎裂、静载荷下断裂、拉伸、压缩、弯曲、扭力等作用下过度变形而损坏。

腐蚀：应力性腐蚀、汽蚀、酸腐蚀、钒或铅的沉积物造成腐蚀等。

对于不同种类、不同使用条件的机械，它们的各种故障模式所占的比重，有着明显的差别。每个企业也由于机械管理和使用的条件不同，各有其主要的故障模式，经常发生的故障模式，就是故障管理的重点目标。

（二）机械故障的机理

故障机理是指某种类型的故障在达到表面化之前，在内部出现了怎样的变化，是什么原因引起的，也就是故障的产生原因和它的发展变化过程。

产生故障的共同点，是来自工作条件、环境条件等方面的能量积累到超过一定限度时，机械（零部件）就会发生异常而产生故障，这些工作条件、环境条件是使机械产生故障的诱因，一般称为故障应力。这种应力，不仅是力学上的，而且有更广泛的含义。

故障模式、故障机理、故障应力（诱因）三者密切相关。它们之间的关系及其发展过程十分复杂，而且没有固定的规律。即使故障模式相同，但发生故障的原因和机理不一定相同；同一应力也可能诱发出两种以上的故障机理，如图 2-4 所示。

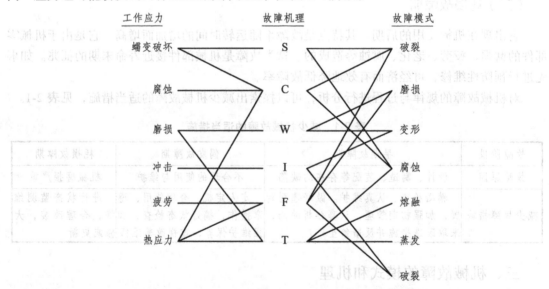

图 2-4　工作应力、故障机理、故障模式关系示意图

一般故障的产生，是由于故障件的材料所承受的载荷，超过了它所允许的载荷能力，或材料性能降低时才会发生。故障按什么机理发展，是由载荷的特征或过载量的大小所决定的。

如由于过载引起故障时，不仅对材料的特性值有影响，而且对材料的金相组织也有影响。因此，任何一种故障，都可以从材料学的角度找出产生故障的机理。

第三节　机械故障管理的开展

一、机械故障信息的收集

故障信息主要来源于故障机械的现场记录，故障机械及其零部件的性能、材质数据以及有关历史资料。准确而详尽的故障信息是进行故障分析和处理的主要依据和前提。

（一）收集故障数据资料的注意事项

收集故障信息要在准确、可靠、完整、及时的基础上，注意以下各点。

（1）目的性要明确，要收集对故障分析有用的数据和资料。

（2）要按规定的程序和方法收集数据。

（3）对故障要有具体的判断标准。

（4）各种时间要素的定义要准确，计算各种有关费用的方法和标准要统一。

（5）数据必须准确、真实可靠，要对记录人员进行教育、培训，健全责任制。

（6）数据要完整、客观、实用，防止含糊不清。

（二）故障信息的内容

故障分析中需要收集的数据资料一般包括以下几个方面的内容。

（1）故障对象的识别数据，包括机械的类型、生产厂、使用经历、故障和维修的历史记录（机械履历书）等。

（2）故障识别数据，包括故障类型、故障现场形状、故障时间等。

（3）故障鉴定数据，包括故障现象、故障原因、寿命时间、测试数据等。

（三）故障信息的来源

故障信息通常从以下资料中获得。

（1）故障的现场调查资料。

（2）故障专题分析报告。

（3）故障报告单。

（4）机械运行和检查记录。

（5）状态监测和故障诊断记录。

（6）机械履历书和技术档案。

（7）原厂说明书及随机技术资料。

（8）故障树分析资料及其他故障信息资料等。

（四）机械故障记录

做好机械故障记录的主要要求：

（1）做好对机械各种检查的记录。对检查中发现的机械隐患，除按规定要求进行处理外，对隐患处的情况也要按表格要求认真填写。

（2）填好机械故障报告单。在有关技术人员会同维修人员对机械故障进行分析处理后，要把详细情况填入故障报告单。故障报告单是故障管理中的主要信息源，对故障报告单的内容要认真研究确定，其一般记录项目及进行管理的内容如表2-2所示。

表 2-2　故障报告单记录的项目及作用

项目类别	获取的信息	进行管理的内容
识别参量（一般特征）	故障机械的名称、型号、编号、出产厂名、出厂时间、使用单位、故障时间、修理次数、最近修理日期、总工作时间，以及各级责任人签字	识别，记入机械档案
故障详细内容	故障征候与预兆，故障部位、形态，发现故障的时机，异常状况，存在缺陷及使用、修理中存在的问题	纳入检查、维护标准，改装机械。计划检修内容，准备技术资料
故障原因及防止措施	设计、制造、装配、材质、操作使用、维护修理问题，自然老化问题等。防止故障再发生的措施	改进管理工作，制定并贯彻操作规程，落实责任制，加强业务培训
工时与费用	停工工时、停歇台时占开动台时比例，停工对生产的影响；修理工作量（各种工时消耗、维修实际工时等），停工损失费、厂内修理费、外协修理费、配件费等	工时定额，人员配备，工人奖励，改进修理方式和方法，进行技术经济分析，减少停工损失

二、机械故障的分析

对机械故障进行分析，主要是为了找出发生故障的原因和机理，从而为减少和消除故障制定有效措施。因此，不仅要对每一项具体的故障进行分析，还要对本系统、本企业全部机械的基本情况、主要问题及其规律性有全面的了解，从中找出薄弱环节，采取针对性措施，以改善机械技术状况。常用的故障分析内容和方法如下。

（一）故障原因分析

产生故障的原因是多方面的，归纳起来主要有以下几类。

（1）设计不合理。机械结构先天性缺陷，零部件配合方式不当，润滑不良，应力过高。

（2）制造、修理缺陷。零部件制作过程的切削、压力加工、热处理、焊接、装配、安装装配存在缺陷。

（3）原材料缺陷。使用材料不符合技术要求，铸件、锻件、轧制件等缺陷或热处理缺陷等。

（4）使用不当。超出规定的使用条件，超载作业，违反操作规程，润滑不良，维护不当，管理混乱等。

（5）自然耗损。由于自然条件造成零部件磨损、疲劳、腐蚀、老化（劣化）等。

有些故障是由单一原因造成的，有些故障则是多种因素综合引起的。有的是一种原因起主导作用，其他各种因素起媒介作用。作为机械使用和维修人员，必须研究故障发生的原因和规律，以便正确地处理故障。

开展故障分析时，应对机械故障原因种类规范化，明确每种故障的确切内容，故障原因种类不宜分得过粗或过细，划分的原则是以容易看出每种故障的主要原因或存在问题，便于进行统计分析即可。

（二）故障频数分析

故障发生规律的定量分析，主要是应用概率论和统计学的原理和方法计算故障发生的概率，求出有关故障和可行性的一些指标。常用的分析方法有以下几种。

1. 故障原因频数统计分析

当导致故障的各种原因进行数量分析时，可列出不同故障原因的频数表。如某型机械共发生故障 147 次，导致故障的几种原因频数列于表 2-3，根据表 2-3 可进一步画出其主次因素排列图。表 2-3 是按造成故障的主次原因顺序排列的，即按频数由高到低顺序排列的。分析各种原因的相对频数，即可找出造成机械故障的主要原因。掌握了机械的主要故障原因，就能使故障管理的目标明确。

表 2-3　九类故障原因的频数

序号	故障原因	频数	累积频数	相对频数/%	累积相对频数/%
1	超过容限	94	94	63.9	63.9
2	裂纹	15	109	10.2	74.1
3	卡死	15	124	10.2	84.3
4	事故损伤	11	135	7.5	91.8
5	超过使用规定	4	139	2.8	94.6
6	振动	3	142	2.0	96.6
7	环境原因	3	145	2.0	98.6
8	漏油	1	146	0.7	99.3
9	维修错误	1	147	0.7	100

2. 故障频率分析

为了掌握机械使用过程中不同时间内的故障量的增减趋势，一般以机械的单位运转台时发生的故障台次来评价故障的频率，即

$$故障频率 = \frac{同期机械故障机台次}{机械实际运转台时} \times 100\%$$

故障频率分析一般是在同类型的单位之间进行，或对同一单位前后期的故障频率进行比较，观察其故障多少及变化趋势。

3. 故障强度率分析

故障频率还不能反映故障停机时间的长短和费用损失的程度。为了反映故障的程度，一

般以单位运转台时的故障停机小时来评价，称为故障强度率。

（三）平均故障间隔期（MTBF）分析

机械的平均故障间隔期（MTBF）是一项在投入运行后较易测得的可靠性参数，在评价机械使用期的可靠性时应用很广。对于较复杂的机械，在其使用寿命（偶发故障期）期间，可以认为机械的可靠性函数服从指数分布，其平均故障间隔期（MTBF）是个常数。机械的平均故障间隔期（MTBF）可通过分析求得，其步骤如下：

（1）选择有代表性的机械或零部件作为分析对象，它们在使用中的各种条件都应处于允许范围的中间值以上。

（2）规定观测时间，记录下观测时间内的全部故障。观测时间应不短于机械中寿命较长的磨损件的修理（更换）期，一般连续观测记录 2 ~ 3 年，就可充分发现影响平均故障间隔期（MTBF）的故障。要详细记录故障的有关资料，如故障内容、处理方法、发生日期、停机时间、修理工时等数据要准确。

（3）数据分析，将各故障间隔时间 $t_1, t_2, \ldots, t_N$ 相加除以故障次数 n。

当机械进入耗损故障期（使用后期）时，故障将显著增多，其间隔期也显著缩短。不但易损件，连基础件也会接连发生故障。通过多台机械的故障记录分析，就可科学地估计进入耗损故障期的时间，从而为适时进行预防修理提供依据。

（四）故障树分析（FTA法）

故障树分析是把故障结构画成树形图，沿着树形图的分枝去分析机械（或系统）发生故障的原因，查明哪些零部件是故障源。

故障树分析的特点之一，是用特定符号绘制故障树图形，它采用的符号分为事件符号、逻辑符号和转移符号等，如表 2-4 所示。

表 2-4 故障树基本符号

分　类	符　号		含　义
事件符号	1	▭	待展开分析的事件
	2	○	初始事件
	3	◇	不进一步分析的事件，尚未探明或不需探明的事件
	4	⌂	常发生的事故，在正常情况下将会发生的事件
逻辑符号	5		与门：所有输入事件同时发生，输出事件才发生
	6		或门：输入事件中只要有一个发生，输出事件就发生
	7	⬡—(条件输入)	禁门：当条件输入得到满足，则输入事件的发生方导致输出事件的发生
转移符号	8	△	转入符号：一个事件转入相关的逻辑门
	9	◁	转出符号：一个事件由相关的逻辑门转移出来

　　故障树分析的特点之二，是它着眼于同机械（系统）的功能等价框图进行比较，两者在结果上是一致的。故障树的绘制虽然较为麻烦，但一旦画出故障树，便能把层次关联和因果关系不清的事件显示清楚。

　　由于故障树分析用逻辑命题来分解故障发生的过程，所以也用"与门""或门"等逻辑运算，因而故障树分析也称为逻辑分析。故障树分析的实施程序如下：

　　（1）提出影响机械（或系统）可靠性与安全性的一切可能发生的故障，并明确故障定义。

　　（2）分析可能发生的各种故障，就最可能发生的一两项故障，画出故障树；树干为机械故障，树枝为导致机械故障的零部件故障。也就是说，一边参考机械构成图、功能图进行观察，一边把机械故障的可能原因展开到子系统以至零部件。

　　（3）收集输入的故障数据，对故障树进行分析，即讨论有可能发生的零部件故障，找出可能构成机械故障的主要故障源。

　　（4）把分析得出的可能故障及其原因的因果关系用逻辑符号连接起来。

　　（5）必要时用最小通路集合、布尔代数计算故障树的概率。

　　（6）评价分析，即估计故障一旦发生的后果与危害，提出预防故障和消除故障的对策。

图 2-5 是电动机过热烧坏的故障树图例。

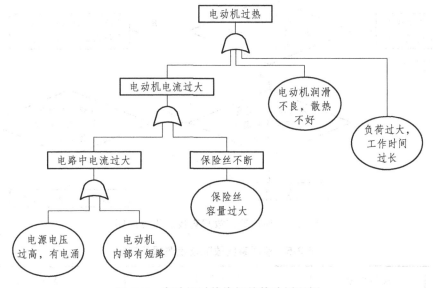

图 2-5　电动机过热烧坏的故障树图例

　　故障树分析主要用于机械的部分主要零部件和原因较复杂的故障，目的是找出故障的原因和在机械各层次的影响，以找出薄弱环节，并进而在机械的使用、维修中采取针对性措施。

三、机械故障管理的开展

　　做好机械管理，必须认真掌握发生故障原因的信息，从实际出发和典型故障中积累资料和数据，开展故障分析，重视故障规律和故障机理的研究，加强日常维护、检查，就有可能避免突发性事故和控制偶发性事故的发生，并取得良好效果。开展故障管理的一般做法如下。

（一）对重点机械进行监测

（1）根据企业施工生产实际和机械状态特点，确定故障管理重点。

（2）采用监测仪器和诊断技术对重点机械进行有计划的监测活动，以发现故障的征兆和劣化的信息。

（3）在缺少监测技术和手段的情况下，可通过人的感官及一般检测工具，对在用机械进行日常和定期点检，着重掌握容易引起故障的部位、机构及零件的技术状态和异常现象的信息。

（4）要创造条件开展状态检测和诊断技术，有重点地进行状态检测维修，以控制和防止故障的发生。

（二）建立故障查找逻辑程序

查找故障常涉及不同领域的知识，需要丰富的经验，除培训维修工掌握故障分析方法外，应把机械常见的典型故障现象、分析步骤、消除方法，汇编成典型故障查找逻辑程序图表，列成方框图或表格形式，以便在故障发生后能迅速找出故障部位和原因，能及时而有效地进行修理。故障查找逻辑程序图和程序表如图 2-6 及表 2-5 所示。

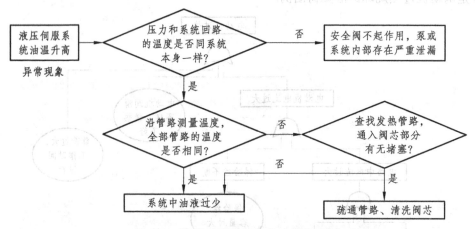

图 2-6 液压系统故障查找逻辑程序图

表 2-5 液压系统故障查找逻辑程序表

序号	故障现象	产生原因	清除方法
1	运转时，有连续周期性噪声	① 液压泵进油口过滤器阻塞 ② 吸油管已露出油面，吸入空气	① 拆下进油口过滤器进行清洗 ② 将吸油管伸入油内（或加油达到油面规定高度）
2	运转时，压力有较大的波动	液压泵进油管道有破裂，管接头处有松动现象，油管有局部漏气	将管道紧固，更换破裂的管道和损坏的油封
3	液压泵压力不能建立	① 液压泵损坏或有明显磨损 ② 溢流阀作用不正常，弹簧永久变形，内部孔道堵塞，阀芯、阀座孔有明显磨损	① 更换或修复已磨损的液压泵 ② 拆卸溢流阀检查、修理，如磨损严重应更换

（三）建立机械故障记录和统计分析制度

（1）故障记录是开展故障管理的基础资料，又是进行故障分析、处理的原始依据，因此，记录必须完整正确。维修工人在现场对故障机械进行检查和修理后，按照机械维修任务单的内容认真填写，由现场机械员汇总后填写机械故障记录按月报送机械管理部门。机械故障记录的项目及其作用见表2-6。

表2-6　机械故障记录项目及其作用

项　目	可取得的信息	作　用
故障原因	了解机械故障的性质和主要原因	针对原因改进管理工作，如贯彻责任制，制定并贯彻操作规程和进行技术业务培训
故障的内容及情况	易出故障的机械及其故障部位，机械存在的缺陷和使用修理中存在的问题	纳入检查、维护标准，改装或改造，计划检查内容，进行技术资料准备
修理工时	故障修理工作量，各种工时消耗，现有工时利用情况，维修工实际劳动工时	作为制定工时定额、人员配备和工人奖励的参考资料
修理停工	修理停工数据，停歇台时占开动台时比例，停工对生产的影响程度	改进修理方式和方法，分析停工过程的原因
修理费用	故障的直接经济损失	可供制订机械维持费用计划参考

（2）机械管理部门汇总故障记录后对故障数据进行统计分析，算出各类机械的故障频率、平均故障间隔期；分析单台机械的故障动态，找出故障的发生规律，以便突出重点，采取措施，并反馈给维修部门，作为安排预防修理和改善措施计划的依据。

（3）根据统计整理资料，绘制单台机械故障状态统计分析表，作为分析故障原因、掌握故障规律、确定维修对策、编制维修计划的依据。

（四）计划处理

根据统计分析的结果，采取针对性的计划处理。

（1）对于使用不合理、操作不当造成的故障，通过"故障管理反馈单"通知使用单位限期改正。

（2）对于维修不良或失修而导致的故障，通过"故障管理反馈单"通知维修单位检查处理，并落实修理级别和时间。

（3）对于多发性故障频率较高已失去修复价值的老旧机械，应及时停止使用，申请报废。

（4）对于重复性故障频率较高的机械，要进行重点研究分析，针对下列不同情况予以处理：结构不合理的安排改善性修理；失修造成的安排针对性的项目修理；上次修理未彻底解决的隐患应安排返修，彻底解决；如由于缺乏配件更换而"凑合对付"造成的，应通知供应部门解决配件后安排修理。

根据计划处理阶段确定的工作内容、措施要求以及完成时间等，落实到有关单位或个人，按计划予以实施。在实施过程中要有专人负责检查，保证实施的质量和效果，并将实施成果进行登记，用以指导机械的正确使用和预防维修。

故障管理系统工作流程如图2-7所示。

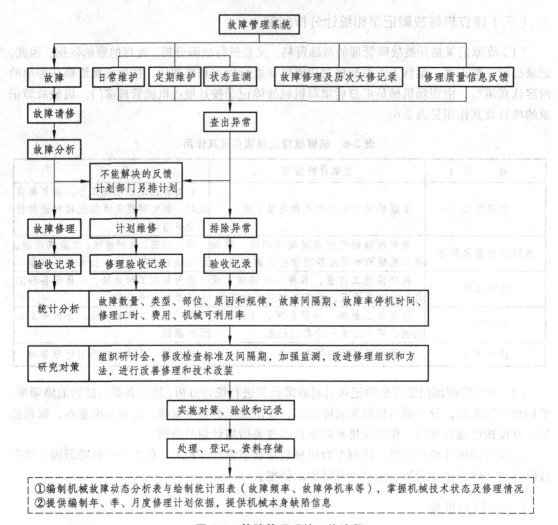

图 2-7 故障管理系统工作流程

第四节 机械技术状态的检测和诊断

机械技术状态的检测和诊断，是指在机械运行中或基本不拆卸机械结构的情况下，能对机械技术状态进行定量测定，预测机械的异常，并对机械故障的部位、原因进行分析和判断，以及预测机械未来的一种新型技术。

机械的检测和诊断，在机械管理过程中，具有下列几个方面的作用。

（1）检测机械运行状态，发现机械隐患和预防事故的发生，并建立维护标准，实行预知维修。

（2）确定修理或更换零件的间隔期和内容。

（3）从机械零部件寿命的预测分析，可以决定配件订货的周期和订货量。

（4）可以根据对机械故障的诊断确定改善维修的方法，并为机械改造提供科学判断。

（5）从对机械故障点及劣化程度的分析以及机械所受应力、强度等性能的定量分析，可以反馈改进机械的设计、制造和安装等工作，为技术进步提供依据。

一、机械的状态检测

（一）机械检测的目的和对象

对机械整体或局部在运行过程中物理现象的变化进行定期检测（包括点检和检查），就是状态检测。状态检测的目的是随时监视机械运行状况，防止发生突发性故障，确保机械的正常运行。

状态检测的主要对象是：

（1）发生故障对整个系统影响较大的机械。

（2）必须确保安全性能的机械。

（3）价值昂贵的新型机械。

（4）故障停机修理费用及停机损失大的机械。

（二）机械检测的主要内容

按照不同的机种及故障常发部位，制订检测项目，其主要内容包括：

（1）安全性。机械的制动、回转、液压传动、安全防护装置、照明、音响等。

（2）动力性。机械的转速、加速能力、底盘输出功率、发动机功率、转矩等。

（3）可靠性。机械零部件有无异响、振动、磨损、变形、裂纹、松动等现象。

（4）经济性。机械的燃油及润滑油消耗、泄漏情况。

（三）机械检测的分类

一般可分为日常监测、定期检测和修前检测三类。

（1）日常监测。是由操作人员结合日常点检进行的跟踪监测，监测结果应填写入运转记录或点检卡上，作为机械技术主管掌握机械技术状况的依据。

（2）定期检测。定期检测可结合定期点检进行，除用仪器、仪表检测外，还要对工作油、润滑油的金属元素磨损微粒含量化验。通过对机械的检测和故障诊断，确定是否需要修理、消除故障隐患。此项检测由专业检测人员承担。

（3）修前检测。确定故障的部位、性质及劣化程度，为确定修理项目及方式以及配件准备等提供可靠的依据。由机械使用单位和承修单位共同进行。

（四）机械检测的方法

机械检测的方法主要有两种。

（1）由检测人员凭感官和普通仪器，对机械的技术状态进行检查、判断，这是目前在机械检测中最普遍采用的一种简易检测方法。

（2）利用各种检测仪器，对整体机械或其关键部位进行定期、间断或连续检测，以获得技术状态的图像、参数等确切信息，这是一种能精确测定劣化和故障信息的方法。

（五）机械检测的工作程序

机械检测的工作程序如图2-8所示。

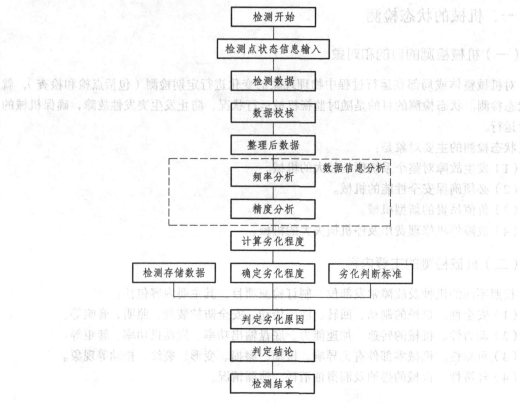

图 2-8　机械检测的工作程序

二、机械的诊断技术

（一）机械诊断的定义

机械诊断一般是指当机械发生了异常和故障之后，要搞清故障的部位、特征以及产生的原因等情况。也就是对诊断对象的故障识别和异常鉴定工作。作为比较全面和广义的概念，还必须包括对从过去到现在、从现在到将来的一系列信息资料所进行的科学预测，这样才符合系统工程的观点，也才是从根本上消除机械故障的根本途径。因此，所谓诊断，就是指对诊断对象所进行的状态识别和鉴定工作，并能预测未来的演变。它包括3个方面内容。

（1）要了解机械的现状。

（2）要了解机械发生异常和故障的原因。

（3）要能预测机械技术状态的演变。

机械诊断当然要以掌握现状为中心，但又不能仅限于立足现状。

（二）机械诊断技术的功能

机械诊断技术是在机械运行中或基本不拆卸的情况下，根据机械的运行技术状态，使用诊断技术以确定故障的部位和原因，并预测机械今后的技术状态变化。其基本功能是能定量地检测和评价机械所承受的应力、故障和劣化、强度和性能、预测机械的可靠性等内容，如图 2-9 所示。

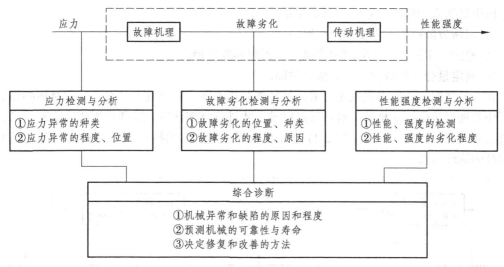

图 2-9　机械诊断技术过程分析

机械诊断技术按其诊断的功能有两个层次，如图 2-10 所示。

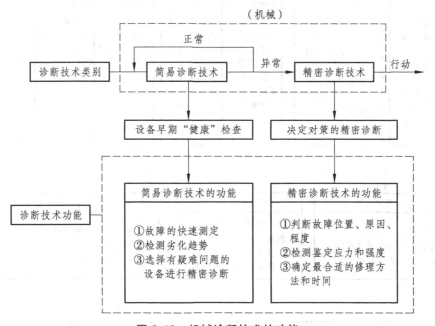

图 2-10　机械诊断技术的功能

（1）简易诊断技术。它是对机械的技术状况简便而迅速地作出概括评价，由现场操作和维修人员执行。它的作用相当于护理人员对人体进行健康检查。它的主要功能是：

① 故障的快速检测。

② 检测机械劣化趋势。

③ 选择需要精密诊断的机械。

（2）精密诊断技术。它是对经过简易诊断判定有异常情况的机械作进一步的仔细诊断，以确定应采取的措施来解决存在问题。由机械技术人员会同维修人员执行。它的作用相当于专业医生对病人的诊断。它的主要功能是：

① 判断故障位置、程度和产生原因。

② 检测鉴定故障部位的应力和强度，预测其发展趋向。

③ 确定最合适的故障排除方法和时间。

在一般情况下，大多数机械可采用简易诊断技术来诊断其技术状态，只有对那些在简易诊断中发现疑难问题的机械（包括重点机械）才进行精密诊断。这样使用两种诊断技术，才是最有效而又最经济的做法。图 2-11 所示是机械诊断的实用技术系统，图 2-12 所示是机械零部件的诊断方法。

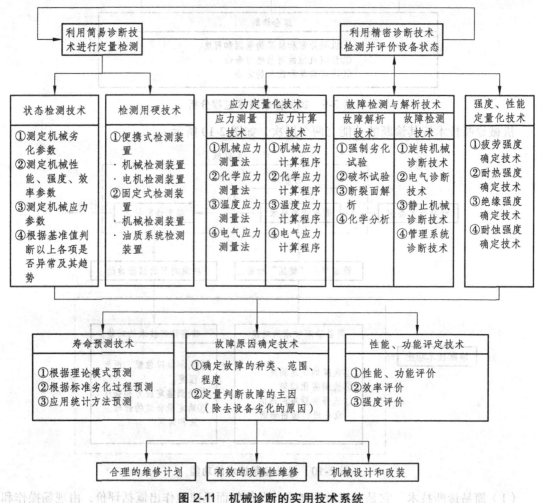

图 2-11 机械诊断的实用技术系统

（三）机械诊断技术的运用

机械诊断技术应区别不同情况，合理使用，才能取得成效。不必要的诊断，将会造成人力、物力的浪费。

（1）发生故障后修理难度大，对整个工程进度有重大影响的关键机械，应优先采用诊断技术。对发生故障后不会引起联锁损坏，修理拆装方便，停修时间短，对施工生产影响较小的一般机械，可以不采用诊断技术预防。

（2）对于有规律的机械故障，可不采用定期诊断方式，主要依靠定期保养（维护）解决。

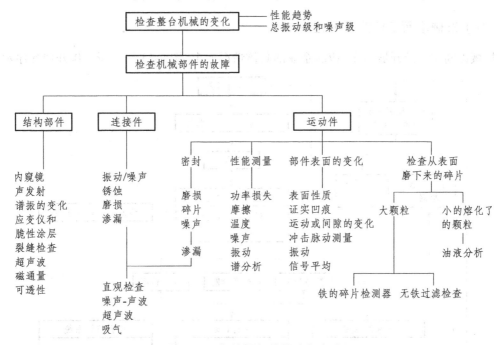

图 2-12　机械零部件的诊断方法

（3）对于故障难以预测的关键机械，可采用状态监测进行持续性监测诊断，掌握其技术状态劣化程度的变化，适时决定修理部位和项目。

（4）对于一般机械还可采用便携式仪器进行巡回检查或普查，必要时重点抽查，进行诊断。

（四）开展检测诊断的基本条件

（1）要有一定的检测手段，有一套比较完善的诊断仪器，其中包括油液分析的原子光谱分析仪，并能通过这些仪器，能全面、准确地反映出机械各部位的技术质量状态。针对施工企业的实际情况，建立相应的检测机构。

① 拥有大型施工机械较多的企业，应建立机械检测站，由机械管理部门领导，配备检测设备和检测用车。

② 对机械施工队可配备一些检测压力、流量、转速、温度和简易油水分析仪等便携式仪器、仪表，并配备专职检测人员。

拥有汽车较多的单位，可建立汽车检测站（组），配备汽车专用检测仪器。

（2）要有一定的技术资料，包括各种机械的说明书、修理资料和检测软件，制定出切合实际的维修标准和可靠性指标。

（3）要建立与诊断技术应用有关的信息系统，以便检索参考。如收集机械主要零部件的磨损数据，将机械使用、故障、维修等情况输入计算机储存。

（4）检测人员应懂得检测程序和方法，能正确使用各种检测仪器，对所测试的机械有较深刻的了解；有维修经验和分析比较能力；有较强的责任心。

（5）已建立适用于检测诊断的维修制度，以及相应的组织实施措施。

（五）机械诊断工作的开展程序

机械诊断工作的开展程序，应随企业的具体情况而定。图2-13为诊断工作开展程序示例。

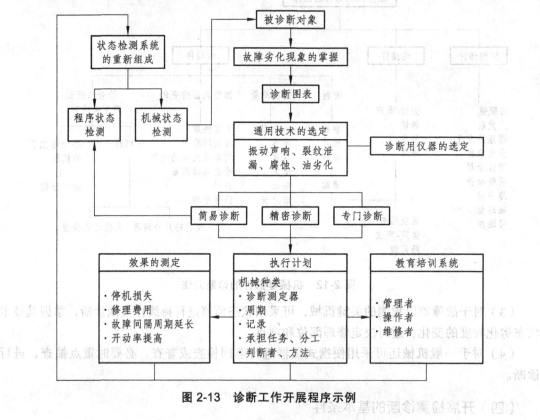

图2-13 诊断工作开展程序示例

第五节 机械检测、诊断的方法

机械在运行过程中产生的振动、温升、噪声等现象，携带了有关机械零部件技术状态的大量信号，检测诊断就是利用这些外部能检测到的信号，来判明其内部优劣情况的手段。

诊断技术作为检测手段至少应满足以下要求。

（1）灵敏性。灵敏度要高。检测参数的变化往往是很细致的，只有高灵敏度的测试方法才能满足诊断技术的要求。

（2）单值性。测定数据要有明确的对应关系，才能从诊断结果中判明具体故障的性质、部位和程度。

（3）实用性。要经济、实用、快速、方便、易操作。

（4）稳定性。稳定性要好，如对机械的同一状态有时要多次测试，其结果分散度要小，重复性要好，要稳定。

（5）安全性。当机械在运转情况下进行诊断时，仪器在限定的诊断范围内要安全有效，并能经受住诊断条件和环境以及可能误操作的影响。

一、感官检测

（一）感官检测的程序

感官检测就是根据机械在运转时产生的各种信息，如振动、温升、润滑、负荷、噪声等各种物理化学信号，经过人的感官系统进行分析推理，以判断机械故障的类别和性质，这是实施机械状态检测（简易诊断）的主要手段。尤其是施工机械具有分散作业的特点，除配备少量便携式简单检测仪表外，主要还得以人的感官来进行检测。

感官检测的程序是：通过人的感官系统，将从机械上感受到的信息输入大脑，经与积存的知识和经验作比较，进行筛选后作出判断，完成信息（结论）输出程序。

（二）感官检测的常用方法

感官检测主要是利用触觉、视觉、听觉和嗅觉。

（1）用手触摸机械，检测间隙、振动和温度。

① 判断轴与孔配合类零件在自然磨损中其配合性质有无变化。可用手晃动（或撬动）检查配合零件的松动情况，一般可感觉出 0.20～0.30 mm 的间隙。

② 判断动配合摩擦面的温度。当零部件表面温度超过正常时，预示着零部件存在不正常的磨损，有产生故障的可能。

③ 判断机械的振动。机械在运转中存在一定的振动，但如产生异常振动时，用手指按在机体上能感觉振动的变化量，用以判断振动异常的原因。

（2）应用视觉检查机械外观以及润滑、清洁状况。

① 通过机械外观检查，查看零部件是否齐全，装置是否正确，有无松动、裂纹、损伤等情况。

② 检查润滑是否正常，有无干磨和漏油现象。看润滑油的油量和油质情况，及时添加或更换。

③ 监视机械上装设的常规仪表的指示数据，以判断机械的运转状况。

（3）应用听觉听机械的响声和噪声。

① 检测不能摸和看的零部件时，如齿轮箱中齿轮啮合情况，可使用探听棒测听其声响。正常的齿轮运转时是平稳和谐的周期振动声。如出现重、杂、怪、乱等异常噪声时，说明已存在故障隐患。要根据噪声的振幅、频率等特点分析产生故障的相关零件。

② 检查零部件是否存在裂纹，可用手锤轻敲零部件听其声响。或检查两个接合面的紧密程度，正常时发出清脆均匀的金属声，反之则发出破裂或空洞杂音。

（4）应用嗅觉闻机械发出的气味。

① 有的机械在发生故障时，会产生一股异常气味。如电气设备的绝缘层，受高热作用会发出焦煳气味，制动器和离合器面片间隙过小，也会产生异臭。利用嗅觉可以获得这类故障信号。

② 有些静止设备，如装有化学液体或气体的高压容器，泄漏时会散发出特殊的气味，能通过人们的嗅觉来识别。

（5）应用常规仪表监测机械。一般机械上常规装有指示温度、压力、容量、流量、负荷、电流、电压、频率、转速等参数的监测仪表。这些仪表显示了机械运动的变化数据，但还是要人用视觉感官来监视，从中发现异常时判断其故障，并采取相应措施。

感官监测与诊断属于主观监测方法，需要监测者有丰富的"临床"经验才能胜任，有时由于各个人的技术经验不同，诊断结果会有出入。为了减少偏差，可以采取多人"会诊"的办法来解决。

二、振动测量

机械在运转中都要产生某种程度的振动。在正常情况下，振动的两个主参数——振幅和加速度，应当基本稳定在允许范围内。当零件磨损超限，加工或安装的偏心度、弯曲度、材质的不平衡度等超限，以及紧固情况劣化时，振动就要出现异常情况。因此，许多不同形式的机械故障都可以从异常的振动信号中反映出来。由于振动信号比较灵敏，它的预报性比温度等其他信号要及时、准确。因此，振动测量已成为机械状态监测和故障诊断的主要手段。

（一）振动测量方法的分类

振动测量的方法很多，从测量原理上可分为机械法、光测法和电测法三大类。目前使用最广的是电测法，其特点是首先通过振动传感器将机械运动参数（位移、速度、加速度、力等）变换为电参量（电压、电荷、电阻、电容、电感等），然后再对电参量进行测量。

与机械法和光学法比较，电测法有如下几方面的优点。

（1）具有较宽的频带、较高的灵敏度和分辨率以及较大的动态范围。

（2）可以使用小型传感器安装在狭窄的空间，对测量对象影响较小，有的传感器可实现不接触测量。

（3）可以根据被测参数的不同，选择不同规格或不同类型的传感器。

（4）便于对信息进行记录和存储，供进一步分析处理。

（二）振动传感器与测量分析仪器的配套

振动传感器的种类很多，常用的有压电式加速度计、电动式速度传感器和电涡流式位移计。近年来又生产出压阻式加速度计和伺服式加速度计，它们的共同特点是可测量极低频振动，缺点是上限频率不如压电式加速度计高。

振动传感器与测量仪器最简单的配套为传感器加直读式振动计，即便携式测振表，通常包括与传感器配合的放大线路、检波线路、指针式表头或数显线路及数显指示器。它能指示振动信号的峰值，较复杂的振动计还附加选频线路，可做粗略的频率分析，以测量振动信号的频率成分。

（三）大型机械的振动监测

大型机械进行状态监测的振动监测系统的组成如图 2-14 所示。

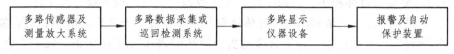

图 2-14　振动监测系统框图

振动监测系统能随时监督机械是否出现异常振动或振级超出规定值，一旦出现，能立即发出警报或自动保护动作，以防故障扩大。长期积累机械的振动状态数据，有助于监测人员对机械故障趋势作出判断。

（四）频率分析

进行故障分析的主要手段是频率分析（又称谱分析）。例如，旋转机械的基频（转速）振动通常是由于转轴的不平衡或初始弯曲；二倍频振动可能是轴承对中不良；半频振动或定频（不随转速改变，低于转速）振动常常是由于油膜振荡或内阻引起的自励振动；变频振动可能是轴承或齿轮缺陷所引起等。

目前，国内已能提供较多品种的振动监测、诊断仪，其中包括多功能信号处理机、台式计算机及故障诊断软件包等组成的故障诊断系统，如图 2-15 所示。

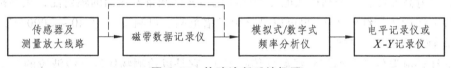

图 2-15　故障诊断系统框图

三、温度测量

机械的摩擦部位温度的变化，往往是机械故障的预兆。利用测温计测量温度变化的数据来判断机械的技术状态，以查出早期故障，是常用的诊断技术。

测温仪的种类很多，按测量方式来划分有接触式和非接触式两大类。

（一）接触式测温仪

接触式测温仪的测温元件与被测对象有良好的热接触，通过传导和对流，达到热平衡以进行温度测量。接触式测温仪可以测量物体内部的温度分布，但对运动体、小目标或热容量小的测量对象，测量误差较大。

（1）液体玻璃温度计。这类温度计属于水银密封式，可测温度范围为 $-35 \sim +350 \,℃$，常用于测量水温和油温，使用时应避免急热、急冷，注意断液、液体中的气泡和视差。不宜用于表面测量。

（2）电阻温度计。它是利用电阻与温度呈一定函数关系的金属导体或半导体材料制成的感温元件，当温度变化时，电阻随温度而变化，通过测量回路的转换，能显示出温度值，根据感温元件的材料，分为金属元件的铂电阻温度计和半导体元件的热敏电阻温度计。

① 铂电阻温度计准确性高，性能可靠，但热惯性较大，不利于动态测温，不能测点温，常用于部位监测专用的轴承测温等。

② 热敏电阻温度计体积小，灵敏度高，可测点温度，常制成便携式温度计。

（3）热电偶温度计。它是利用两种导体接触部位的温度差所产生热电动势来测量温度。热电偶的品种繁多，有采用铂、铑等合金的贵金属热电偶和采用铜/康铜、镍铬合金/镍铝合金的廉金属热电偶；有根据使用条件、补偿导线分为普通（测温 300 ℃）和耐热（测温 700 ℃）两种温度计；有内装电池的便携式；也有需接交流电源的，这类温度计广泛用于 500 ℃ 以上高温测量。

（二）非接触式温度计

由于物体的能量辐射随其绝对温度和辐射表面的辐射系数而定，故不需直接接触也可根据辐射能量来推算表面温度。这种非接触式温度计不会破坏被测对象的温度场，不必与被测对象达到热平衡，测温上限不受限制，动态特性较好，可测运动体、小目标及热容量小或温度变化迅速的对象表面温度，使用范围较广泛，但易受周围环境的影响，限制了测温的精度。常用的有以下几种。

（1）光学高温计。它的可测温度在 500 ℃ 左右，辐射的主要部分属视频范围。使用时将物体表面的或气体的颜色与一加热灯丝作比较，即可测定温度值，其误差在 2% 以内。

（2）辐射高温计。它是利用热电元件或硫化铅元件测量发热面的辐射能，频率范围可以是某一特定波段（如红外区），也可以是整个光谱范围。可测温度为 40 ~ 4 000 ℃，精度约 2%，仪器视场角为 3° ~ 15°。

（3）红外测温仪（又称红外线温度传感器）。它是以检测物体红外线波段的辐射能来实现测温，是部分辐射法测温的主要仪表。红外测温仪有热敏式和光电式两类，前者是利用物体受红外辐射而变热的热效应作用；后者是利用物体中电子吸收红外辐射而改变运动状态的光电效应作用。后者比前者的响应时间要短得多，一般为微秒级。

红外测温仪具有体积小、重量轻、携带方便、灵敏度高、反应快、操作简单等优点，适用于现场机械的温度检测，尤其对轴承温升的检测有明显的优越性。

（4）热辐射温度图像仪（简称热像仪）。它是利用物体热辐射特性，对被测物体平面、空间温度分布以图像表现的测温设备。这种设备可以用来测定 – 30 ~ + 2 000 ℃ 的温度。如被测物件有问题，其表面温度显示在屏幕上便是辉度或彩色的差别。它适用于正在运行中或不容许直接接触的机械技术状态的检测。

四、润滑油样分析

利用润滑油中的微粒物质，诊断机械的磨损程度，是一种快速、准确、使用面广的诊断技术。润滑油在机械内部循环流动，将机械零部件在运动中相互摩擦产生的磨损颗粒同油液混合在一起。这些微细的金属颗粒包含着机械零部件磨损状态、机械运行情况以及油质污染程度等大量信息，这些信息能显示机械零部件磨损的类型和程度，预测其剩余寿命，为计划性维修提供依据。同时，还可根据润滑油质量，确定更换期限。

润滑油样分析根据其分析指标及方法的不同，可分为两大类：一类是油液本身的物理化学性能指标分析；另一类是油液中微粒物质的分析，也称磨屑分析，它是属于精密诊断范畴。

（一）润滑油样的物理化学性能指标分析

内燃机使用的润滑油（包括液压油），由于经常处于高压、高温、高速的工作环境，其物理化学性能随着机械运转时间的延长而氧化变质，经过一定周期后就要更换。但由于机械类型复杂、工作环境多变、使用维护的水平不同等多种因素，润滑油的劣化程度也不会一样，如按规定周期换油，必然要造成过早更换的浪费或过晚更换加速机械磨损。因此，改变按期换油为按质换油，不仅减少润滑油的浪费，而且能保持润滑油的质量，延长机械使用寿命。

评价润滑油的物理化学性能指标很多，主要有黏度、酸值、水分、机械杂质及不溶物、闪点、酸值、碱值等，这些指标都有常规的化验方法，但是这些常规化验方法的设备复杂，方法烦琐，不适宜现场化验使用。

为了对现场机械快速检测其在用润滑油的性能，国内已生产出把几种检测仪器结合在一起的便携式内燃机油快速分析器。该分析器能测使用中机油的黏度是否超过了允许极限，并可测得极限内的近似值；可测机油中的实际含水量，在极限值（0.5%）以下时，与常规分析对比其精确度极相近；可测机油的酸值是否超过了允许极限及极限内的近似值；与斑点图谱对比，可反映使用中机油的污染程度及清净分散添加剂的消耗程度。

通过检测，对使用中的机油能起到监视作用，以达到按机油实际情况更换，避免浪费，并对判断内燃机的工作状况提供可靠的依据。

（二）润滑油样的磨屑分析

对润滑油样中磨屑的分析是诊断机械故障的有效手段。常用的磨屑分析方法有光谱分析法、铁谱分析法和磁屑检测法。

（1）光谱分析法。光谱分析法适用于内燃机、汽轮机以及各种传动装置、齿轮箱等的密封润滑系统和液压系统。它是采用原子发射或原子吸收光谱来分析润滑油中磨屑的成分和含量，据以定量地判断出磨损零件的类别和磨损程度。

光谱分析的基本原理是当原子的能量发生变化时，往往伴随着光的发射或吸收。发射和吸收的波长与原子粒外层电子数有一定关系，可以通过测定波长来确定元素的种类。通过测定光的强弱来确定元素的含量，在进行润滑油样光谱分析时，可以使用分光光度仪和原子吸收光谱仪。当前也有使用能量分散 X 射线分析法和氩气等离子体光谱分析法等。原子吸收光谱仪的精度为 $(1 \sim 500) \times 10^{-6}$，可以同时分析 20 种元素，对于内燃机来说，最常分析的元素是铁、铝、铬、铜、锡、锰、钼、镍、硅等。由于润滑油中各磨损元素的浓度与零部件的磨损状态有关，光谱分析结果便可以判断与这样元素相对应的各零部件的磨损状态，从而达到故障诊断的目的。一般的对应关系如下：

铜 —— 铜套、含铜轴衬、差速器承推垫片、冷却器等部位。

铁 —— 曲轴、缸套、齿轮、油泵等部位。

铬 —— 活塞环、滚动轴承、气门杆等部位。

铝 —— 活塞或其他铝合金部位。

钼 —— 活塞环等。

硅 —— 表示尘土的侵入程度。

使用发射和吸收式光谱仪，要对油样进行烦琐和费时的预处理工作。从国外引进专用于润滑油分析的发射光谱仪，由计算机控制分析程序，抽样不需预处理，可直接读数，使操作更为方便可靠。

（2）铁谱分析法。铁谱分析是从油液中分离出金属磨损颗粒，以进行显微检验和分析的一种新技术。铁谱分析的仪器为铁谱仪，有分析式、直读式和在线式三种。常用的为分析式，其工作原理如图2-16所示。

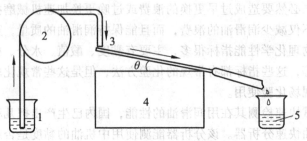

图2-16　分析式铁谱仪工作原理
1—油样；2—微量泵；3—铁谱图基片；4—磁铁；5—废油

将润滑油样由微量泵输送到放置成与异形磁铁的顶面成一定角度的铁谱基片上，在油样流下的过程中，油样中的金属磨屑，在高强度、强磁场的作用下从油样中分离出来，按由大到小的次序沉积在特制的铁谱基片上，并沿磁力线方向排列成链状。经清洗残油和固定处理后，制成铁谱片。

铁谱分析为磨损机理的研究和机械状态监测提供了新的重要途径，尤其在施工机械、液压系统、内燃机、齿轮箱等机械或总成的状态监测和故障诊断中得到广泛应用，成为微粒摩擦学的重要研究手段。

（3）磁屑检测法。常用的磁性碎屑探测器是磁塞。它的基本原理是用磁性的塞头放置在润滑系统的适当部位，利用其磁性吸取润滑油中的铁屑（有些内燃机润滑油箱的放油塞也具有磁塞功能），定期取出磁塞，并取下附在它上面的铁屑进行分析，就可以判断机械零部件的磨损性质和程度。因此，它是一种简便而行之有效的方法，适用于铁屑的颗粒大于50 μm的情况。由于在一般情况下，机械零件的磨损后期会出现颗粒较大的金属磨屑，因此，磁塞检查是一种很重要的检测手段。

上述各种油样分析仪器在其分析内容、效率、速度及适用场合等方面都具有各自的特点。就分析效率与油样内微粒物质粒度间关系比较，光谱仪的有效区是微米以下；铁谱仪是10^{-1} ~ 10^2微米级。就分析内容比较，光谱仪可测定各微量元素含量，但不能测出磨粒形态和测量磨粒大小；铁谱仪则弥补了光谱仪的不足，能测出磨粒形态和磨粒粒度分布的重要参数，但它对有色金属等磨粒就不具备如铁磨粒那样高的分析效率。因此，在进行油样分析时，要根据诊断对象的具体特点及综合成本和效益方面考虑选择恰当的仪器。由于大型机械结构的复杂性，必要时还得采用光谱、铁谱等多种仪器进行联合分析，以取得较全面的结论。

五、噪声（声响）测量

在机械运行过程中，噪声的增大意味着机械的磨损或其他故障的出现。对噪声的测量和分析，有助于诊断机械故障所在。

机械噪声的特性主要取决于声压级和噪声频谱。相应的测量仪器是声级计和频率分析仪。

（1）声级计又称噪声计，通常由传声器和测量放大器组成，传声器的作用是将声能变换为电能。测量放大器是由前置放大器、对数转换器、计权网络、检波器及指示表头等组成。由传声器及前置放大器获得与声压成正比的电压信号，对数转换器将其转换成以分贝（dB）值表示的声压级信号。计权网络是考虑到人耳听觉对不同频率有不同的灵敏性而设置的特殊滤波器。IEC 标准规定了 A、B、C 三种标准的计权网络，其中最常用的是 A 计权网络。

声级计按其整机灵敏度精度值，可分为普通声级计（小于±2 dB）和精密声级计（小于±1 dB）。前者用于一般噪声测量，后者用于精密声测、噪声分析和故障诊断。

（2）频谱分析仪是由声级计、倍频程滤波器或 1/3 倍频程滤波器以及电平记录仪等构成。在测量系统中引进磁带记录仪，可减少现场测量需要携带的仪器，缩短现场测量时间。在需要测量分析某些瞬时噪声时，尤为重要。

六、无损探伤检测

无损探伤检测简称无损检测。它是在不损伤和不破坏机械或结构的情况下，对它的性质、状态和内部结构等进行评价的各种检测技术。

机械及其零部件在制造过程中，可能产生各种各样的缺陷，如裂纹、疏松、气泡、夹渣、未焊透等。在运行过程中，由于应力、疲劳、振动、腐蚀等因素的影响，各类缺陷又会不断产生和扩展。无损检测不但要测出缺陷的存在，而且要对其作出定量和定性的评定，避免由于机械不必要的检修和零件更换而造成浪费。

无损检测的方法很多，表 2-7 列出了几种主要的无损检测方法及其适用性和特点。

表 2-7　几种主要的无损检测方法及其适用性和特点

字号	检测方法	缩写	检测对象	基本特点
1	内窥镜目视法	—	表面开口缺陷	适于细小构件的内壁检查
2	渗透探伤法	PT	表面开口缺陷	设备简单
3	磁粉探伤法	MT	表面缺陷	仅适于铁磁性材料的设备
4	电磁感应涡流探伤法	ET	表面缺陷	适于导体材料的设备
5	射线探伤法	RT	表层和内部缺陷	直观、体积型缺陷灵敏度高
6	超声波探伤法	UT	表层和内部缺陷	速度快、平面型缺陷灵敏度高
7	声发射检测法	AE	缺陷的扩展	动态检测
8	应变测试法	SM	应变、应力及其方向	动态检测

注：表层缺陷也包括表面开口缺陷。

（一）内窥镜目视法

使用内窥镜可以对机械内部进行目视检查。直型和光导纤维型内窥镜可以直接观察如内燃机汽缸、齿轮箱、密封容器等内部情况，其基本原理如图 2-17 所示。光纤能通过弯曲的线路传送图像，在光纤内，光的传播路线由大量的连续玻璃纤维所组成，它们被配置成能在其一端看到由另一端映入的图像。每一条玻璃纤维的作用就是一根具有反射面的管子（镜筒），从一端进入的光连续地被此内表面反射，直到在另一端被映出为止。利用光纤能将光通过弯曲的线路传送图像的特性，用来对实际无法检查的部位进行目视，尤其适用于机械的状态监测。

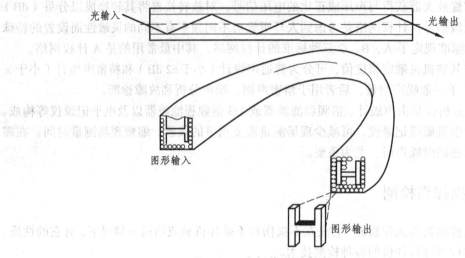

图 2-17　光纤传送图像的原理

（二）渗透探伤法

将渗透剂涂在被测件的表面。当表面有裂口缺陷时，渗透剂就渗透到缺陷中，去除表面多余的渗透剂，再涂以显像剂，在合适光线下观察被放大了的缺陷显示痕迹，据此判断缺陷的种类和大小，这就是渗透探伤法。它是一种最简单的无损探伤方法，可检测表面裂口缺陷，适用于所有材质的零部件和各种形状的表面，具有适用范围广、设备简单、操作方便、检测速度快等特点，是最广泛应用的无损探伤法。

渗透探伤法的基本操作步骤如图 2-18 所示。

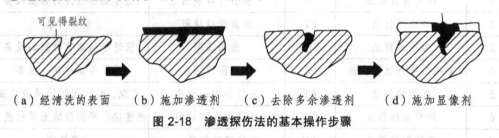

（a）经清洗的表面　　（b）施加渗透剂　　（c）去除多余渗透剂　　（d）施加显像剂

图 2-18　渗透探伤法的基本操作步骤

（1）预处理。零部件表面开口缺陷处的油脂、铁锈及污物等必须清洗干净。

（2）渗透。根据零部件的尺寸、形状和渗透剂种类，采用喷洒或涂刷的方法，在零部件探伤表面覆盖一层渗透剂。由于渗透液体的表面张力所产生的毛细管作用，所以要让渗透剂有足够时间充分地渗入缺陷中。

（3）乳化处理。如使用乳化型渗透剂，应在渗透完成后再喷上乳化剂，它可与不溶于水的渗透剂混合，产生乳化作用，使渗透剂容易被水清洗。

（4）清洗处理。清洗掉被测表面的多余渗透剂，注意不要洗掉缺陷中的渗透剂。

（5）显像。将显像剂涂在被测零部件表面，形成一层薄膜。由于毛细管的作用，渗入缺陷中的渗透剂被吸出并扩散进入显像剂薄膜之中，形成带色的显示痕迹。如采用荧光渗透剂时，在暗室内用紫外线照射，能形成黄绿色荧光，据此可判断缺陷的类型和大小。如采用着色渗透剂时，在一定亮度的可见光下即可观察。

（6）后处理。探伤结束后，清除残留的显像剂，以防腐蚀被检测零部件的表面。

渗透探伤法的优点是：成本低，设备简单，操作方便，应用范围广，灵敏度比人眼直接观察高出 5~10 倍，可在被测部位得到直观显示。其缺点是：仅适用于表面开口缺陷的探伤，灵敏度不太高，不利于实现自动化，无深度显示。

（三）磁粉探伤法

铁磁性材质（铁、镍、钴）的零部件，其表面或近表层有缺陷时，一旦被强磁化，会有部分磁力线外溢形成漏磁场，它对施加到零部件表面的磁粉产生吸附作用，因而能显示出缺陷的痕迹。用这种由磁粉痕迹来判断缺陷位置和大小的方法，称为磁粉探伤法。

磁粉有普通磁粉和荧光磁粉两种。一般使用普通磁粉，只有在检验暗色工件并有荧光设备时，才使用荧光磁粉。使用的磁粉又有干磁粉和磁粉液两种。使用磁粉液清晰度较高，因而广泛采用。其配制是在每升柴油与变压器油的混合油中加入 1~10 g 磁粉。

常用的便携式磁粉探伤装置有触头（或称磁锥）、磁轭（永久磁轭或电磁轭）和旋转电磁等装置。

磁粉探伤有足够的可靠性，对工件外形无严格要求，设备简单，容易操作。不足之处是只能探测铁磁性材料的表面和近表面缺陷，一般深度不超过几毫米。

零部件经过磁粉探伤后，必须进行退磁处理。

（四）电磁感应涡流探伤法

电磁感应探伤就是采用高频交变电压通过检测线圈在被测物的导体部分感应出涡流，在缺陷处涡流将发生变化，通过检测线圈来测量涡流的变化量，据此来判断缺陷的种类、形状和大小。由于探伤深度、速度和灵敏度都与激励频率有关，为了扩大应用范围，目前已向多频涡流方向发展。

这种仪器可用于黑色和有色金属，但对于不同材料，必须使用不同的探测头，并按所测材料校准仪器。

（五）射线探伤法

射线探伤法是利用射线有穿透物质的能力。当射线在穿透物体的过程中，由于受到吸收和散射，其强度要减弱，其减弱的程度取决于物体的厚度、材质及射线的种类。当物体有气孔等体积缺陷时，射线就容易通过；反之，若混有易吸收射线的异物夹杂时，射线就难以通过。将强度均匀的射线照射所检测的物体，使透过物体的射线在照相底片上感光，把底片显影后，就得到检测物体内部结构或缺陷相对应的黑度不同的底片。观察底片就可以确定缺陷的种类、大小和分布状况，这就是射线探伤法。

用于探伤的射线有 X 和 Y 两种，检测机械一般用 X 射线。由于这种射线对人身有影响，使用时要注意对人体屏蔽防护。

（六）超声波探伤

发射的高频超声波（1～10 MHz），从探头射入被检物中，若其内部有缺陷，则一部分射入的超声波在缺陷处被反射或衰减，然后经探头接收后再放大，由显示的波形来确定缺陷的危害程度，这就是超声波探伤法。

超声波和射线是两种最主要的无损检测方法，其主要性能特点对比如表 2-8 所示。

表 2-8　超声波和射线探伤主要性能对比

种类	特　　点					
	可测厚度	成本	速度	对人体	敏感的缺陷类型	显示特点
超声波	大	低	快	无害	平面型缺陷	当量大小
射线	较小	高	慢	有害	体积型缺陷	直观形状

超声波探伤用于机械检测时，由于使用波型、发射接收方式、探头种类、显示方式、工作形状和缺陷类型等可按图 2-19 方式分类。

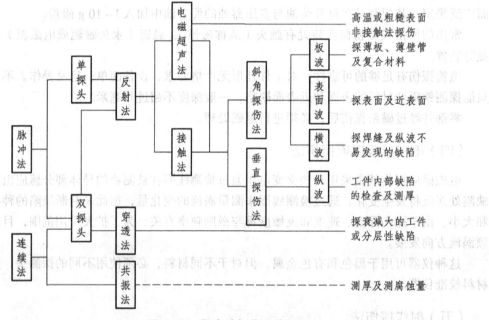

图 2-19　超声波探伤分类

为了对缺陷进行定位、定量检测和定性分析，在选择超声波探伤仪时要考虑的主要性能指标有：

（1）灵敏度（包含发射强度、放大增益等指标）。

（2）分辨力（包括盲区和远距离分辨力）。

（3）垂直和水平线性。

（4）动态范围。

（5）频率响应特性。

此外，根据检测对象，合理选择探头的频率和角度等参数与探伤仪相匹配，以便得到理想的探伤效果。

（七）声发射检测法

当机械的某些部位的缺陷在外力或内应力作用下发生扩展时，由于能量释放会产并向四周传播，安放在被测表面上的传感器接收到这种信号，经放大和数据处理源的位置和信号的特征，以判断缺陷的发展情况，这就是声发射检测。声发射信号的基本特征参数有幅度、计数（包括计数率或总计数）、持续时间、平均信号强度、信号到达的时差等。在进行声发射检测前，应根据现场周围环境的噪声情况，选择表 2-9 所列的抗干扰措施。

表 2-9　抗干扰措施

序号	鉴别方式	技术措施	作　用
1	频率鉴别	选择传感器和滤波器的频率响应范围	可排除机械振动、摩擦等噪声
2	幅度鉴别	设置固定或浮动门槛电平	可排除低电平的高低频干扰
3	时间鉴别	设置上升时间和持续时间选通"窗口"	可排除机械和天电干扰
4	空间鉴别	在被测四周设置隔离传感器	可排除外来的干扰

（八）应变检测法

应变检测，是当各种机械有外力作用时通过它来获得各部分应变大小、应力状态和最可判断各部件的尺寸、形状和所用材料是否合理，也为安全，它作为一种动态无损检测，往往将它和声发射技术综合起来使用，在声发射源的位置，测量其应变大小和应力集中状况及主应力的方向、大小等，来帮助对声发射源的危害程度作出评定。

主要应变检测法有电阻应变法、光弹法、莫尔法、X 射线残余应力测试等多种方法及手段。

（九）检测能力的比较

上述各种无损检测方法对表面裂纹的检测能力的比较如表 2-10 所示。

表 2-10　对表面裂纹的检测能力的比较

检测方法	裂　纹			说　明
	宽度	长度	深度	
目视法	10^{-1}	2	—	与表面状况和光照有关
渗透法	10^{-2}	1	0.1	与表面状况有关
磁粉法	10^{-2}	1	0.2	与磁化有关，适用于铁磁材料
涡流法	10^{-2}	1	0.2	与激励频率有关，适用于导体
超声波法	10^{-2}	2	1	与反射情况有关
X 射线法	0.3	5	0.3	垂直于表面，与厚度有关
声发射法	10^{-3}	10^{-2}	10^{-3}	在裂纹扩展时，才有信号

七、汽车及机械的综合检测

大型机械多数是以柴油发动机为动力，它的行走装置较多是采用轮式，其中多数使用汽车底盘。在机械施工中，汽车及其具有多种专业功能的变型车在数量上占工程机械多数。因此，当前国内生产品种繁多的汽车综合检测的各种仪器设备，大部分可以应用于工程机械的综合检测。

为了适应机械野外作业、流动性大的特点，施工企业应组装流动检测车，安装必要的检测工具、仪器，配备相应的检测人员，定期到现场进行巡回检测。检测车的配备应根据机械情况确定，在实施中可以根据需要不断补充。

复习题：

1. 机械零件磨损规律是什么？
2. 机械故障类型有哪几种？
3. 机械检测诊断的方法有哪些？

第三章 摩擦与润滑

摩擦学是研究表面摩擦行为的学科，是研究相对运动的相互作用表面间的摩擦、润滑和磨损，以及三者间相互关系的基础理论和实践（包括设计和计算、润滑材料和润滑方法、摩擦材料和表面状态以及摩擦故障诊断、监测和预报等）的一门边缘学科。而伴随着这一新的边缘学科的诞生，"Tribology" 这一新词汇也应运而生。

摩擦所造成的磨损是工程机械零件的三大主要失效形式之一，主要包括以下几个方面：一是动、静摩擦，如滑动轴承、齿轮传动、螺纹连接、液压部件、履带等；二是零件表面受工作介质摩擦或碰撞、冲击，如铲斗和水泵、油泵等；三是机械制造工艺的摩擦学问题，如金属成形加工、切削加工和超精加工等；四是弹性体摩擦，如轮胎与路面的摩擦、弹性密封的动力渗漏等；五是特殊工况条件下的摩擦学问题，如腐蚀状况下的摩擦、微动摩擦等。

仅就油润滑金属摩擦来说，就需要研究润滑力学、弹性和塑性接触、润滑剂的流变性质、表面形貌、传热学和热力学、摩擦化学和金属物理等问题，涉及物理、化学、材料、机械工程和润滑工程等学科。但受到篇幅限制，我们仅从修理学几个应当了解的问题做一些讨论。

第一节 金属的修理学表面特征

材料的摩擦是一种表面效应，摩擦系数、摩擦阻力和摩擦效果也主要取决于表面状态，所以我们应当了解金属表面的几何特性和物化特性。

一、金属零件表面的几何特性

机械零件有多种成型方法，但是无论哪一种方法，其工作表面实际上也不是绝对光滑的理想表面，即使经过精密加工的机械零件表面也会在金相显微镜下呈现出凸凹不平的几何形状（见图 3-1），这就叫作金属表面的几何形貌。此外，还会产生残余应力、加工硬化、微观裂纹等表面缺陷，它们虽然只有很薄的一层，但却错综复杂地影响着机械零件的加工精度、耐磨性、配合质量、抗腐蚀性和疲劳强度等，从而影响着产品的使用性能和寿命，因此必须加以重视。

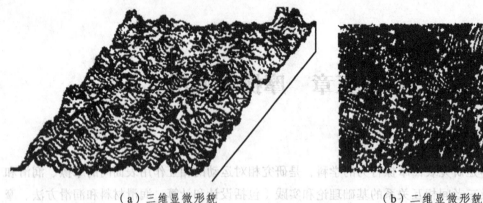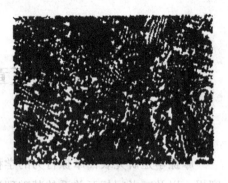

（a）三维显微形貌　　　　　　　　　　　　　　（b）二维显微形貌

图 3-1　金属表面的形貌特征

零件表面上的突起称为波峰，凹陷处叫作波谷，相邻波峰和波谷之间的高度差叫作波幅，波幅用 H 表示；相邻两波峰或相邻两波谷之间的距离叫作波长（或波距），用 L 表示，如图 3-2 所示。

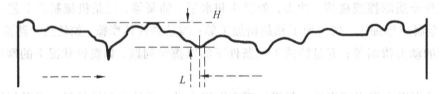

图 3-2　金属零件的表面形貌

无论采用何种成形或者表面加工方法，都会因为各种因素在表面形成塑性变形、刀痕、加工应力和微观不平度，这就使得实际的加工表面与理想表面之间存在偏差。根据 L/H 之值的大小，把这种表面偏差分为以下 3 种。

（一）宏观偏差

宏观偏差又称为形状误差，是指 $L/H>1\,000$ 时的偏差。它是由于加工方法存在缺陷，加工工艺不完善所造成的不重复、不规则的凸度、锥度、凹度、椭圆度等表面偏差。它直接影响着配合精度和装配质量。

（二）中间偏差

中间偏差亦称波纹度或波度，是指 $L/H=50\sim1\,000$ 的偏差，它是由于加工机具的不平衡所引起的振动，加工刀具不均匀进刀或者由于不均匀的切削力所引起的周期性的有规则的波峰和波谷。它直接影响着零件表面的加工精度和硬化层均匀性以及加工应力的分布。

（三）微观偏差

微观偏差即表面粗糙度，是指 $L/H<50$ 时的偏差，它是由于加工刀具的精度、金属表面本身的特性、刀具与零件表面间的摩擦、切屑分离时表面层金属的塑性变形、工艺系统中的高频振动以及切削规范所引起的表面波纹上微观的、一个个微凸体而形成的偏差，它和零件的储油性、耐磨性、配合性质、疲劳强度、接触刚度、振动和噪声等有密切关系，对机械产

品的使用寿命和可靠性有重要影响。

以上各种偏差有时会同时存在，有时以其中一种为主。对于前两种，应尽量使其减小，对于粗糙度，要根据具体情况提出不同的要求，比如，对于精密零件，要求其粗糙度要小，对于一般零件，粗糙度要求适中。表 3-1 列举了一些常见的金属机械加工及塑性加工所能达到的表面粗糙度。

表 3-1 机械加工及塑性加工所能达到的表面粗糙度

机械加工	表面粗糙度/μm	塑性加工	表面粗糙度/μm
车外圆（精）	0.1 ~ 1.6	热轧	>6.0
车端面（精）	0.4 ~ 1.6	模锻	>1.6
磨平面	0.025 ~ 0.4	挤压	>0.4
研磨	0.012 ~ 0.2	冷轧	>0.2
抛光	0.01 ~ 1.6		

二、金属零件的表层结构

金属或合金与周围环境（气相、液相和真空）间的过渡区称为金属的表面。因环境不同，过渡区的组成和深度不同。金属表面有 3 种基本情况。

（1）纯净表面：大块晶体的三维周期结构与真空间的过渡区域称为纯净表面。它包括所有的不具有体内三维周期性结构的原子层，常为一个到几个原子层厚，为 5 ~ 10 Å。

（2）清洁表面：不存在有表面化合物，仅有气体和洗涤物的残留吸附层的金属表面称为清洁表面。它与表面几何形状有关。

（3）污染表面：表面存在金属以外的物质。由于清洁表面会与环境中的空气、水、油、酸、碱、盐等作用，会很快形成各种类型的污染表面。

污染情况下的金属零件的表层是由若干不同组织结构的薄层组成的，表层性质与金属基体的性质有较大区别，如果暴露在大气中，就会形成外表面层和内表面层：外表面层的最外部是污染层，由尘土、油污、磨屑等构成，其厚度不一；其次是气体分子吸附层，在固体表面上的分子力处于不平衡或不饱和状态，由于这种不饱和的结果，固体会把与其接触的气体或液体溶质吸引到自己的表面上，从而使其残余力得到平衡，这就称为气体分子吸附，该层厚度与金属活性和气体环境有关；再次是氧化层，是由于金属与空气接触所形成的氧化物。

内表面层最外层与氧化层接触，叫作贝氏层，是由于加工过程中分子层融化和表层流动所形成的冷硬层，结晶较细，有利于提高表层的耐磨性；再向里是变形层，也叫应力硬化层，是由于表面在加工过程中产生了弹性变形、塑性变形、晶格扭曲而形成了加工硬化层，此层的金相组织发生了变化，硬度较高且有残余应力；再往里就是基体金属。

三、金属表面的边界膜

存在于相对运动表面间的极薄的且具有特殊性质的化性、物性或机械性薄膜，称为边界膜。这些膜可以是自然形成的：只要把固体置于一定的环境中，其表面就会与环境中的物质发生相互作用而形成不同的表面膜；这些膜也可以是人为造成的：为了获得某种表面特征，用人工的方法使表面形成一种理想的薄膜。各种膜的形成方式和性质见如 3-2 表示。

表 3-2　各种边界膜的类型、特点、形成方式和应用范围

分　类	特　点	形成条件	适用范围
物理吸附膜	在分子引力作用下定向排列吸附在表面。吸附与脱附完全可逆	在常温或较低温度下形成，高温时脱附	常温、低速、轻载
化学吸附膜	分子化合价或表面电子交换作用，使金属皂的极性分子定向排列。吸附与脱附不完全可逆	在常温或较低温度下形成，高温时脱附并发生化学变化	中温、中速、中载
化学反应膜	化学反应生成的金属膜。膜的熔点高，但剪切强度低	在高温下生成	重载、高温、高速
氧化膜	金属表面结晶点阵原子处于不平衡状态，使原子化学活性大，与氧发生反应	室温无油时生成	有瞬间润滑性

四、金属表面的接触

工模具与工件表面无论被加工得多么光滑，从微观角度讲都是粗糙的，工件表面尤为不平，因此，当两个物体相接触时，其接触面积不可能是整个外观面积。从三维观点观察，表面仅仅在微凸体顶部发生真正接触，其余部位在着 100 Å 或更大的间隙，实际的或真正的接触面积只占总面积的极小部分，因此可以把接触面积分为 3 种，如图 3-3 所示。

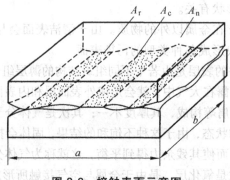

图 3-3　接触表面示意图

（1）名义接触面积 A_n（Nominal Area of Contact），也称表观接触面积（ApparentArea of Contact），是指以两物体宏观界面的边界来定义的接触面积，用 A_n 来表示：$A_n = a \cdot b$，它与表面几何形状有关系。

（2）轮廓接触面积（Contour Area of Contact），是指由物体接触表面上实际接触点所围成的面积，以 A_c 表示，如图 3-3 中虚线围成的面积之和。

（3）实际接触面积（Real Area of Contact），即为在轮廓面积内各实际接触部分的微小面积之和，也是接触副之间直接传递接触压力的各面积之和，又称真实接触面积，以 A_r 表示，如图 3-3 中小黑点面积之和。

由于表面凹凸不平，实际接触面积是很小的，一般只占表观接触面积的 0.01% ~ 1%，但是，当接触表面发生相对运动时，实际接触面积对摩擦和磨损起决定作用。同轮廓接触面积一样，实际接触面积不是恒定的，因为表面微凸体首先发生弹性变形，此时实际接触面积与接触点的数目、载荷成正比。当载荷继续增加，达到软材料的屈服极限时，微凸体发生塑性变形，实际接触面积迅速扩大，此时有：

$$A_{\mathrm{r}} = \frac{F_{\mathrm{N}}}{\sigma_{\mathrm{s}}}$$

式中，F_{N} 为法向载荷；σ_{s} 为软材料的屈服强度。

第二节　摩　擦

摩擦、磨损是一门古老的学问，但一直未成为一种独立的学科。1964 年以乔斯特为首的一个研究小组，受英国科研与教育部的委托，调查了摩擦方面的科研与教育状况及工业在这方面的需求，于 1966 年提出了一项调查报告。这项报告提到，通过充分运用摩擦学的原理与知识，就可以使英国工业每年节约 5 亿多英镑，相当于英国国民生产总值的 1%。这项报告引起了英国政府和工业部门的重视，同年英国开始将摩擦、磨损、润滑及有关的科学技术归并为一门新学科 —— 摩擦学。

一、概　述

（一）摩　擦

相互接触的两个物体有相对运动或有相对运动的趋势时，在接触界面上出现彼此阻碍对方相对运动的现象，这种现象叫作摩擦。

当一个物体与另一物体沿接触面的切线方向运动或有相对运动的趋势时，在两物体的接触面之间有阻碍它们相对运动的作用力，这种力叫摩擦力。

（二）摩擦的弊端

虽然摩擦有利，但在机械工程领域，有很多情况摩擦却是有害的，例如，机器运转时的摩擦，会造成能量的无益损耗，使得配合间隙加大，摩擦生热导致机件膨胀，加剧磨损甚至卡死，或使机器不能正常工作，或使机器的寿命缩短，并降低了机械效率等。

清洁表面，清洁表面又称为工业纯净表面。表面处理及强化时通常均要求金属表面先成为清洁表面，如电镀、发蓝、磷化、热喷涂、热浸渗和气相沉积等均要先得到清洁表面。

（三）摩擦的类型

摩擦有内摩擦和外摩擦之分。内摩擦是指同一物体内部各部分之间相对位移时所产生的摩擦；外摩擦是指两个物体之间彼此阻挠其相互运动的现象。这里只讨论外摩擦。

1. 按运动状态分

静摩擦：两物体在外力作用下产生微观预移位，即弹性变形及塑性变形等，但尚未发生相对运动时的摩擦。比如，螺纹副的连接。在相对运动即将开始的瞬间的静摩擦，称为极限静摩擦或最大静摩擦，此时的摩擦系数称为静摩擦系数。

动摩擦：存在于两个做相对运动的物体接触表面之间的，彼此阻挠对方运动的现象，叫作动摩擦。比如，斗齿与物料之间的摩擦。此时的摩擦系数称为动摩擦系数。

2. 按运动形式分

滑动摩擦：两接触物体接触点具有不同的速度和（或）方向时的摩擦。比如，活塞与缸筒之间的动摩擦。

滚动摩擦：两相互接触物体的接触表面上至少有一点具有相同的速度和方向的动摩擦。它比滑动摩擦要小得多，在一般情况下，滚动摩擦只有滑动摩擦阻力的 1/40 ~ 1/60。比如，轮式推土机在附着性较好的路面上行驶时，胎面与路面之间的摩擦。

3. 按接触表面的状态分

干摩擦：两物体间名义上无任何形式的润滑剂存在时的动摩擦。严格地说，干摩擦时，在接触表面上应当无任何其他介质如湿气及自然污染膜。在工程机械中出现干摩擦情况下，摩擦表面直接接触，产生强烈的阻碍摩擦副表面相对运动的分子吸引和机械啮合作用，消耗较多的动力，并将其转化为有害的摩擦热。此种摩擦情况下，具有极高的摩擦系数，往往伴随着强烈的摩擦副表面磨损。

边界摩擦：两相互运动的物体的接触表面被一层极薄的、既具有润滑性能又具有分层结构的边界膜所隔开的动摩擦。此时，做相对运动的两固体表面之间的摩擦磨损特性，主要由表面性质与极薄的边界膜的性质所决定，而与润滑剂黏度特性关系不大，且通常与载荷和相对滑动速度无关，摩擦系数一般为 0.03 ~ 0.05。无论是吸附膜还是反应膜，都有一定的临界温度，若工作温度过高，将使边界膜破坏，出现固体摩擦，因此，此情况多属于过渡状态。

流体摩擦：做相对运动的两固体表面被具有体积黏度特性的流体润滑剂完全隔开时的摩擦。此时摩擦磨损状况主要由液体的黏性阻力或流变阻力所决定，而且此状况下的摩擦系数最小，通常为 0.001 ~ 0.008。

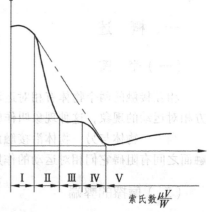

图 3-4　斯特贝克里曲线
I—干摩擦；II—半干摩擦；III—边界摩擦；
IV—液体摩擦；V—混合摩擦

混合摩擦：在两固体的摩擦表面之间同时存在着干摩擦、边界摩擦或流体摩擦的混合状况下的摩擦。又称半干摩擦或半流体摩擦。

以上4种摩擦的摩擦特性可由图3-4所示的斯特贝克里曲线来描述。

二、滑动摩擦

滑动摩擦是两个接触表面相互作用引起的滑动阻力和能量损耗。摩擦现象涉及的因素很多，因而人们提出了各种不同的摩擦理论来解释摩擦现象。

（一）机械互锁（或机械啮合）理论

摩擦起源于表面粗糙度，摩擦是由表面粗糙不平的凸起和凹陷间的相互啮合、碰撞以及弹塑性变形作用的结果。该理论认为摩擦系数可由下式计算：

$$\mu = \sum F / \sum W = \tan\theta$$

式中，μ 是摩擦系数；$\sum F$ 为摩擦力；$\sum W$ 为载荷；θ 为接触微凸体的倾斜角。其物理模型如图 3-5 所示。

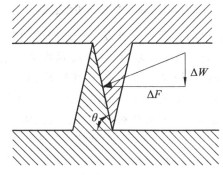

图 3-5　摩擦机械理论物理模型

该理论解释了表面越粗糙，摩擦系数也就越大的现象，但无法解释经过精密研磨的洁净表面的摩擦系数反而增大的现象。说明机械互锁作用并非产生摩擦力的唯一因素。

（二）分子吸引理论

第一次提出分子吸引理论的人是英国物理学家德萨谷利埃。他认为产生摩擦力的真正原因不在于表面的凹凸高低，而在于两物体摩擦表面间分子引力场的相互作用，而且表面越光滑摩擦力越大，因为表面越光滑，摩擦面彼此越接近，表面分子作用力越大。根据分子作用理论可以得出这样的结论：表面越粗糙，实际接触面积越小，因而摩擦系数应越小。显然，这种分析除重载荷条件外是不符合实际情况的。

（三）黏着-犁沟摩擦理论

（1）基本概念：当两表面相接触时，在载荷作用下，某些接触点的单位压力很大，发生塑性变形，这些点将牢固地黏着，使两表面形成一体，称为黏着或冷焊。当一表面相对另一表面滑动时，黏着点则被剪断，而剪断这些连接的力就是摩擦力。此外，如果一表面比另一表面硬一些，则硬表面的粗糙微凸体顶端将会在较软表面上产生犁沟，这种犁沟的阻力也是摩擦力。即摩擦力由黏着阻力和犁沟阻力两部分组成，或者说，承载表面的相对运动阻力（摩擦力）是由表面相互作用引起的。表面的相互两种作用如下。

一是表面黏着作用：在洁净金属表面，即微凸体顶端相接触的界面上不存在表面膜的情况下，金属与金属在高压下直接发生接触，发生塑性变形，这些点将牢固地黏着，使两表面形成一体（黏着或冷焊），如图 3-6 中的 C，D 点所示。

二是表面材料的迁移作用：在图 3-6 中，B 点处虽没有黏着作用，但是当表面发生相对运动时，B 点处阻碍运动的那部分表面材料可能发生如下情况才能继续作相对滑动。

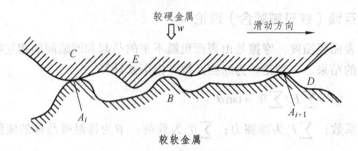

图 3-6　表面黏着作用示意图

当微凸体 E（或 C）通过 B 时，微凸体 B 发生比较严重的塑性变形而黏着，若其黏着点黏着强度比软金属大，则滑移剪断发生在软金属层内，从而造成金属从下表面转移到上表面；当微凸体 B 虽然发生塑性变形，但不严重，因而黏着并不牢固。微凸体 E（或 C）沿 B "犁削" 而过，即沿两物体的界面剪断，这时下表面微凸体 B 发生材料迁移变形（犁沟），但不发生上述金属转移情况；当微凸体 B 只发生弹性变形，微凸体 E（或 C）比较容易地滑过 B。

（2）黏着理论的基本内容：摩擦表面处于塑性接触状态，实际接触面只占名义面积的很小一部分，接触点处应力达到受压屈服极限产生塑性变形后，接触点的应力不再改变，只能靠扩大接触面积承受继续增加的载荷。滑动摩擦是黏着与滑动交替发生的跃动过程：接触点处于塑性流动状态，在摩擦中产生瞬时高温，使金属产生黏着，黏着结点有很强的黏着力，随后在摩擦力作用下，黏结点被剪切产生滑动。这样滑动摩擦就是黏着结点的形成和剪切交替发生的过程。摩擦力是黏着效应和犁沟效应产生阻力的总和。

$$F = A_r\tau + F_p$$

式中，F 为摩擦力；A_r 为实际接触面积；τ 为剪应力；F_p 为犁沟阻力。

（3）犁沟效应：犁沟效应是硬金属的粗糙峰嵌入软金属后，在滑动中推挤软金属，产生塑性流动并划出一条沟槽。犁沟效应的阻力是摩擦力的组成部分，在磨粒磨损和擦伤磨损中为主要分量。如图 3-7 所示，假设硬金属表面的粗糙峰由许多半角为 θ 的圆锥体组成，在法向载荷作用下，硬峰嵌入软金属的深度为 h，滑动摩擦时，只有圆锥体的前沿面与软金属接触。接触表面在水平面上的投影面积 $A = \pi d^2 / 8$；在垂直面上的投影面积 $S = dh/2$。

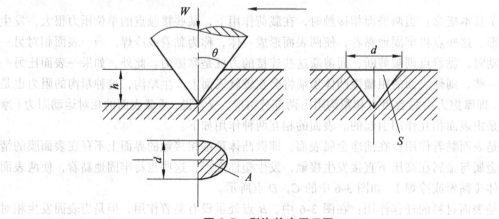

图 3-7　犁沟效应原理图

如果软金属的塑性屈服性能各向同性，屈服极限为 σ_s，于是法向载荷 W 和犁沟力 F_p，以及由犁沟效应所产生的摩擦系数分别为

$$W = A\sigma_s = \frac{1}{8}\pi d^2 \sigma_s$$

$$F_p = S\sigma_s = \frac{1}{2}dh\sigma_s$$

$$\mu = \frac{F_p}{W} = \frac{4h}{\pi d} = \frac{2}{\pi}\cos\theta$$

（四）影响滑动摩擦的主要因素

1．摩擦副材料的影响

一是金属的整体机械性质，如剪切强度、屈服极限、硬度、弹性模量等，都直接影响摩擦力的黏着项和犁沟项；二是金属的表面性质对摩擦的影响更为直接和明显，如表面切削加工引起的加工硬化等；三是晶态材料的晶格排列形式，在不同晶体结构单晶的不同晶面上，由于原子密度不同，其黏着强度也不同，如面心立方晶系的 Cu 的（111）面，密排六方晶系的 Co 的（001）面，原子密度高，表面能低，不易黏着；四是金属摩擦副之间的冶金互溶性，互不相溶金属组成的摩擦副的黏着摩擦和黏着磨损都比较低；五是材料的熔点，通常低熔点材料易引起表层熔融而降低摩擦。

2．载荷的影响

一般地说，金属材料摩擦副在大气中干摩擦时，轻载下，即在弹性接触的情况下，摩擦系数随载荷的增大而增大，因为载荷增大将氧化膜挤破，导致金属直接接触，但当它越过一个极值后，便会趋于稳定。

不少试验也证明，金属在相对滑动中，在塑性接触区内，摩擦系数在越过一个极值后，会随着载荷的增大而减小，这是因为实际接触面积的增大不如载荷增大的快。

因此，载荷的影响需要根据研究对象的实际工况来分析。

3．滑动速度的影响

当滑动速度较高时，由于界面温升使材料表面发生软化或熔化。表面材料与环境的反应加剧，使摩擦系数随速度的增大而增大。

当滑动速度很低（包括相对位移前的静态接触）时，表面微凸体接触时间长，有足够的时间产生塑性变形使黏结点增大，也有充分的时间在表面膜破裂以后形成牢固的黏结点，从而发生界面黏着。因此需要较大的剪切力剪断接点而产生宏观的相对运动。此时摩擦力（静摩擦）很大。滑动开始后，微凸体相接触的时间，随着滑动速度的提高而减少，黏结点面积增大不多，表面膜不易破裂。所以界面黏着较少，摩擦系数（动摩擦）比静摩擦小。图 3-8 是克拉盖尔斯基等人得出的试验结果。结果表明：对于一般弹塑性接触状态的摩擦副，摩擦因数随滑动速度的增加而越过一个极大值，如图中曲线 2 和 3，并且随着对偶表面间法向载荷的增加，其极大值的位置向坐标原点移动。

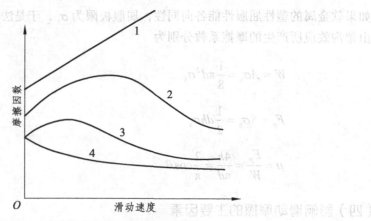

图 3-8 不同载荷下滑动速度对摩擦因数的影响

当载荷极小时，曲线只有上升部分，如图中曲线 1 所示；而载荷极大时曲线只有下降部分，如图中的曲线 4 所示。当摩擦副对偶表面的相对滑动速度超过 50 m/s 时，接触表面产生大量的摩擦热。因接触点的持续接触时间短，瞬间产生的大量摩擦热来不及向基体内部扩散，因此摩擦热集中在表层，使表层温度较高而出现熔化层，熔化了的金属液起着润滑作用，使摩擦因数随速度增加而降低。

4. 温度的影响

温度对滑动摩擦性能的影响表现在两方面。

一是发生润滑状态转化，如从油膜润滑转化为边界润滑甚至干摩擦；

二是引起摩擦过程表面层组织的变化，即摩擦表面与周围介质的作用改变，如表面原子或分子间的扩散、吸附或解附、表层结构变化和相变等。

温度对于摩擦系数的影响与表面层的变化密切相关。大多数实验结果表明：随着温度的升高，摩擦系数增加，而当表面温度很高使材料软化时，摩擦系数将降低。

5. 表面膜的影响

表面膜的减摩作用与润滑膜相似，它使摩擦副之间的原子结合力或离子结合力被较弱的范德华力所代替，因而降低了表面分子力作用。另外，表面膜的机械强度低于基体材料，滑动时剪切阻力较小。

6. 表面粗糙度的影响

根据机械嵌合理论，表面越粗糙摩擦力越大；而根据分子黏着观点，表面间达到分子能作用的距离内，摩擦系数反而会增大。因此表面粗糙度有一个最佳值，此时，摩擦系数会有最小值出现。而此最佳值一般是通过磨合来实现，使磨损和摩擦达到一个低而稳定的值。

7. 润滑状况的影响

机械设备的摩擦副在不同的润滑条件下，摩擦系数的差异很大。如，在洁净但无润滑情况下的表面摩擦系数为 0.3 ~ 0.5；而在良好的液体动压润滑条件下，表面摩擦系数只有 0.001 ~ 0.01。

三、滚动摩擦

（一）定义

物体在力矩作用下，沿着另外一个物体表面滚动时接触表面间的摩擦称为滚动摩擦。其运动特点是：成点接触或线接触的两物体在接触处的速度大小和方向均相同。

（二）滚动摩擦系数

可以用一个无量纲量，即滚动阻力系数 f_τ 来表征滚动摩擦的大小。它在数值上等于滚动摩擦力（驱动力）与法向载荷之比。

$$f_\tau = F / W = k / R$$

式中，F 为驱动力，其值等于摩擦力；W 为法向载荷；k 为比例常数，$k = F_R / F_N$；R 为轮子半径。

因为一般情况下 $k / R \ll \mu$，所以滚动比滑动省力。

（三）滚动摩擦机理

1. 微观滑移效应

1876 年，Reynold 用硬金属圆柱体在橡胶平面上做滚动实验，观察到弹性常数不同的两个物体发生 Hertz（赫兹）接触并自由滚动，作用在每一个物体界面上的压力相同，但两表面上引起切向位移不相等，而导致界面有微量滑移并伴有摩擦能量损失（理解：当刚性滚轮沿弹性平面滚动时，在一整周内滚轮走过的距离要小于圆周长）。

2. 弹性滞后效应

接触时的弹性变形要消耗能量，脱离接触时要释放出弹性变形能。由于材料弹性滞后和松弛效应，释放的能量小于弹性变形能，两者之差就是滚动摩擦的损耗。在黏弹性材料中，滚动摩擦系数与松弛时间有关。低速滚动时，黏弹性材料在接触的后沿部分。恢复得快，因而维持了一个比较对称的压力分布，于是滚动阻力很小；反之，在高速滚动时，材料恢复的较慢，甚至在后沿来不及接触，此时，黏弹性材料的弹性滞后大，摩擦损失大于金属。

3. 塑性变形效应

滚动表面接触应力超过一定限度时，将首先在表面层下的一定深度产生塑性变形，随载荷的增大，逐渐扩展到表面。塑性变形消耗的能量构成了滚动摩擦的损耗。在反复循环滚动摩擦接触时，由于硬化等原因，会产生相当复杂的塑性变形过程。

4. 黏附效应

滚动接触黏附效应与滑动摩擦不同，滚动表面相互紧压形成的黏着结点在滚动中将沿垂直接触面的方向分离，没有结点面积扩大现象，所以黏着力很小，通常由黏着效应引起的阻力只占滚动摩擦阻力的很小部分。

综上所述，在高应力下，滚动摩擦阻力主要由表面下的塑性变形产生；而在低应力情况下，滚动摩擦阻力主要由材料本身的滞后损耗引起。

四、边界摩擦

（一）定 义

边界摩擦是指摩擦界面上存在一层极薄的润滑膜时产生的摩擦。

物理化学吸附膜或化学反应膜均可称为润滑膜，膜厚小于 0.1 μm，可起到润滑作用。此时的摩擦性能取决于表面性质和边界膜的结构形式，而不取决于润滑剂的黏度。

边界摩擦是一种极为普遍的状态，如普通滑动轴承、气缸与活塞环、机床导轨、凸轮与从动杆、齿轮等接触处都可能是边界摩擦。

（二）边界摩擦的特点

相对于干摩擦来说，边界摩擦的特点如下：
（1）具有较低的摩擦系数，μ 为 0.03～0.10；
（2）由于表面不直接接触，可以减少零件磨损，延长使用寿命；
（3）能大幅提高承载能力，扩大使用范围。

（三）边界摩擦机理

当界面存在吸附膜时，吸附在金属表面上的极性分子形成定向排列的分子栅，可以为单分子层或多分子层吸附膜；当摩擦副的接触表面相对运动时，表面的吸附膜像两个毛刷子一样相互滑动，吸附分子之间发生位移，代替了金属之间的直接接触，保护了金属表面，降低了摩擦系数，起到了润滑作用，如图 3-9 所示。

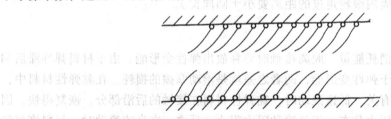

图 3-9 单分子吸附膜的摩擦原理模型

当边界膜是反应膜时，由于摩擦主要发生在这个熔点高、剪切强度低的反应膜内，有效地防止了金属表面直接接触，也能使摩擦系数降低。

当接触压力较大时，由于摩擦副表面粗糙不平，接触微凸体的压力很大，当两表面相互滑动时，接触点温度很高，部分边界膜被破坏，使金属直接接触，如图 3-10 所示。

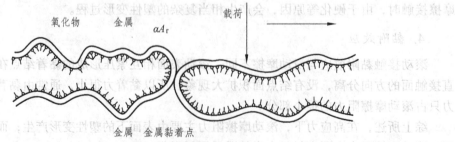

图 3-10 边界摩擦机理模型

第三节 润 滑

润滑是在相互接触、相对运动的两固体摩擦表面间，引入润滑剂（流体或固体等物质）将摩擦表面分开，以减小摩擦、减少磨损或减轻其他形式的破坏的措施。

一、润滑的功用

（1）降低摩擦。液体润滑油在摩擦表面可形成各种油膜状态，按照不同摩擦表面，选用不同润滑油，得到不同摩擦系数。如采用含有不同添加剂的润滑油，应用到不同工况条件下的摩擦副中，能有效控制摩擦。

（2）减少磨损。由于润滑的作用，使得摩擦系数大大下降，从而使磨损率大大下降，与干摩擦相比，使磨损失效率下降 90%以上。

（3）降温冷却（辅助）。摩擦副在运动时会产生大量热量，尤其在高速重载的情况下，物体表面的温度将很快升高，甚至可达到熔点的程度。而由于润滑油的热传导，把摩擦副所产生的热量通过流体循环带回到散热器和油箱，促使物体表面的温度下降。

（4）防腐防锈。润滑油、脂对金属无腐蚀作用，极性分子吸附在金属表面，能隔绝水分与潮湿空气和金属表面接触，起到防腐、防锈和保护金属表面的作用。

（5）循环冲洗。摩擦副在运动时产生的磨损微粒或外来杂质，可利用润滑剂的流动，把摩擦表面间的磨粒带到机油滤清器，从而被过滤掉，以防止物体的磨粒磨损，延长零件使用寿命。

（6）防漏密封。润滑油与润滑脂能深入各种间隙，弥补密封面的不平度，防止外来水分、杂质的侵入，起到密封作用。

（7）缓冲减震。在传动中，由于液体的可压缩性比金属好，而成为一种良好的缓冲介质。摩擦副在工作时，两表面间会产生噪声与振动，由于液体有黏度，它把两表面隔开，使金属表面不直接接触，从而减少了振动。

二、润滑的分类

（一）按润滑介质分

（1）液体润滑：做相对运动的两固体表面被具有体积黏度特性的液体润滑剂完全隔开时的润滑状态。

（2）气体润滑：做相对运动两表面被气体润滑剂分隔开的润滑。

（3）脂润滑：做相对运动的两表面被黄油所隔开的润滑方式。

（4）固体润滑：做相对运动的两固体表面之间被粉末状或薄膜状固体润滑剂隔开时的润滑状态。

（二）按接触表面的摩擦状况分

（1）无润滑：指两相互运动的摩擦表面之间无任何润滑剂的润滑方式，此时，两相对运动表面直接接触，摩擦系数很高，磨损严重。一般在缺少润滑剂或出现其他形式的润滑系统故障时，就有可能出现无润滑的干摩擦状况。

（2）流体润滑：在摩擦界面间形成一定厚度的、高强度的、具有一定化性和物性的润滑油膜，它能够把摩擦表面的凸凹不平的波峰和波谷完全淹没，做相对运动的摩擦表面完全被分隔开来，使摩擦表面的直接外摩擦变成润滑油分子之间的内摩擦，完全改变了摩擦的性质。工程上油膜的厚度一般可达 1.5 μm ~ 1 mm，摩擦系数降为 0.001 ~ 0.008。此时的摩擦力可由彼得罗夫公式计算：

$$F = \frac{\mu AV}{h}$$

式中，F 为摩擦力；μ 为润滑油的动力黏度；A 为相对运动的摩擦表面积；V 为相对运动速度；h 为润滑油膜的厚度。

（3）边界润滑：两个作相互运动的接触表面被某种边界膜所隔开的润滑，即做相对运动的两固体表面之间的摩擦磨损特性取决于两表面的特性和润滑剂与表面间的相互作用及所生成边界膜的性质的润滑状态（详见"边界摩擦"）。

（4）混合润滑：两固体的摩擦表面之间同时存在着干摩擦、边界润滑或流体润滑的混合状态下的润滑状态。在混合润滑中，摩擦系数在很大的范围内变化，因为此时的摩擦因数取决于液体油膜遭到破坏的程度，取决于液体油膜破坏后立刻处于边界摩擦还是处于干摩擦，取决于被破坏油膜的恢复能力。

（三）按润滑原理分

（1）液体动压润滑：依靠运动副滑动表面的形状在相对运动时形成一层具有足够压力的流体膜，从而将两表面分隔开的润滑状态，又称流体动力润滑。滑动轴承在运转过程中，由于轴和轴套间隙中润滑油受到高速转动轴的摩擦力作用，随同轴一起转动，在转动中油进入轴承底部相接触的摩擦区域时，由于轴与轴套间呈楔形间隙，油流通道变小，使油受到挤压，因而产生油压。油压的产生使得轴受到一个向上的作用力。当轴承的转速足够高，产生的油压达一定值时，就可以将轴抬起，在摩擦面间形成一层流动的油层。

（2）液体静压润滑：依靠外部的供油系统将具有一定压力的润滑剂供送到轴承中，在轴承油腔内形成具有足够压力的润滑油膜将两表面分隔开的润滑状态，又称流体静力润滑。各种液体静压轴承如图 3-11 所示。

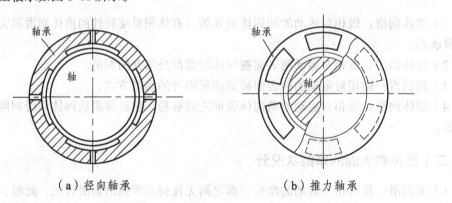

（a）径向轴承　　　　　　　　　（b）推力轴承

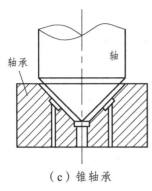 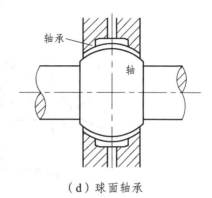

（c）锥轴承 （d）球面轴承

图 3-11 液体静压润滑轴承的类型

液体静压润滑有定量式和定压式两种类型。

定量式液体静压润滑所提供的液体流量不变，下油腔的压力与油膜厚度的立方成反比，上油腔的压力则相反。这样，在轴颈的上下方就形成了一个与外界负荷相平衡的力，而保持轴颈浮在润滑油中，处于液体润滑状态。

定压式液体静压润滑所提供的液体压力不变，它是在利用外界动力所提供的压力将轴颈扶起，实现液体润滑状态，适用于载荷恒定的场合。

（3）液体动静压润滑：随着科学技术的发展，近年来在工业生产中出现了新型的动、静压润滑的轴承。液体动、静压联合轴承充分发挥了液体动压轴承和液体静压轴承二者的优点，克服了液体动压轴承和液体静压轴承二者的不足。

其基本工作原理是：当轴承副在启动或制动过程中，采用静压液体润滑的办法，将高压润滑油压入轴承承载区，把轴颈浮起，保证了液体润滑条件，从而避免了在启动或制动过程中因速度变化不能形成动压油膜而使金属摩擦表面（轴颈表面与轴瓦表面）直接接触产生的摩擦与磨损。当轴承副进入全速稳定运转时，可将静压供油系统停止，利用动压润滑供油形成动压油膜，仍能保持轴颈在轴承中的液体润滑条件。

（4）弹性流体动压润滑：相对运动两表面之间的摩擦和流体润滑剂膜的厚度取决于相对运动对偶表面弹性形变以及润滑剂在表面接触时的流变特性的润滑状态，称为弹性流体静力润滑。

弹流润滑是当今摩擦学科中的新润滑理论，它能解释和评价多种机械零件，尤其是点、线接触的运动副（如齿轮传动、凸轮机构、滚动轴承、重载滑动轴承等）的润滑性能。弹流润滑理论研究在相互滚动或伴有滚动的滑动的条件下，两弹性物体间的流体动力润滑的力学性质，把计算在油膜压力下摩擦表面变形的弹性方程、表述润滑剂黏度与压力之关系的黏压方程与流体动力润滑的主要方程结合起来，以求油膜压力分布、润滑膜厚度分布、摩擦力和温升等性能参数。依靠润滑剂与摩擦表面的黏附作用，两接触物体滚动或滑动时将润滑剂带入它们之间的间隙。高的接触压力使物体变形，接触面扩大，接触面上出现平行缝隙，并在除进油口之外的接触面边缘上出现使间隙变小的突起，阻碍润滑剂流出而形成高的油膜压力（其典型的两个作相对滚动物体之间的油膜压力分布如图 3-12 所示。

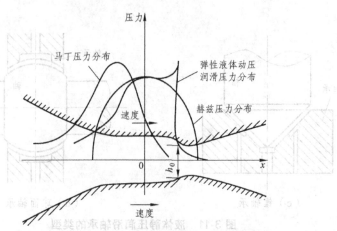

图 3-12　典型的弹性流体动压润滑油膜压力分布

（5）磁流体动压润滑：由电磁作用所引起的流体动压润滑，又称磁流体动力润滑。

磁流体又称磁性液体、铁磁流体或磁液，是一种于上世纪 60 年代开始应用的液态磁性材料，是将纳米尺度的磁性固体颗粒，经表面处理后均匀地分散在液体介质中形成一种稳定的二相胶体溶液，它由磁性颗粒、活性剂、润滑母液三部分组成。

磁流体润滑是指利用磁流体（其中的磁性颗粒大小只有 5 ~ 10 nm，远远小于粗糙度）代替传统的润滑剂，再施以相应的外加磁场（该磁场可以将润滑剂准确地保持在所需润滑表面）对摩擦副进行润滑，磁流体在工作中状态稳定，不会出现无润滑状态，具有良好的承载能力和减磨能力，可以降低摩擦系数，减少磨损，延长使用寿命。

三、润滑方式

零件工作表面的磨损、零件表面的腐蚀和材料的老化是正常使用条件下工程机械零部件的 3 种主要失效形式，而零件工作面的磨损所引起的失效所占的比例最大。也就是说，机械的磨损是使其各种零部件走向极限技术状态的主要原因之一。而解决机械零部件的磨损问题，除了采用优良的材料、选择先进的制造工艺、设计合理的机械结构外，在使用过程中要做的一项重要工作就是保证对机械的合理润滑。但是，工程机械的零部件形式多样，工作环境不一，运动情况各异，因此不同零件、不同机构、不同系统就需要有不同发热润滑方式。所以，润滑方式的分类方法很多，有时名称之间互有交叉或覆盖。

（一）按润滑剂供给是否连续分

（1）连续润滑：将润滑剂连续地送入摩擦表面的润滑方式。如发动机曲轴、凸轮轴以及其他滚动轴承、滑动轴承的润滑等。

（2）间歇润滑：将润滑剂周期性（间歇性）地送入摩擦表面的润滑方式。如一些小型的、不重要的、间歇运转的场合。

（二）按润滑剂的循环状况分

（1）循环润滑：润滑剂送至摩擦点进行润滑后又回到油箱再循环使用的润滑方式。如柴油机曲轴主轴承的润滑。

（2）全损耗润滑：润滑剂送至摩擦点进行润滑后不再返回油箱循环使用的润滑方式，又称单程润滑。如水泵轴承、开式导轨等的润滑等。

（三）按润滑剂有无压力分

（1）压力润滑：用油泵等加压装置将具有一定压力的润滑剂供送至摩擦点的润滑方式，又称强制润滑。如中、高载的轴承等的润滑。

（2）非压力润滑：将大气压力状态下的润滑剂供送至摩擦点的润滑方式。用于低载场合（如配气机构中挺柱、推杆的润滑等），又可分为油浴润滑、油绳润滑、油环润滑、油垫润滑、飞溅润滑、溢流润滑、滴油润滑、油轮润滑、油链润滑等。

（四）按润滑剂的输送方式分

（1）油雾润滑：将润滑油微粒借助气体进行输送，用凝缩嘴进行油量分配，然后将凝缩后的微粒供送至各润滑点的润滑方式。应用于高速、高温的滚动轴承、电机、成套设备等的润滑。

（2）油气润滑：将压缩空气与油液混合后呈油气状微细油滴或颗粒状送向润滑点的润滑方式。

（五）按集中程度分

（1）集中润滑：由一个集中油源向机器或机组的摩擦点供送润滑剂的润滑方式。如发动机油底壳、机床、自动化生产线等。

（2）分散润滑：使用便携式工具进行手动加油的润滑方式。如使用油壶、油枪加油润滑等。

四、工程机械润滑剂

工程机械是量大面宽、品种繁多的设备，其结构特点、工况条件及使用环境条件有很大差异，对润滑系统和使用的润滑剂有不同的要求。机械主要润滑部位有发动机、轴承、齿轮、制动系统、传动系统、离合器、液压系统、凸轮等典型机械零部件。

（一）工程机械润滑的特点

工程机械大多数都是移动式或自行式，因此要求体积小、重量轻、速度快、功率大，而且可靠性高、检修方便等。其润滑主要有以下8个方面的特点。

（1）发动机是工程机械的关键，要求十分可靠，并保证有较高的效率，必须选用高质量的内燃机润滑油；

（2）机械运转条件变化多，负荷变化大，开开停停，冲击振动较大，所用润滑油必须具有良好的缓冲性与抗极压性能；

（3）野外露天作业多，经常受到风吹、日晒、雨淋和尘埃侵袭，温度变化大，因此所用油品必须具有良好的黏温性能和抗氧化性；

（4）作业情况复杂，机械运转速度变化范围大，且变化频繁，要求润滑剂有良好的抗磨性能；

（5）一般施工现场距基地较远，而维修保养也多有不便，因此要求润滑剂有较长的寿命和良好的抗老化性能；

（6）施工现场一般空间狭窄，造成活动不便，操作受到限制，要求润滑油耐用期长、更换与加注方便；

（7）施工现场工作人员多，障碍物多，安全工作存在一定的难度，要求动作十分灵活可靠，特别是对液压操作的机械，要求液压油系统工作必须准确；

（8）施工机械种类多，设备差异大，结构复杂，工作条件差别大，对润滑维护要求也不同，因此对润滑剂的选用和润滑方式的正确选择要求较高。

（二）工程机械常用润滑剂

（1）矿物油：由石油提炼而成，主要成分是碳氢化合物并含有各种不同的添加剂，根据碳氢化合物分子结构不同可分为烷烃、环烷烃、芳香烃和不饱和烃等。

（2）合成油：采用有机合成的方法制得的、具有一定结构特点与性能的润滑油。合成油比天然润滑油具有更为优良的性能，在天然润滑油不能满足现有工况条件时，一般都可改用合成油，如硅油、氟化酯、硅酸酯、聚苯醚、氟氯碳化合物、双醋、磷酸酯等。

（3）水基润滑油：两种互不相溶的液体经过处理，使液体的一方以微细粒子（直径为 $0.2 \sim 50\ \mu m$）分散悬浮在另一方液体中，称为乳化油或乳化液。如油包水或水包油乳化油、水-乙二醇液压油等。它们的主要作用是抗燃、冷却、节油等。

（4）润滑脂：将稠化剂均匀地分散在润滑油中，得到一种黏稠半流体散状物质，这种物质就称润滑脂。它是由稠化剂、润滑油和添加剂三大部分组成，通常稠化剂占 $10\% \sim 20\%$，润滑油占 $75\% \sim 90\%$，其余为添加剂。

（5）固体润滑剂：在相对运动的承载表面间为减少摩擦和磨损，所用的粉末状或薄膜状的固体物质。它主要用于不能或不方便使用油、脂的摩擦部位。常用的固体润滑材料有石墨、二硫化钼、滑石粉、聚四氟乙烯、尼龙、二硫化钨、氟化石墨、氧化铅等。

（6）气体润滑剂：采用空气、氮气、氢气等某些惰性气体作为润滑剂。它主要优点是摩擦系数低于 0.001，几乎等于零，适用于精密设备与高速轴承的润滑。

（三）工程机械润滑剂的选用

润滑油与润滑脂的品种牌号很多，要合理选择必须要考虑很多因素，如摩擦副的类型、规格、工况条件、环境及润滑方式与条件等，不同情况有不同选择方法。下面仅就通用条件下，对主要的几个选择因素作一简要说明。

（1）根据运动速度选用：两个摩擦表面相对运动速度愈高，则润滑油的黏度应选择的小一些，润滑脂的针入度应该大一些，若采用高黏度的油、低针入度的润滑脂，将增加运动的阻力，产生大量热量，使摩擦副发热并不易散发。

（2）根据承载负荷选用：工作负荷大，则润滑油的黏度也应大一些，润滑脂的针入度宜该小一些。各种润滑剂都有一定承载能力，一般来讲，黏度大的油，针入度小的脂，其摩擦副的油膜不容易破坏。在边界润滑条件下，黏度不起主要作用，而是油性起作用，在此情况下应考虑润滑油或脂的极压性。

（3）根据工作温度选用：工程机械工作的环境温度、摩擦副负载、运动速度、零件表面材料、润滑材料、结构等各种因素都集中影响工作温度。当工作温度较高时应采用黏度较大的润滑油，针入度较低的润滑脂，因为油的黏度随温度升高而降低，脂的针入度随着温度的提高而增加。

（4）根据与水接触情况和水质情况选用：在与水接触的工作条件下，应选用不容易被水乳化的润滑剂或用水基润滑剂；不同含盐量（含碱量）的水，应选用含有不同添加剂的润滑剂。

（5）根据润滑剂的名称、牌号选用：润滑剂的类型众多、名称各异、牌号繁杂，不同的润滑剂适用的环境不同，选用时一定要注意对号入座。如汽机油与柴机油不得选错，不同牌号的润滑脂，黏稠度不同，适用的环境温度不同等。

（6）根据其他条件选用：以上是润滑剂选用时应考虑的几个主要依据，在应用时要根据实际情况加以综合分析，不能机械搬用。在发生矛盾时，应首先满足主要机构的需要，着重考虑速度、负荷、温度等因素，然后再考虑润滑方式、环境温度、密封状况、环保要求、使用期限等因素，而后最终决定。

复习题：

1. 何谓金属的表面？金属材料通常有哪几种表面？怎样区分它们？怎样制备它们？

2. 金属表面形貌对其性能有何影响？

3. 机加工后的金属表面层，暴露在大气环境下一定时间后，从外向内依次为_____、_____、_____、_____、和_____。

4. 金属材料的表面分析仪器可分为哪两类？SEM 特征及用途是什么？各类分析谱仪有何用途？

5. 摩擦在工程机械上有何作用和危害？

6. 润滑有哪些功能？

第四章　机械零件的失效

第一节　概　述

任何事物均有寿命，大到宇宙、星球，小到细菌、病毒，从包括人类在内的动植物到广泛应用的机械产品等，无一例外。但不同对象，都有其特定的失效规律，就机械产品、工程机械而言，其寿命的终结，往往是由于零件、部件或总成失效所引起的。"失效"一词的英语有好几个词汇可以表达，比如："Lose Effect"（失去效用），"Become Inva-lid"（不再有效），"Expire"（过期失效）等，但对于机械零件来讲，最确切的失效一词应为"Failure"。

一、机械设备的失效

零件的失效，是指零件丧失其原有设计和制造时所规定的功能的现象；工程机械的失效，是指工程设备在运行中失去规定功能或者发生损伤破坏的现象。

机械设备的工作性能随使用时间的增长而下降，此时，其经济技术指标部分或全部下降。例如，一辆装载机失去了举升能力，就是失效。其他如发动机功率下降、尺寸精度与表面形状精度下降、表面粗糙度达不到规定等级、出现振动与不正常声响等也都属于失效。

二、失效分析

失效分析的任务就是找出失效的主要原因，防止同一性质的失效再度发生。就失效的检测与判断方法看，经历了从人员经验判断、简单检测仪器判断，到智能检测判断等几个阶段。目前，失效分析已经涉及机械学、材料学、制造工艺学、工程力学、断口金相学、摩擦学、腐蚀学、无损探伤检测学，再加上计算机及其软件辅助技术的应用，使失效分析作为一门综合性技术日臻完善。

三、零件失效的判断原则

凡是完全不能工作（如发电机的绕组烧毁、活塞碎裂、发动机戳缸等）、能凑合着用但不能十分完美地完成规定功能（零件功能降低和有严重损伤或隐患，如曲轴轴瓦磨损过度、离合器摩擦片裂纹等）或不能安全地工作（继续使用会失去可靠性和安全性，如制动管路漏油、制动盘过度磨损，连杆螺栓螺纹损坏等），均可判定为失效。

四、失效的危害

机械设备失效后不但会导致故障（如戳缸、抱轴、电器件烧毁、自燃等），造成停工停产（例如，起重臂断裂延误建筑施工，盾构机动力系统失效导致承包逾时等，都会导致停工停产，严重影响生产效率，耽误合同工期，从而造成重大经济损失），而且还会引发重大事故（例如，突然爆胎导致的机车侧翻，起重机吊钩断裂引起的设备损坏和人员伤亡等）。

五、零件失效的基本原因

机械零件失效的基本原因大致可分为 3 类，一是工作条件（载荷大小、作用力的状况、环境温度湿度、空气质量）的影响，二是设计、加工制造（设计不合理、选材不当、制造工艺不当、装配不合理等）方面的因素所致，三是使用维修不当（不正当地使用、不按规则保养、修理方式和深度不当等）所引起，如表 4-1 所示。

表 4-1 机械零件的基本失效类型

基本原因	主要内容	应用举例
工作条件因素	零件的受力状况	曲柄连杆机构在承受气体压力过程中，各零件承受扭转、压缩、弯曲载荷及其应力作用；齿轮轮齿根部所承受的弯曲载荷及表面承受的接触载荷等；绝大多数工程机械零件是在动态应力作用下工作的
	工作环境	工程机械零件在不同的环境介质和不同的工作温度作用下，可能引起腐蚀磨损、磨料磨损以及热应力引起的热变形、热膨胀、热疲劳等失效，还可能造成材料的脆化，高分子材料的老化等
设计制造因素	设计不合理	轴的台阶处直角过渡、过小的圆角半径、尖锐的棱边等造成应力集中；花键、键槽、油孔、销钉孔等处，设计时没有考虑到这些形状对截面的削弱和应力集中问题，或位置安排不妥当
	选材不当；制造工艺不合理	制动蹄片材料的热稳定系数不好；产生裂纹、高残余内应力、表面质量不良
使用维修因素	使用	工程机械超载、润滑不良，频繁低温冷启动
	维修	零件装反，油料选错，破坏装配位置，改变装配精度

六、机械零件失效的基本类型

机械零件失效的基本类型如表 4-2 所示。

表 4-2 机械零件的基本失效类型

失效类型	失效模式	举例
磨损	普通磨损、黏着磨损、磨料磨损、表面疲劳磨损、腐蚀磨损、微动磨损	气缸工作表面"拉缸"、曲轴"抱轴"、齿轮表面和滚动轴承表面的麻点、凹坑等
断裂	低应力高周疲劳、高应力低周疲劳、腐蚀疲劳、热疲劳	曲轴断裂、齿轮轮齿折断、螺栓断裂、半轴断裂、水泵轴断裂劣等
腐蚀	化学腐蚀、电化学腐蚀、穴蚀	湿式气缸套外壁麻点、孔穴，水泵穴蚀等
变形	过量弹性变形、过量塑性变形	曲轴弯曲、扭曲，基础件（气缸体、变速器壳、驱动桥壳）变形等
老化	龟裂、变硬、褪色	橡胶轮胎、塑料器件、仪表板等

第二节 磨 损

机械各零部件在其运动中都是一个物体与另一物体相接触、或与其周围的液体或气体介质相接触，与此同时在运动过程中，产生阻碍运动的效应，这就是摩擦。摩擦效应总会伴随着表面材料的逐渐消耗，这就是磨损。

据统计，全球因磨损造成的能源损失占总损失的 1/3，而机械的机械零件大约有 75%因磨损而失效，因此，研究磨损失效具有重要的意义。

一、概 述

磨损是构件由于其表面相对运动而产生摩擦，从而在承载表面上出现的材料不断损失的现象。机械的零部件发生磨损后，会导致尺寸改变，间隙破坏，精度下降，材料表面性能变化，配合状况恶化，工作性能下降，寿命缩短。

（一）磨损的一般规律

在不同条件下工作的机械，造成磨损的原因和磨损形式不尽相同，但磨损量随时间的变化规律相类似。机械零件的磨损一般可以分为 3 个阶段，分别为磨合阶段（OA 段为冷磨合段，AB 段为热磨合段）磨损、稳定阶段（BC 段）磨损、损耗期（CD 段）剧烈磨损，如图 4-1 所示。

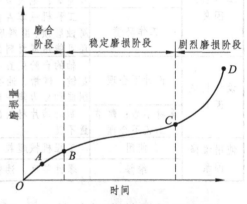

图 4-1 机械零件磨损的一般规律

1. 磨合磨损阶段

新加工零件装配后的表面仍然比较粗糙，此时运行造成的磨损非常迅速。随着运行时间的延长，表面粗糙度下降，逐渐形成正常磨损条件。选择正常的负荷、运行速度、润滑条件是尽快达到稳定阶段磨损的前提条件。磨合阶段结束后，清除摩擦副中的磨屑，更换润滑油，才能进入满负荷运行阶段。

此阶段的磨损，又可分为冷磨合阶段磨损和热磨合阶段磨损两部分，冷磨合一般由厂家完成，热磨合由厂家和用户共同完成。

2. 稳定磨合阶段

零件表面的磨损量随工作时间的延长而逐步稳定、缓慢地增长。在磨损量达到极限之前的这段时间属于耐磨使用期。该阶段时间的长短，与维护和保养条件、工作条件有很大关系。该段时期越长，可靠度越高，有效使用期也越长。

3. 剧烈磨损阶段

随着磨损加剧，磨损量到达一个使摩擦条件发生本质劣化的阶段，此时温度升高、金相组织发生变化、冲击载荷增大、润滑条件恶化，导致磨损量急剧增大、机械效率降低、精度降低，直至整机失效。在此阶段应采取修复、更换等手段，防止故障的发生。

（二）影响磨损的主要因素

影响零件磨损的因素很多，但主要有以下几点：

（1）零件接触表面的几何形貌：如实际接触面积、微接触点的形状、表面粗糙度、表面组织的多孔性、亲油性等；

（2）运动副的装配质量：如间隙大小、配合形式、位置公差等；

（3）运动学和动力学状态：如载荷大小、载荷性质、相对运动速度、位移大小、加速度的大小和方向、受力的方向、大小和作用点等；

（4）摩擦环境：如温度、湿度、酸碱度、空气质量、润滑介质的黏度、灰分等；

（5）工件材料：如材料的化学构成、组织结构、表面硬度、两运动副的材质差别、摩擦中的介质和表面组织变化等。

（三）磨损的类型

磨损与零件所受的应力状态、工作条件、润滑条件、加工表面形貌、材料的组织结构与性能以及环境介质的化学作用等一系列因素有关，若按表面破坏机理和特征来界定的话，磨损可以分为磨料磨损、黏着磨损、表面疲劳磨损、腐蚀磨损、微动磨损和冲蚀磨损等。前 4 种是磨损的基本类型，后几种磨损形式只在某些特定条件下才会发生。

二、磨料磨损

零件表面与硬质颗粒或硬质突出物（包括硬金属）相互摩擦而引起的表面材料损失的现象称为磨料磨损，亦称为磨粒磨损。

一台推土机在工作中发现，进气管内存有许多沙粒，导致严重的磨料磨损；粒度为 20 ~ 30 μm 的尘埃将引起曲轴轴颈、气缸表面的严重磨损，而 1 μm 以下的尘埃同样会使凸轮挺杆副磨损加剧。

（一）磨料磨损特征

磨料磨损属机械磨损的一种，特征是接触表面有明显的切削痕迹，这些痕迹呈与相对运动方向平行的、深浅不一的很多细小沟槽，如图 4-2 所示。

（二）磨料磨损机理

1. 微量切削机理

该假说认为，塑性金属同固定的硬质磨料磨损时，可产生微量的金属切削，形成螺旋形、弯刀形或不完整圆形的磨屑（相关内容见第二章第五节第四条"润滑油样分析"章节）。

图 4-2　轴颈的磨料磨损

2. 疲劳破坏机理

该假说认为，金属表面的同一显微体在硬质颗粒的反复挤压作用下，产生多次的反复塑性变形，最终使表面发生疲劳破坏，有小金属颗粒从表面脱落下来。

3. 压痕犁耕机理

该假说认为，对于塑性较好的材料，磨粒会在压力作用下压入该材料的表面，磨粒在同该表面一起运动的过程中，便会犁耕另一材料的表面，使后者形成沟槽，而前者也会因为严重的塑性变形，使压痕两侧金属遭到严重破坏，最终脱落。

4. 断裂破坏机理

假说认为，对于脆性材料而言，随着磨粒压入表面深度的增加，最终会达到一个临界值。此时，伴随压应力而出现的拉伸应力就会使材料表面产生裂纹，裂纹不断扩展，最终导致显微体断裂而脱落。

（三）磨粒磨损的类型

（1）刨削（凿削）式磨损：磨料对材料表面有大的冲击力，从材料表面凿下较大颗粒的磨屑，如挖掘机斗齿及颚式破碎机的齿板的磨损。

（2）低应力擦伤式磨损：磨料作用于零件表面的应力不超过磨料的压溃强度，材料表面被轻微划伤。农业生产中的犁铧及煤矿机械中的刮板输送机溜槽磨损情况就是属于这种类型。

（3）高应力碾碎式磨损：磨料与零件表面接触处的最大压应力大于磨料的压溃强度。生产中球磨机衬板与磨球，破碎式滚筒的磨损便是属于这种类型。

（四）影响磨粒磨损的主要因素

1. 磨粒的硬度（见图 4-3）

当材料较软磨粒较硬时（$H_0/H_a \leqslant 0.77$），磨损最为严重；当 H_0/H_a 位于 0.77~0.90 时，磨损量开始明显降低；当 H_0/H_a 位于 0.90~1.40 时，磨损量更小；当 H_0/H_a 大于 1.40 时，基本不出现磨损。

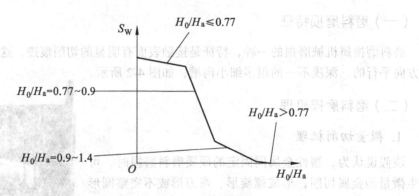

图 4-3　磨粒硬度对磨损量的影响

S_W—磨损量；H_0—材料表面硬度；H_a—磨粒硬度；H_0/H_a—二者的硬度比

2. 磨粒的尺寸

试验表明，一般金属的磨损率随磨粒平均尺寸的增大而增大，但磨粒到一定临界尺寸后，其磨损率不再增大，此时，过大的磨粒可以凸出于表面，起到阻止其他磨料对表面进行显微切削的作用。磨粒的临界尺寸随金属材料的性能不同而异，同时它还与工作元件的结构和精度等有关。有人试验得出，柴油机液压泵柱塞摩擦副在磨粒尺寸为 3~6 μm 时磨损最大，而活塞对缸套的磨损是在磨粒尺寸 20 μm 左右时最大。因此，当采用过滤装置来防止杂质侵入摩擦副对偶表面间以提高相对耐磨性时，应考虑最佳效果。磨损量与磨粒尺寸大小之间的关系，如图 4-4 所示。

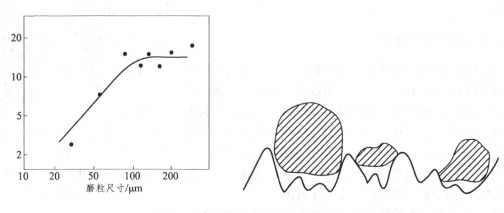

图 4-4　磨损量与磨粒尺寸之间的关系

3. 载　荷

试验表明，磨损度与表面平均压力成正比，但有一转折点，当表面平均压力达到并超过临界压力 P_0 时，磨损度随表面平均压力的增加变化缓慢，对于不同材料，其转折点也不同。

（五）预防或减小磨粒磨损的措施

1. 减少磨料的进入

设备各运动副应阻止外界磨料的进入，并及时清除磨合过程中新产生的磨料。采取的方法可以是空气滤清器、燃油和机油过滤器、轴类油封等，在油底壳底部加装磁性螺塞、集屑房等，按需更换空气、机油、燃油过滤装置并合理更换机油等。

2. 设法增强零件的耐磨性

从选材上可选耐磨性好的材料，对于既要求耐磨又要求耐冲击的零件，如轴类零件，可选用中碳钢调质的方法；对于配合副，可选用软硬配合的方法，通常是将轴瓦选为软质材料，如轴承合金、青铜合金、铝基合金、锌基合金、粉末冶金合金等。这样可以使磨料被软材料吸收，而轴和轴承孔则需进行表面硬化处理，以增加其硬度和耐磨性。

3. 合理分布载荷

尽量减小运动副所承受的载荷，并使载荷分布均匀，受力合理。

三、黏着磨损

黏着磨损也称抓黏磨损或咬合磨损，是指摩擦副相对运动时，由于互相焊合（相互黏着）作用，造成接触面金属损耗（一个表面材料转移到另一个表面上去）的现象。

（一）黏着磨损特征

失去材料一方的零件表面出现锥状坑，接收材料一方表面出现鱼鳞状斑点。常见的黏着磨损现象有柴油机的烧瓦、抱轴、拉缸等（典型案例见图4-5）。

（二）黏着磨损机理

从黏着机理看，由于表面存在微观不平，表面的接触发生在微凸体处，在一定载荷（重载）作用下，接触点处发生塑性变形，而且摩擦热不能够及时散发出去，使其表面油膜被破坏，两摩擦表面金属直接接触产生更多的摩擦热而形成接触点处的熔化和熔合；当表面进一步相对滑动时，熔合点处的材料从强度低的一方脱落，形成磨屑并黏附于强度高的表面，进而造成咬死或划伤。

黏着磨损的发展阶段如图4-6所示。

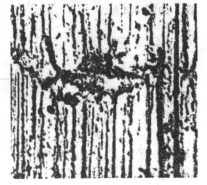

图4-5　柴油机气缸上止点下30 mm处的黏着磨损

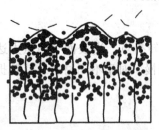

（a）原始加工的表面状态

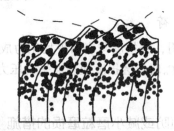

（b）表面摩擦副相对滑动时，因摩擦力的作用表层产生塑性流动，缺陷逐渐扩展，接触点产生黏着

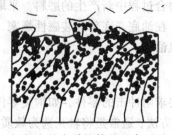

（c）表层内裂纹扩展至表面后

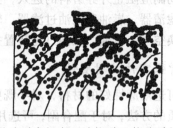

（d）磨损后形成新表面被撕裂而转移到另一表面

图4-6　黏着磨损的发展过程

（三）黏着磨损的类型

按照黏着熔合点的强度和破坏位置不同，黏着磨损有不同的形式。

（1）轻微黏着磨损：当黏结点的强度低于摩擦副两材料的强度时，剪切发生在界面上此时虽然摩擦系数增大，但磨损却很小，材料转移也不显著。通常在金属表面有氧化膜、硫化膜或其他涂层时发生这种黏着磨损。

（2）一般黏着磨损：当黏结点的强度高于摩擦副中较软材料的剪切强度时，破坏将发生在离结合面不远的软材料表层内，因而软材料转移到硬材料表面上。这种磨损的摩擦系数与轻微黏着磨损的差不多，但磨损程度加重。

（3）擦伤磨损：当黏结点的强度高于两相对摩擦材料的强度时，剪切破坏主要发生在软材料的表层内，有时也发生在硬材料表层内。转移到硬材料上的黏着物又使软材料表面出现划痕，所以擦伤主要发生在软材料表面。

（4）胶合磨损：如果黏结点的强度比两相对摩擦材料的剪切强度高得多，而且黏结点面积较大时，剪切破坏发生在对磨材料的基体内。此时，两表面出现严重磨损，甚至使摩擦副之间咬死而不能相对滑动，此时，若在外力作用下强行运动，则会造成基体的严重破坏。

（四）影响黏着磨损的主要因素

（1）材料性质的影响。选用不同种金属或互溶性小的金属以及金属与非金属材料组成摩擦副时，黏着磨损较轻；脆性材料比塑性材料的抗黏着能力强；表面含一定量微量的 C、S 等合金元素时，对金属及合金的黏着有阻滞作用；提高材料硬度后，可减小黏着磨损。黏着磨损量与硬度较小一方材料的屈服极限成反比。

（2）载荷的影响。加载一般不要超过材料硬度值的 1/3，尽量减小载荷，同时提高材料的硬度。

（3）滑动速度的影响。载荷一定的情况下，黏着磨损最初随滑动速度的提高而增加，很快即可达到某一极大值，此后又随着滑动速度的提高而减少。有时随着滑动速度的变化磨损类型由一种变为另一种，在滑动速度不太高的范围内，钢铁材料的磨损量随着滑动速度、接触压力的变化规律如图 4-7 所示。

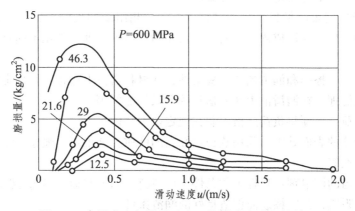

图 4-7　磨损速度与滑动速度、接触应力之间的关系

注：接触压力的变化并不会改变磨损量随滑动速度而变化的规律，但随着接触压力增加其磨损量也增加，而且黏着磨损发生的区域移向滑动速度较低的区间。也就是说重载低速运行是容易产生黏着磨损。

（4）滑动距离的影响。黏着磨损量与滑动距离成正比关系。

以上 4 条中，（1）、（3）、（4）条被称作黏着磨损定律。

（5）温度的影响。这里首先应该注意区分摩擦面的平均温度与摩擦面实际接触点的温度：局部接触点的瞬时温度称为热点温度或闪点温度；滑动速度和接触压力对磨损量的影响主要是热点温度改变而引起的，表面温度升高到一定程度时，轻者破坏油膜，重者使材料处于回火状态，从而降低了强度，甚至使材料局部区域温度于熔化状态，将促使黏着磨损产生。轴承钢比磨损量与热点温度之间的关系图如图4-8所示。

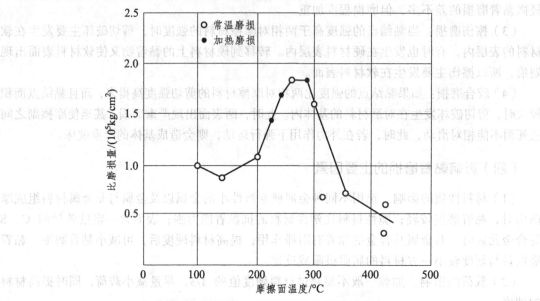

图4-8　轴承钢比磨损量与热点温度的关系

（五）预防或减小黏着磨损的措施

（1）设法减小摩擦区的形成热：可以使用机油散热器，使摩擦区的温度低于金属热稳定性的临界温度和润滑油热稳定性的临界温度。

（2）控制摩擦副表面材料与金相材料成分和金相组织相近的两种材料最易发生黏着磨损。因此，应选用最不易形成固体的两种材料作为摩擦副，即应选用不同材料成分与晶体结构的材料。

（3）设法提高摩擦副和润滑油的热稳定性：在材料选择上应选用热稳定性高的合金钢，或表明进行渗碳处理，在润滑油中加入适量的多效添加剂等。

（4）限制负荷：必须将负荷严格限制在规定范围之内。

（5）进行特殊的表面处理：采用热稳定性高的硬质合金堆焊，喷涂亲油层，提高表面多孔性，减低互熔性等。

（6）选择适当的润滑剂：根据工作条件（如载荷、温度与速度等），选用不同的润滑剂，以建立必要的吸附膜，为摩擦表面创造良好的润滑条件。

四、疲劳磨损

两接触表面在交变接触压应力的反复作用下，材料表面的显微材料单元产生相似或相同的塑性重复变形，以致因疲劳而产生微片或颗粒脱落而造成物质损失的现象称为表面疲劳磨损。

（一）疲劳磨损现象

疲劳磨损时，会在材料表面出现麻点、凹坑，或局部裂纹和斑状剥落。典型的齿轮齿面疲劳磨损如图 4-9 所示。

（二）疲劳磨损机理

表面疲劳磨损是疲劳和摩擦共同作用的结果，其失效过程可分为两个阶段：一是疲劳核心裂纹的形成，二是疲劳裂纹的发展直至材料微粒的脱落。

（1）油楔理论 ——裂纹起源于摩擦表面（滚动兼滑动接触）。该理论认为，由于交变载荷的作用，表面反复变形、硬化，沿与运动方向成小于 45°角的方向产生裂纹并逐渐向远、向内扩展，润滑油沿裂纹逐渐浸入，油的浸入使得裂纹进一步扩展，最终磨损物从表面脱落。

图 4-9　典型的疲劳磨损现象

在滚动带滑动的接触过程中（以齿轮啮合面为例），由于外载荷及表层的应力和摩擦力的作用，引起表层或接近表层的塑性变形，使表层硬化形成初始裂纹，并沿着与表面成小于 45°的夹角方向扩展，而后润滑油浸入形成油楔，裂纹内壁承受很大压力，迫使裂纹向纵深发展。裂纹与表面层之间的小块金属犹如一承受弯曲的悬臂梁，如图 4-10 所示，在载荷的继续作用下被折断，在接触面留下深浅不同的麻点剥落坑，深度 0.1 ~ 0.2 mm。

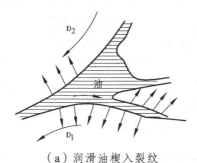

（a）润滑油楔入裂纹

（b）裂纹扩展　　　　　　　　　　　　（c）微屑脱落

图 4-10　表面裂纹发展由于润滑油作用示意图

（2）最大剪应力理论 ——裂纹起源于次表层。该理论认为，裂纹的产生一般是在切向应力的作用下因塑性变形而引起。滚动轴承的疲劳磨损即遵循此理论。

滚动时，最大剪切应力发生在表层下 $0.786b$（b 为滚动接触面宽度之半）处，即次表层内（一般深度为 0.2 ~ 0.4 mm），在载荷反复作用下，裂纹在此附近发生，并沿着最大剪切应力方向扩展到表面，形成磨损微粒而脱落，磨屑形状多为扇形，出现"痘斑"状坑点。

当运动副处于除纯滚动接触外，还带有滑动接触模式时，最大剪切应力的位置随着滑动分量的增加向表层移动，破坏位置随之向表层移动，如图 4-11 所示。

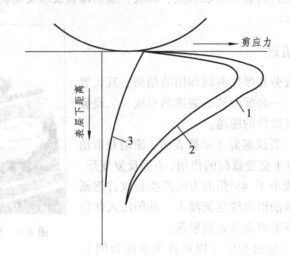

图 4-11 不同运动情况下剪应力的分布
1—纯滚动；2—滚动兼滑动；3—纯滑动

（3）交界过渡区理论——裂纹起源于硬化层与芯部过渡区。该理论认为，表层经过硬化处理的零件（渗碳、淬火、硬质喷涂、喷丸等），其接触疲劳裂纹往往首先出现在硬化层与芯部过渡区。这是因为该处所承受的剪切应力较大，而材料的剪切强度较低。

试验表明，只要该处承受的剪切应力与材料的剪切强度之比大于 0.55 时，就有可能在过渡区形成初始裂纹。裂纹平行于表面，扩展后再垂直向表面发展而出现表层大块片状磨屑剥落（见图 4-12）。

硬化层深度不合理、芯部强度过低、过渡区存在不利的残余应力时，容易在硬化层与芯部过渡区产生裂纹。

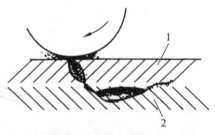

图 4-12 裂纹起源于软硬过渡层面
1—硬化层；2—芯部基体

（三）影响疲劳磨损的主要因素

（1）零件材料性质：材料中含有非金属夹杂物，特别是氧化铝、硅酸盐、氮化物等脆性夹杂物时，容易产生疲劳磨损。

（2）材料表面的性质：材料表面的强度和硬度、热处理的形式及热处理后的金相组织、表面粗糙度、接触精度等，都在一定程度上影响着疲劳磨损。

（3）润滑状况：润滑油的牌号、质量、黏度、抗剪性、腐蚀性，润滑油膜的性质等。

（4）零件的硬化层：材料的硬化措施（渗碳、氮化）和硬化层厚度要合理，应该使最大剪切应力在硬化层内，这样能够提高抗疲劳磨损的能力。

（5）载荷性质：力的种类、运动形式、加速度大小及方向等。

（四）预防或减小疲劳磨损的措施

（1）正确试运转：新的或刚刚大修的机械都要进行正规的磨合，以期获得良好的配合间隙和接触精度。

（2）合理的润滑：正确选择润滑方式和润滑油品，以期获得良好的润滑油膜。

（3）改良材质：通常情况下，晶粒细小、均匀，碳化物呈球状且均匀分布有利于提高滚动接触寿命。

（4）合理的表面硬度：硬度在一定范围内增加，其抗接触疲劳的能力随之增大。举例来说，闭式齿轮箱传动齿轮的最佳硬度在 HRC58 ~ HRC62，对于承受相对较大冲击力的齿轮，硬度可以取下限。

（5）合理的表面粗糙度：适当降低表面粗糙度是提高抗疲劳磨损能力的有效途径，但表面粗糙度不能过低，这是因为，粗糙度与接触应力直接相关。接触面硬度越高，粗糙度应越低。

五、腐蚀磨损

在机械摩擦过程中，金属同时与周围介质发生化学或电化学反应，此时，由于机械摩擦和腐蚀的共同作用而引起的表面物质剥落，从而形成表面材料缺失的现象为腐蚀。腐蚀磨损是一种极为复杂的磨损过程，经常发生在高温或潮湿的环境下，以及有酸、碱、盐等环境下，而且腐蚀磨损的状态与介质的性质、介质作用在摩擦表面上的状态以及摩擦材料的性能有关。

根据腐蚀介质的不同类型和特点，腐蚀磨损可分为氧化磨损和特殊介质下腐蚀磨损以及氢致磨损三大类。

（1）氧化磨损：氧化磨损是指摩擦表面与空气中的氧或润滑剂中的氧作用所生成的氧化膜，这种膜在摩擦中很快就会被磨损掉而生成新膜，继而新膜再被磨损掉的现象。

影响氧化腐蚀磨损的因素主要有以下几种：一是运动速度的影响：当滑动速度变化时，磨损类型将在氧化磨损和黏着磨损之间相互转化；二是载荷的影响：当载荷超过某一临界值时，磨损量随载荷的增加而急剧增加，其磨损类型也由氧化磨损转化为黏着磨损，三是介质含氧量对氧化磨损的影响：介质含氧量直接影响磨损率，金属在还原气体、纯氧介质中，其磨损率都比空气中大，这是因为空气中形成的氧化膜强度高，与基体金属结合牢固的关系；四是润滑条件对氧化磨损的影响：润滑油膜能起到减磨和保护作用，减缓氧化膜生成的速度。

（2）特殊介质腐蚀磨损（化学或电化学腐蚀磨损）：在环境为酸、碱、盐等特殊质作用下的摩擦表面上所形成的腐蚀产物，将迅速地被机械摩擦所去除，此种磨损称为特殊介质腐蚀磨损。发动机气缸内的燃烧产物中含有碳、硫和氮的氧化物、水蒸气和有机酸，如蚁酸（HCOOH）、醋酸（CH_3COOH）等腐蚀性物质，可直接与气缸壁发生化学作用，而形成化学腐蚀；也可溶于水形成酸性物质，腐蚀气缸壁，此为电化学腐蚀，其腐蚀强度与温度有关，如图 4-13 所示。

（3）氢致磨损：含氢的材料在摩擦过程中，由于力学及化学作用导致氢的析出。氢扩散到金属表面的变形层中，使变形层内出现大量的裂纹源，裂纹的产生和发展，使表面材料脱落，这种现象称为氢致磨损。氢可以来自材料本身或是环境介质，如润滑油和水等物质。

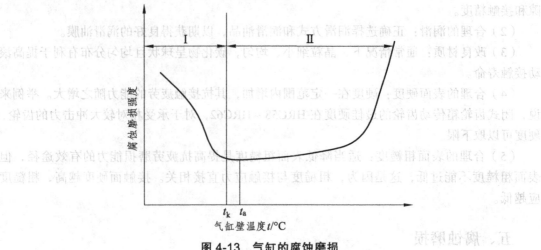

图 4-13　气缸的腐蚀磨损

对于特定介质的腐蚀磨损，可针对腐蚀介质的形成条件，选用合适的耐磨材料来减低腐蚀磨损速率。

六、微动磨损

两接触表面间没有宏观相对运动，但在外界交变动负荷影响下，有小振幅的相对振动（一般 $100\ \mu m \sim 0.1\ mm$ 之间），使接触表面产生微小的相对位移，其间接触表面间产生大量的微小氧化物磨损粉末，有时夹杂磨料磨损和黏着磨损，这种情况造成的磨损称为微动磨损。

（一）微动磨损易发生部位

微动磨损通常发生在静配合的轴和孔表面、某些片式摩擦离合器内外摩擦片的结合面上，以及一些受振动影响的连接件（如花键、销、螺钉）的结合面、过盈或过度连接表面、机座地脚螺栓、弓子板板簧簧片之间等处。一般会在微动磨损处出现蚀坑或磨斑。

（二）微动磨损的危害

微动磨损会造成摩擦表面有较集中的小凹坑，使配合精度降低；也可导致过盈配合紧度下降甚至松动，严重的可引起事故；更严重的是在微动磨损处引起应力集中，导致零件疲劳断裂（如机座螺栓等）。

（三）微动磨损机理

微动磨损是一种兼有磨料磨损、黏着磨损、氧化磨损的复合磨损形式，磨屑在摩擦面中起着磨料的作用。摩擦面间的压力使表面凸起部分黏着，黏着处被外界小振幅引起的摆动所剪切，而后剪切面又被氧化。

对于钢铁材料来讲，接触压力使结合面上实际承载峰顶发生塑性变形和黏着。外界小振幅的振动将黏着点剪切脱落，脱落的磨屑和剪切面与大气中的氧反应，发生氧化磨损，产生红褐色的 Fe_2O_3 的磨屑堆积在表面之间起着磨料作用，使接触表面产生磨料磨损。如果接触应力足够大，微动磨损点形成应力源，使疲劳裂纹产生并发展，导致接触表面破坏。

（四）减小或预防微动磨损的措施

（1）选用合适的材质：选用适当的材料并提高硬度，可减少微动磨损。将碳素钢表面硬度从 180 HV 提高到 700 HV 时，微动磨损量可降低 50%。采用表面处理，如硫化或磷化处理或采用金属镀层可有效降低微动磨损。

（2）减小载荷：在其他条件相同时，微动磨损量随载荷的增加而增加。但当载荷超过临界值时，磨损量反而减小。

（3）控制振幅：振幅较小时，单位磨损率比较小，因而，应将振幅控制在 30 μm。

（4）辅助措施：加强检查配合件紧固情况，使之不出现微动或采取在配合副之间加弹性垫片，充填聚四氟乙烯（套或膜）或用固体润滑剂；适当的润滑可有效地改善抗微动磨损的能力，因为润滑膜保护表面防止氧化，采用极压添加剂或涂抹二硫化钼都可以减少微动磨损。

七、冲蚀磨损

材料由于受到固态、液态、气态介质的高速、高压、反复冲击而形成的表面现象，叫做冲蚀磨损。其磨损特征是磨损处呈蜂窝状斑痕。

（一）冲蚀磨损的类型和机理

（1）固态硬粒子冲蚀：一定直径的大硬度固态粒子（一般高于材料硬度）以一定的速度冲击零件表面时，所引起的表面损伤现象，称为固态粒子冲蚀磨损。

这里所指的冲蚀机件的粒子相对较小并且分散，一般平均直径小于 1 mm，冲击速度在 500 m/s 以内。常见的硬粒子冲蚀有：空气中的尘埃粒子进入发动机后造成的冲流输送物料（如沙洗机、射流泵、混凝土高压输送泵、粉煤灰及水泥输送机）对弯头的冲蚀、机械工作装置所受到的粒子冲蚀等。

（2）液滴冲蚀：液滴冲蚀是粒子冲蚀的一种特殊情况。当液滴高速冲击零件表面时，会造成零件表面的损伤。实验证明，当冲击零件表面的液滴速度达到 720 m/s 时，1.3 mm 的射流面积上的峰值载荷可达 6 300 N（当水的速度大于 1 200 m/s 时，可以切割钢板）。这样的冲击力，足以在零件表面冲出一个凹坑，而凹坑又使得后续冲击的能集中。随后还会产生腐蚀现象，进而整个零件表面就会受到损伤。

这类冲蚀磨损常发生在液泵、马达、高压共轨、喷油泵、喷油器等零部件上。

（3）气蚀：当零件与液体接触并伴有振动或搅动时，液流中的气泡对零件表面损伤称为气蚀。其主要特征是零件的表面出现麻点、针孔，严重时，零件的表面会窝状损伤。蜂窝状小孔的直径达 1 mm 以上，深度达 20 mm（可出现蚀透现象）。

从气蚀发生的机理看，其基本过程是：因液体受到振动使局部压力发生波动，压力下降到某一值时，溶解在液体中的气体和液体蒸汽会在液体中形成无数小的气泡，这些小气泡随液体流到高压区时，气泡可以 100 ~ 500 m/s 的速度冲向零件表面并破裂，对零件产生冲击压力可达 30 ~ 200 MPa，最高可达上千兆帕，瞬间温度最高可达上千摄氏度，导致材料表面的破坏。

第三节 断 裂

零件在诸多单独或综合因素（应力、温度、腐蚀等）的作用下局部开裂或整体折断的现象，称为断裂失效。

与变形和磨损相比，零件因断裂而失效的几率很小，但零件的断裂往往会造成严重的设备事故乃至灾难性事故。断裂的原因是多方面的，但断口（零件断裂后断开处的自然面）形态总能反应断裂发生的过程。因此，通过断口分析，找出断裂的原因，是改进设计、合理修复的前提。

一、断裂的类型

从不同的角度，断裂可按如下方法分类。

（一）按断口宏观形貌分

（1）韧性断裂（延性断裂）——断口有明显的塑性变形，断面呈暗灰色的杯锥状或鹅毛绒状纤维，断口无法完全对齐。

韧性断裂的机理是，在载荷的反复作用下，首先在某一应力中处产生弹性变形→应力继续反复作用→继而产生韧性变形→进一步产生塑性变形→出现微小裂纹→裂纹不断扩展→最终断裂。

（2）脆性断裂 ——发生在应力达到屈服极限之前，零件无明显塑性变形的瞬间断裂。其断口形貌特征是，断口呈冰糖状结晶颗粒，颜色发亮且易出现人字纹或放射状纹，断口对接完好，断口处无明显塑性变形，如图 4-14 所示。比如，钢锯锯条、活塞环、弓子板、球铁曲轴的断裂等。

 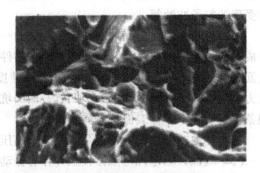

（a）断口可以完好对接的试棒　　　（b）成冰糖状结晶的高倍率显微断口

图 4-14　脆性断裂的断口形貌

（二）按载荷性能分

（1）过载断裂：由于过失、使用操作不当而引起的一次加载性突然瞬间断裂。

（2）疲劳断裂：零件在交变应力作用下，经过较长时间工作和反复变形而发生断裂的现象称为疲劳断裂。

疲劳断裂是机械零件常见及危害性最大的一种失效方式。在机械上，大约有 90% 以上的断裂可归结为零件的疲劳失效，因此，疲劳断裂是本节研究的重点之一。

（三）按断口微观形态分析

（1）晶间断裂（沿晶断裂）——裂纹沿晶界扩散，断面上的晶粒大多保持完整，这种断裂称为晶间断裂，又称解理断裂。当晶间断裂时，塑性变形量很小，故称脆性断裂。

（2）穿晶断裂（晶内断裂）——裂纹穿过晶粒内部而发生的断裂称为穿晶断裂，穿晶断裂是一种延性断裂。以上两种断裂如图 4-15 所示。

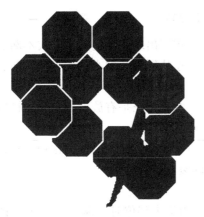 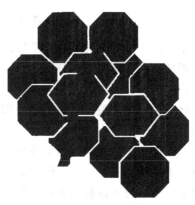

（a）晶间断裂　　　　　　　　　　　　　　（b）穿晶断裂

图 4-15　晶间断裂和穿晶断裂

（3）混晶断裂——断口或裂纹既穿过晶体内部，又沿晶界扩展的断裂，叫做混晶断裂。

二、过载断裂

当外载荷远远超过其危险断面所能承受的极限应力时，零件经一次加载所引起的断裂，称之为过载断裂。虽然过载断裂发生的几率较低，但危害却甚大。

（一）过载断裂的主要原因

（1）设计缺陷——截面错误、形状不当、强度不足等。

（2）制造缺陷——夹渣、内部裂纹、气孔、过度圆角有误、工艺错误、热处理不当等。

（3）选材失误——所选材料不适合应用场合。

（4）使用操作不当——硬拉硬拽、用力过猛、超负荷作业、超越功能范围的运行。

（二）过载断裂的主要特征

（1）通常情况下的过载断裂特征——过载断裂的宏观断口特征与材料拉伸断裂的形貌类似。过载断裂的断口通常分为 3 个区域，当断口无应力集中时，3 个区域如图 4-16 所示，分别称为纤维区 F、放射区 R、剪切唇区 S。

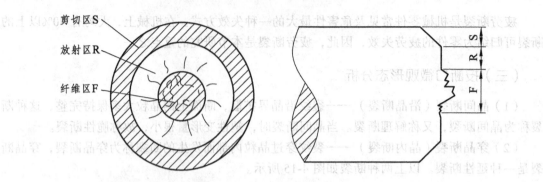

图 4-16　过载断裂的断口形貌

其中，F 区凹凸起伏，呈纤维状，该区受 3 项应力作用出现微小空穴，空穴不断扩大、聚集，形成所谓韧窝，留下纤维状特征。截面的断裂首先从纤维区中心开始，型区断裂面积达到一定极限时，断裂裂纹便会迅速扩展。

R 区是由纤维区裂纹迅速扩散而形成的放射区域，主要特征是有放射状花纹。材料越粗大，放射状花纹越粗大。

S 区是由断裂最后阶段而形成的区域，被称为剪切唇，这一区域的表面比较光滑，而且与拉伸应力成 45°角，是由最大切应力形成的切断型断裂。

（2）特殊情况下过载断裂特征如下：

① 带应力集中槽的过载断裂 —— 当裂口出现在应力集中部位时，则 F、R、S 三区完全颠倒，如图 4-17 所示。纤维区 F 分布在周围，即周围首先破断。然后，裂纹向中央扩展，产生收敛型放射花纹区 S。

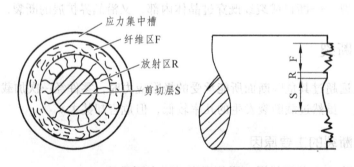

图 4-17　带应力集中槽的过载断裂

② 纯塑性金属过载断裂：纯塑性金属过载断裂时，可能会出现全纤维状断口，没有放射区与剪切区，两对偶的断面均为内凹的杯状，称为双杯状。

③ 在冲击弯曲载荷作用下的过载断裂：在此条件下形成的过载断裂，其剪切唇不完整，宏观塑性变形或颈缩减小。

三、疲劳断裂

金属零件经过较长时间或一定次数的循环载荷或交变应力作用后，出现反复变形而最终断裂的现象称为疲劳断裂。

（一）疲劳断裂的类型

（1）按有无预裂纹分，分为无裂纹断裂失效和有裂纹断裂失效。

（2）按载荷性质分，分为拉压疲劳断裂、振动疲劳断裂、弯曲疲劳断裂、扭转疲劳断裂与复合应力疲劳断裂等。

（3）按引起疲劳断裂的总的应力循环次数分，分为高周疲劳断裂和低周疲劳断裂。高周疲劳断裂（HCFB），$N \geqslant 10^5$，大多数疲劳断裂为该类形式的断裂；高周疲劳发生时，应力在屈服强度以下，零件的寿命主要由裂纹的形核寿命控制。低周疲劳断裂（LCFB），$N \leqslant 10^5$，极少数情况下才会发生该类断裂；低周疲劳发生时的应力可高于屈服极限，其寿命受裂纹扩展寿命的影响较大。

（4）按诱发原因分，分为纯循环应力疲劳断裂、热疲劳断裂、腐蚀疲劳断裂等。

（二）疲劳断裂的失效机理

一般认为疲劳断裂经历3个过程：裂纹源萌生阶段、裂纹扩展阶段、最终断裂或瞬间断裂阶段。

（1）疲劳裂纹源的萌生阶段：金属零件在交变载荷作用下，表层材料局部发生微观滑移，如图4-18所示。

滑移积累到一定程度后，就会在表面形成微观挤入槽与挤出带，这种挤入槽就是疲劳裂纹策源地。在槽底，高度集中的应力极易形成微裂纹，称疲劳断裂源。因最初剪应力引起的，使得挤入槽与挤出峰和原始裂纹源均与拉伸应力成45°角的关系。

形成疲劳裂纹源所需的应力循环次数与应力成反比，但如果材料表面或内部本身有缺陷，如气孔、夹杂、台阶、尖角、磕碰与划伤等，均可大大降低应力循环次数。

（2）疲劳裂纹的扩展阶段：当疲劳裂纹源切向（与拉应力成45°方向）扩展达到几微米或几十微米时，裂纹改变方向，朝着与拉应力垂直的方向，而形成正向扩展，如图4-19所示。在交变的拉伸、压缩应力作用下，裂纹不断开启、闭合，裂纹前端出现复杂的变形、加工硬化及撕裂现象，使裂纹一环接一环往前推进。此阶段内，切向扩展较为缓慢，正向扩展速度较快。

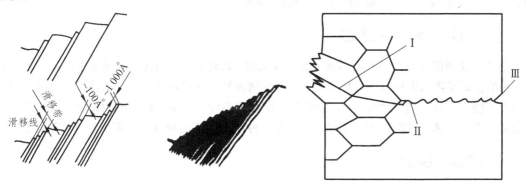

图 4-18　延性金属由于外载荷作用所造成的滑移　　　图 4-19　疲劳裂纹的扩展阶段

Ⅰ—切向扩展段；Ⅱ—正向扩展段；Ⅲ—脆断段

（3）最终断裂或瞬间断裂阶段：当裂纹在零件断面上扩展到一定值时，零件残余断面不能承受其载荷的作用，此时的断面应力大于或等于断面临界应力。此时，裂纹由稳态扩展为失稳态扩展，整个残余断面出现瞬间断裂。

（三）疲劳断口的特征

典型疲劳断裂过程有 3 个形貌不同的区域：疲劳核心区、疲劳裂纹扩展区、瞬断区，如图 4-20 所示。

（1）疲劳核心区：用肉眼或低倍放大镜就能找出断口上疲劳核心位置。它是疲劳断裂的源区，一般紧挨表面，但如内部有缺陷，该核心区也可能在缺陷处产生。当疲劳载荷比较大时，断口上也可能出现两个或两个以上的核心区。

在疲劳核心周围，存在着一个以疲劳核心区为焦点的光滑的、贝纹线不明显的狭小区域。其产生的原因在于裂纹反复张开、闭合，使断口面磨光所致。

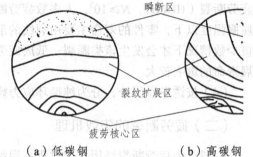

（a）低碳钢　　　　（b）高碳钢

图 4-20　疲劳断裂断口的形貌特征

（2）疲劳裂纹扩展区：该区是断口上最重要的特征区，常呈贝纹状或海滩波纹，每一条纹线表示载荷的变化时，裂纹扩展一次所留下的痕迹。这些纹线以核心区为中心向四周进，与裂纹扩展方向垂直。对裂纹不太敏感的低碳钢，贝氏裂纹呈收敛型[见图 4-20（a）]；对裂纹比较敏感的，贝氏裂纹呈发散型[见图 4-20（b）]。

（3）瞬断区：瞬断区是疲劳裂纹扩展到临界尺寸后，残余断面发生快速断裂而形成的区域。此区域具有过载断裂的特征，即同时具有放射区与剪切唇。有时仅有剪切唇而无放射区，对于极脆的材料，瞬断区为结晶状脆性断口。

四、脆性断裂

金属零件因制造工艺、使用过程中有害物质的侵蚀、环境温度不适等，都可能使材料变脆，进而导致金属零件突然断裂，称其为脆性断裂。

（一）引起金属脆化的原因

氢或氢化物渗入金属材料内部就可能导致氢脆，氯离子渗入奥氏体不锈钢中后可能导致氯脆，硝酸根离子渗入钢材可能出现硝脆，与碱性物接触的钢材可能会出现碱脆，与氨接触的铜质零件可能会出现氨脆。此外，在 10 ℃ 以下的环境温度下，中、低强度的碳钢易发生冷脆。含铝的合金，如热处理温度控制不严，易于使零件温度偏高而过烧，表现出严重的脆性。

（二）氢脆的类型

一类是内部氢脆，它是由材料在冶炼、锻造、焊接、热处理、电镀、酸洗过程中，溶解和吸收了过量的氢而造成的；另一类为环境氢脆，它是由周围环境中某些含氢或氢化物的介质与零件自身应力，即工作应力与残余应力共同作用而引起的一种氢脆。

一般认为，内部氢脆与环境氢脆在微观范围内，其本质是相同的。都是由氢或氢化物引起的材料脆化。但就宏观而言，则有差别。这是因为在氢的吸收过程中，氢与金属的相互作用形态、断裂时的应力状态与温度、断口组织结构等均不相同。

（三）氢脆断裂机理

金属材料在冶炼、热处理、锻压、轧制等高温过程中，对氢的溶解度较高。温度降低以后，材料析出氢原子和氢分子，并在内部扩散后聚集在材料微观缺陷处或薄弱处。聚集的氢分子或氢原子形成巨大的氢气气泡，并使材料在气泡处形成裂纹。随着氢扩散与聚集的继续，气泡进一步生长，裂纹进一步扩张，并相互连接、贯通，最后导致材料过早断裂。

（四）氢脆断裂的主要特征

（1）金属发生脆性断裂时，工作应力一般并不高，通常不超过材料的屈服强度，甚至低于某些规范确定的许用应力。因而，脆性断裂又称为低应力脆断。

（2）脆性断裂的断口平整光亮，呈粗瓷状，断口断面大体垂直于主应力方向。一般断口边缘有剪切唇，断口上有人字纹或放射状花纹。其 SEM 显微特征如图 4-21 所示。

图 4-21　典型构件氢脆断裂的 SEM 特征

（3）断口附近很少有颈缩现象，即使有，截面收缩率也很小，一般低于 3%。

（4）脆性断裂也有裂纹源，裂纹源一般出现在表面的应力集中部位、损伤部位、内部的夹杂与空穴以及由轧制或锻造而形成的微小裂纹。

五、减少和防止断裂危害的措施

（1）设计方面：首先材料的选用一定要有针对性，不能一味选取高强度材料，而应据环境介质、温度、负载性质做出适当选择，如冲击载荷处用韧性材料；高温环境处用高温材料；强摩擦处用耐磨材料等。另外，要尽量提高金属材料的纯净度，减少夹杂物量及尺度，尽量提高零件表面完整性设计水平。其次，要尽量避免应力集中现象（缺口、槽隙、凸肩、过渡棱），这也是抑制或推迟疲劳裂纹产生的有效途径。

（2）制造工艺方面：表面强化处理可大大地提高零件的疲劳寿命，可以有效控制表的不均匀滑移，如表面滚压、喷丸、表面热处理等；表面恰当的涂层可防止有害介质造成的脆性断裂；另外，某些材料热处理时，填充保护气体可极大地改善零件的性能。

（3）安装和使用方面：首先，安装时，应避免附加应力的产生，防止振动、碰撞、乱擦与拉伤；其次，应加强设备的次负荷锻炼，正确、严格按照试运转条例进行磨合；第三，严格遵守操作规程，防止超负荷；第四，要有良好的平衡和冷却措施，同时避免振动和温差过大；第五，应保护设备使用与运行环境，防止腐蚀介质的侵蚀；第六，设法降低疲劳裂纹扩展的速度，及早发现，及时弥补。

第四节　机械零件的变形失效

机械零件在使用过程中，由于温度、外载或内部应力的作用，使零件的尺寸和形状发生变化而不能正常工作的现象，称为机械零件的变形失效。

过量变形是零件失效的一个重要原因，如曲轴、离合器摩擦片、变速器中间轴与主轴等常常因变形而失效。

零件发生变形后会出现伸长、缩短、弯曲、扭曲、颈缩、膨胀、翘曲、弯扭以及其他复合变形等现象。其危害是：破坏原来的配合间隙，打乱原有的位置关系，加速零部件的不均匀磨损，发生运动干涉或完全失去规定功能等。

从变形类型看，金属零件的变形分为弹性变形、塑性变形、翘曲变形、蠕变等形式。

一、弹性变形失效

在外力撤去后，变形会自动消失的现象，称作弹性变形。在弹性变形阶段，应力各应变呈线性关系，即符合胡克定律。此时零件所受应力未超过弹性极限，应力消失后，应变也消失，零件恢复原有形状。

（一）弹性变形的危害

虽然弹性可以自行恢复，但这并不意味着弹性失效没有危害，当弹性变形量超过变形量超过许用值时，就会破坏零件间相对位置精度（如转向扭杆的过度弹性变形会导致转向灵敏度下降）。此外，其造成的危害还包括：使轴上零件工作失常（如齿廓啮合线偏移）及支撑（如轴承）过载；对于箱体类零件而言，会造成系统的振动。如果弹性失效的固有频率与载荷频率成整倍数关系时，还会引起共振，使设备无法正常工作。

（二）影响弹性变形的主要因素

（1）结构因素：零件截面的结构对弹性变形的影响最大。对于型钢来说，在材料截面积相等的情况下，工字钢刚度最大，槽钢次之，方形钢最次。如果是扭转载荷，则环形空心截面优于实心截面。

（2）弹性模量的 E 影响：材料弹性模量 E 越大，则抵抗弹性变形的能力越大。

（3）温度的影响：在通常情况下，弹性变形量与温度成正比，这是因为随着温度的升高，弹性模量 E 也会下降。但随着温度的升高，材料的屈服强度降低，在载荷作用下，材料会发生显著的塑性变形。

（三）弹性变形的机理

由于材料组织结构中的晶体，在相邻原子间存在的吸力和斥力作用，在外力作用下它们之间的平衡被打破，此时便会产生弹性变形。其特点是，变形量一般较小，对于非弹簧件来讲，$S_\triangle \leqslant （0.1\% \sim 1\%）S_0$。

金属材料弹性变形是其晶格中原子自平衡位置产生短距离的可逆位移的反映，所以弹性变形具有可逆性、单值线性及变形量小等特点。

由相关推导可知，原子间相互作用力 F 与其间距 r 之间的关系可用下式表示：

$$F = \frac{A}{r^2} - \frac{Ar_0^2}{r^4} \tag{4-1}$$

式中，A 为常数；r_0 为原子平衡距离。

由式可知：

（1）F 与 r 之间关系不是直线关系，而是复杂的抛物线形，但当外力 F 较小，即原子偏离平衡位置的距离很小时，则可近似为直线关系。

（2）当外力 $F > F_{max}$ （理论值），为金属材料在弹性下的断裂载荷（即理论断裂强度）。

实验发现：实际材料的断裂强度要比该值[即 F_{max}（理论值）]小几个数量级，从而推导出材料中存在着缺陷，如点缺陷（如间隙、空位等）、线缺陷（如位错等）、面缺陷（如晶界缺陷等）、体缺陷（如孔洞等）等。

二、塑性变形失效

材料在应力的作用下会产生变形，但当应力消失后，零件不能够完全恢复原来的形状，这种变形叫做塑性变形。零件的工作压力超过材料的屈服极限时，因塑性变形而导致的失效称为塑性变形失效。

经典的强度设计都是按照"防止塑性变形失效"的原则来设计的，即不允许零件的任何部位进入塑性变形状态。在给定外载荷条件下，塑性变形失效取决于零件截面的大小、安全系数值及材料的屈服极限。材料的屈服极限越高，则发生塑性变形失效的可能性也就越小。

（一）塑性变形的危害

破坏原有的配合间隙；打乱原有的位置关系；加速零件的不均匀磨损；发生干涉。

（二）各类塑性变形的机理和特点

1. 滑移式塑性变形

指材料在切应力（或载荷和温度的共用下）打破内应力的平衡，使内部单晶型结构发生位移或错动，其中一部分相对另一部分沿滑移面和滑移方向进行滑动的切变过程，形成过程如图 4-22 所示。

滑移式塑性变形的特点是：① 只有在切应力作用下发生；② 在温度与切向应力的作用下更易发生；③ 常沿原子

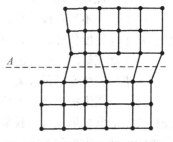

图 4-22　材料的滑移塑性变形

密度最大的晶面和晶向发生；④ 移动距离是原子间距的整数倍；⑤ 滑移同时伴有转动。

2. 孪生式塑性变形

指在切应力作用下晶体的一部分沿一定晶面（孪生面）发生切变。由于切变后的名切变部分成镜面对称，故称为孪生，如图 4-23 所示。

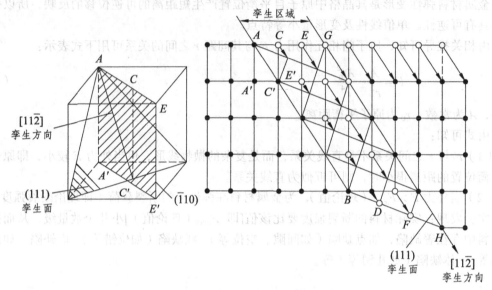

图 4-23　材料的孪生塑性变形

孪生式塑性变形的特点是：① 也是在切变应力作用下发生的；② 孪生时，晶格位向发生变化；③ 孪生时，相邻原子面间的原子相对位移均小于一个原子间距；④ 孪生所需切应力要比滑移大得多，且变形速度极快。

（三）影响塑性变形的主要因素

（1）应力超出屈服极限或是超出弹性变形的循环次数：此时，使应力与应变呈非线性关系，应力消失后，有一部分应变被保留下来。例如，压缩弹簧在经历一定次数的弹性变形后，在宏观上会出现缩短的现象，这就是一种类型的塑性畸变。

（2）材质缺陷：材质缺陷主要指热处理不良造成的组织缺陷。例如，作弹簧用的冷拉弹簧钢丝经淬火后应为细珠光体，如淬火后出现少量的共析铁素体，则当温度高于 150 ℃ 时，弹簧工作圈出现塑性畸变失效；对于合金钢来说，淬火温度过高或过低，都不能获得期望的力学性能；此外，加热不均匀，也会造成铁素体组织与马氏体组织共存现象。

（3）设计不当：设计精度过低，对载荷估计不足，会造成接触副的干涉、偏载或过载现象；对工作温度估计过低，也会影响合理选材。

（4）加工缺陷：加工前，对毛坯进行有效的热处理以消除内应力，在加工过程中，应通过工艺措施避免变形量过大。例如，在加工过程中穿插相应的热处理，避免形成新的内应力。

（5）使用维护不当：因使用维护不当而造成的塑性变形失效属于另一种常见失效形式。操作失误的常见形式有：载荷过大或速度过高，从而引起主要零件严重过载；检修过程中不合理的拆装，零件位置安装错误都可能导致零件塑性变形失效。

三、蠕变失效

它是指材料在一定载荷（恒应力）和较高温度的共同作用下，随时间延长，变形量不断逐渐增加的现象。蠕变变形失效是由于蠕变过程的不断发生，产生的蠕变变形量或蠕变速度超过金属材料蠕变极限而导致的失效。有人也把蠕变失效称为另一种形式的塑性变形失效。这里所说的温度一般是指约比温度，即：T/T_m（T 为实验温度，T_m 为熔点温度）。若 $T/T_m>0.5$，则为高温；若 $T/T_m<0.5$，则为低温。

蠕变在较低温度下也可以产生，但只有当约比温度大于 0.3 时，蠕变现象才比较明显。比如，当碳钢温度超过 300 ℃，合金钢温度超过 400 ℃ 时，就必须考虑蠕变问题。

（一）典型蠕变曲线

典型的蠕变曲线如图 4-24 所示，随着时间的延续，其蠕变过程可大致分为以下 3 个部分。

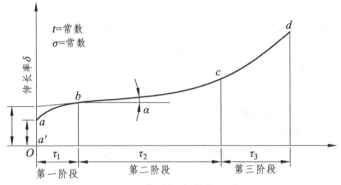

图 4-24　典型蠕变曲线示意图

（1）过度（也称减速）蠕变阶段——ab 段：在该阶段内，开始时蠕变速率很大，随着时间的延长，蠕变速率逐渐减小，到达 b 点时，蠕变速率到达最小值。

（2）恒速蠕变阶段——bc 段：该阶段内的蠕变速率几乎保持不变。我们通常所说的金属的蠕变速率，就是指该段的蠕变速率。

（3）加速蠕变阶段——cd 段：该阶段内，蠕变速率逐渐增大，直至 d 点断裂。

（二）蠕变的类型

按约比温度来看，蠕变大致可分为以下 3 种形式。

（1）对数蠕变：在再结晶温度以下发生的蠕变，随着蠕变的发生，内部出现加工硬化现象，在恒定应力作用下，变形速率直线下降，变形量逐渐减小；

（2）回复蠕变：在再结晶温度区域内发生的蠕变，无加工硬化效应，但材料内出现再结晶过程，在恒应力作用下，塑性变形速率恒稳，变形过程不断进行，直至断裂。

（3）扩散蠕变：在接近熔点温度时发生的蠕变，因温度高，发生分子扩散现象。在低载荷作用下，也很易断裂，这种失效形式在工程上并不常见。

（三）蠕变机理

金属的蠕变是一种比较复杂的过程，而且与温度和应力关系密切，但大致可分为 3 种。

（1）位错滑移式蠕变：在常温下，当滑移面上的位错运动受到塞阻或"淤积"时便不能继续进行，此时需要更大的应力作用才能使位错重新运动或增殖；在高温下，借助于外界的"热激活能"或"空位扩散"来克服某些短程障碍，从而使蠕变不断进行。

（2）扩散式蠕变：是指在约比温度远大于 0.5 的情况下，由于大量原子和空位定向移动所造成的蠕变。在没有外界载荷作用的情况下，原子和空位的移动无方向性宏观上不能显示出蠕变状况；但当受到外力的作用时，多晶体内便产生不均匀的应力场；承受拉、压应力的作用时，空位浓度增加或减小，因而晶体内空位将从受拉晶界向受压晶界迁移，而原子则向相反的反向运动，使晶体逐渐产生蠕变。

（3）晶界滑动式蠕变：在高温条件下由于晶界上的原子容易扩散，因此受力后易产生滑动，从而也能够引起蠕变，但其对蠕变的贡献率较小，一般不超过 10%。

四、预防变形失效的措施

（1）合理的运动学和动力学设计：在零部件的设计中要注意防止各机构和系统干涉，使受力合理均匀，并尽量采取减小运动惯性等措施。

（2）选用合适的材料：选用刚度、强度合适的材料并密切注意金相组织结构，防止内部缺陷。

（3）保证加工精密并有相应的热处理：以便于提高加高精度，降低制造误差，减少引起塑性变形和弹性变形的因素。

（4）装配精准：在机械设备组装的过程中，必须严格执行操作规程，最大限度地减小装配误差。

（5）使用中严防超载、超速，并保持合适的工作温度。

第五节　腐蚀失效

金属零件在特定环境工作时，会发生化学反应或电化学反应，造成金属表面损耗主要表现形式是表面破坏、内部晶体结构损伤等。

表面的化学（或电化学）反应逐渐侵入，表层脱落出现斑点、凹坑，介质继续侵入，可造成孔洞性腐蚀失效。

据估计，全球每年因腐蚀而造成的零件与设备的损失占钢材年产量的 30%。即使是其中的 2/3 能够回炉，仍有 10% 的净损失。机械金属零件中约有 20% 由腐蚀失效所引起。

腐蚀损失不但是经济上的，还会对人的生命财产造成不可估量的损失。其原因在于，金属遭到腐蚀后，材料组织会变脆，进而易于形成断裂。因而，研究腐蚀失效并采取有效的应对措施，在机械领域有着非常重要的意义。

一、化学腐蚀

金属材料与周围的干燥气体或非电解质液体中的有害成分直接发生化学反应，形成腐蚀层，称其为化学腐蚀。

许多化学腐蚀的表现形式是在材料表面形成一层膜。如果该膜致密，则金属表面钝化，使化学反应逐渐减弱并终止。如果该膜疏松，化学反应或腐蚀就会持续进行。

二、电化学腐蚀

通常，单一的化学腐蚀是少见的，这是因为在零件的工作环境中，不可避免地有水分存在。水本身是电解质溶液，使得不可避免地存在电化学腐蚀。金属发生电化学腐蚀的基本条件是：有电解质溶液的存在，腐蚀区有电位差，腐蚀区电荷可以自由流动。

（一）电解质溶液

电解质溶液是存在于金属表面的电化学腐蚀介质，包括水与酸、碱、盐等物质的水溶液，融化状态的盐液等。这可以由空气中的水分吸附在金属表面而形成。

电解质溶液中的分子有极性之分，这些极性分子在电场力的作用下，可以分解成阳离子与阴离子。

（二）腐蚀电池

当具有电位差的两个金属极和电解质溶液相处一体时，由于离子交换，产生电流形成原电池。引起电化学腐蚀的原因是金属与电解质相接触，由于电流无法利用，使阳极金属受到腐蚀，所以称为腐蚀电池。其原理如图 4-25 所示。

在 H_2SO_4 电解液中，插入两个并在一起的金属锌、铜板。由于锌板表面的锌离子活跃，易于溢出与硫酸根结合。导致锌板内出现富余电子而成为低电位的一极。铜板表面的铜离子没有锌离子活跃，使得铜板表面的高。锌板内的自由电子会迅速流向电位较高的铜板，再由铜板释放到电解液中。

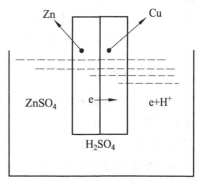

图 4-25　锌-铁-酸腐蚀电池原理

由于低电位的一极在电解液中释放出来的是金属阳离子，故将该极称为阳极。而高电位的一极在电解液中释放电子，称之为阴极。

在阳极（锌）表面，发生腐蚀反应：

$$Zn \rightarrow Zn^{2+} + 2e^-$$

$$Zn^{2+} + SO_4^{2-} \rightarrow ZnSO_4$$

$$2H^+ + 2e^- \rightarrow H_2 \uparrow$$

在阴极（铜）表面的铜，因得到锌板上的自由电子，不易形成铜离子而受到保时，铜板向介质释放电子，使电解液中的 H^+ 还原。

如果将图上的两级移开，接上外电路就可测出其电流值。电流越大，说明腐钽电流形成的原因与原电池完全一致。以电池形态进行腐蚀是电化学腐蚀的最大特点电荷的流动是腐蚀得以进行的条件。

三、腐蚀失效的主要形态

（一）均匀腐蚀

当金属零件或构件表面出现均匀的腐蚀组织时，称为均匀腐蚀。均匀腐蚀可在大气、土壤中产生。其中最常见的是大气腐蚀，大气中含有较多的 CO_2、SO_2、N_2S、NO_2，以及 Cl_2 等。这些有害物质在金属表面吸附形成电解液膜，产生强烈的电化学腐蚀。

（二）点腐蚀（穴点腐蚀）

当零件表面的腐蚀集中在局部并呈尖锐小孔形态时，称为点腐蚀，如图 4-26 所示。

当金属表面因局部凝聚电解液或金属防腐层局部遭到破坏时，就会受到点腐蚀，它是最危险的腐蚀形态之一，主要原腐蚀在发展的过程中不易被发觉。另外，当点腐蚀与均匀腐蚀共同发生时，点腐易被均匀腐蚀所产生的疏松组织所掩盖。由于点腐蚀穴的直径虽然很小，但其深度较深，甚至贯穿整个零件，直到发生事故被发现。

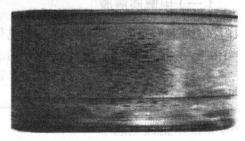

图 4-26　气缸的表面点腐蚀

（三）缝隙腐蚀

缝隙腐蚀发生在金属结构表面的缝隙处，如金属板之间的缝隙、金属板与非金属之间的缝隙或金属宏观裂纹缝隙、螺纹连接缝和铆接处等。如果腐蚀介质是水，会溶解空气中的氧。而在缝隙外的水氧浓度较高，使得缝隙内外电解液的浓度不一致，在内外两个区域出现电位差，这就形成了所谓浓差电池。缝隙外为阴极，缝隙内为阳极，若是钢铁材料，则会出现铁离子并在水中腐蚀，其腐蚀的产物即为铁锈。

（四）晶间腐蚀

晶间腐蚀是晶界或靠近晶界的组织与晶体之间通过微电池的形式发生的电化学腐蚀。晶间腐蚀发生后，金属的力学性能下降，当晶间腐蚀较严重时，机件可能突然脆断。金属结晶时，晶界处的原子排列疏松且紊乱，因而在晶界处易于积聚杂质原子，并在晶界处沉淀，如图 4-27 所示。如腐蚀物为可溶性金属盐，晶界腐蚀就会不断向纵深发展，削弱金属机件的强度，导致腐蚀性脆断。而当金属机件本身存在拉应力时，断裂的速度就会大大加快，称为腐蚀开裂。

（五）氢损伤

大多电化学腐蚀都会电离出氢离子，析出氢分子。氢的渗透与扩散能力极强，当它沿晶界进入金属内部以后，会产生氢腐蚀，这就是所谓的氢脆效应。

（六）腐蚀疲劳

承受低交变应力的金属零件，在腐蚀环境下发

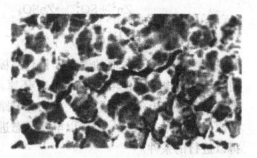

图 4-27　晶间腐蚀显微图片

生的断裂破坏称为腐蚀疲劳或腐蚀疲劳断裂。不具备抗腐蚀性的材料都有可能发生腐蚀疲劳。当零件在表面交变应力作用下出现挤出峰与挤入槽时，腐蚀介质就会乘虚而入。在这些微观部位出现化学腐蚀与电化学腐蚀。而腐蚀又加剧了裂纹源的形成，破坏了金属组织，最终导致零件瞬间断裂。

在这一过程中，介质的腐蚀性越强，腐蚀疲劳的寿命越短，温度越高，腐蚀作用越强。在断口上，可以看到严重的腐蚀锈斑，在疲劳裂纹扩展区，因腐蚀而失去了光泽，而中心区的腐蚀比较轻微。

四、减少和防止腐蚀失效的措施

（一）表面涂层防腐

在需要保护的零件表面涂敷金属层、非金属层、化学或电化学钝化层等，使金属表面与周围介质隔开。表面覆盖层的效果取决于覆盖层的完整性、致密性、牢固性，以及覆盖层本身的抗蚀性。

（二）缓蚀剂防腐

如在腐蚀介质中，添加少量物质，就能消除或降低介质对金属的腐蚀作用，那么这种物质就叫缓蚀剂。在静态或循环介质系统中（如发动机循环冷却系统、锅炉系统、大型发电设备等），可以应用缓蚀剂防腐。

（三）防腐蚀结构

从防腐蚀的结构看，有时把零件结构稍作修改，就可能取得明显的防腐蚀效果。具体有以下几个方面。

（1）防止电位差很大的金属零件相互接触 —— 电位差相差很大的零件相互接触时，容易产生电化学腐蚀。

（2）钢结构中不应有积液和集尘结构 —— 对不可避免的沟槽应有排泄孔，以利于随时清除腐蚀性介质。

（3）尽量避免铆接结构、单面焊接结构和断续焊接结构 —— 可避免缝隙腐蚀。

（4）输送腐蚀性介质的管道应尽量防止压力、流速的突变 —— 防止产生涡流，以避免局部腐蚀和气蚀。

（5）对于容易破裂的防腐涂层 —— 可采取不涂敷保护层的措施，这是因为在防腐涂层破裂处容易产生点腐蚀，而局部点的腐蚀危害大于均匀而缓慢的全面腐蚀。

第六节　零件的老化

人类、其他生命、天体、机械产品、电气设备等都会随着时间的推移一步一步老化，而逐渐失去其应有或规定功能。对于机械而言，其中一些零部件，不管使用与否，也都会出现老化现象。

而机械零部件的老化是指随着时间的推移，某些零部件（主要是一些高分子化合物）的原有设计性能逐渐下降的现象。

一、机械零件老化后的现象

逐渐失去弹性、失去光泽；出现收缩、膨胀、翘曲、裂纹；质地变硬、变脆或软化、发黏等。

有时老化还会引起重大事故，例如，由于密封件老化引起的泄漏，由于电瓶线老化而引起的火灾伤亡事故等。

二、机械相关零件老化的机理

在热、氧、力、水、射线、微生物等因素的作用下，随着时间的推移，会使相关零件发生如下变化：大分子逐渐交联起来，从线性状态变成网状或立体结构，使变脆、开裂、弹性下降；大分子在高温下裂解，分子量下降，刚性、硬度下降、发黏；在温度、力等因素的作用下，O_2 分子与双键物质发生反应，生成过氧化物，褪色、变色、变质等。

（三）影响老化的主要因素

除了时间这个不可抗拒的因素之外，还有以下两个主要因素：一是内部因素，材料结构或组分内部具有易引起老化的弱点，如具有不饱和双键、支链、羰基、末端上的羟基等；二是外部因素，阳光、氧气、臭氧、热、水、机械应力、高能辐射、电、工业气体（如二氧化碳、硫化氢等）、海水、烟雾、霉菌、细菌、昆虫等。

（四）减轻和预防老化的措施

针对机械相关零件老化的影响因素和机理，可以从以下几个方面采取措施，以延缓和减轻老化进程。

（一）改进分子结构

例如，将聚乙烯经氯化取代反应后变为聚氯乙烯，以增加其耐热老化、耐氧老化、抗臭氧老化、耐酸碱、耐化学药品等性能；再如，用乙烯和丙烯两种单体经共聚反应后制成弹性体，合成二元乙丙橡胶，乙丙橡胶区别于其他合成橡胶在结构上的一大特点就是主链中不含双键，完全饱和，使它成为最耐臭氧、耐化学品、耐高温的耐老化橡胶。

（二）覆层保护

在易老化的零部件表面喷涂油漆和金属涂层，表面涂蜡，电镀抗老化金属，浸涂防老化剂溶液等。

（三）使用多效添加剂

在构成易老化失效零部件的材料中添加抗氧化剂、紫外光稳定剂、热稳定剂、防霉剂、增塑剂等。

（四）合理使用与保养

避免强光直射，避免油污、潮湿环境，避免酸、碱、盐环境，涂蜡保护、通风干燥储存等。

复习题：

1. 什么是失效？机械零件最常见的失效形式有哪些？
2. 试分析疲劳磨损的机理并举例说明其在机械运行中的危害。
3. 试分析影响磨料磨损的主要因素和减轻磨料磨损的措施。
4. 如何分别从宏观和微观上区分韧性断裂和脆性断裂？
5. 什么是氢脆断裂？有何特征？
6. 你认为在减少机械零件腐蚀的措施中哪几类措施最为有效、实用？

第五章 机械零件的检验

第四章介绍了零件的失效形式，那么本章将讨论在伴有特定现象的故障发生后，究竟是由于哪种零件的哪种失效形式引起的。

检测包括测量与测试两项内容。对于测量来说，就是以确定被测对象属性量值为目的的全部操作。对于测试来说，是具有试验性质的测量，是测量和试验的综合。

第一节 概 述

为确定机械零件的技术状态、工作性能或故障原因，按一定的要求对零件进行的技术检查，称为机械零件的检验。

一、机械零件检验的作用

（一）对零件进行堪用性划分

通过对零件材料的力学性能与热处理条件的检查，零件缺陷（如裂纹等）对使用性能的影响的检查，零件表面的腐蚀、划伤等情况的检查，对照易损零件的极限磨损标准及允许磨损标准，对照配合件的极限配合间隙及允许配合间隙标准，可将零件划分为堪用零件、待修零件和报废零件三类。

（二）确定零件失效形式和失效程度

检查零件属于磨损失效、断裂失效还是属于腐蚀失效，失效程度如何，是否超出国家规定的标准，能否继续使用等。

（三）确定修理工艺、措施、方法、深度

对于失效程度已经超出国家标准或行业标准的可维修零件，依据检验结身的管理措施，确定科学的维修程序，选择合理的维修深度，利用先进的修理技术进行修复。

（四）保证维修质量，降低维修成本

只有明确机件失效的方式，才能"对症下药"，才能提出科学合理的维修改进建议，才能保证维修质量，才能"药到病除"，也因而能节约维修费用，降低维修成本。

二、机械零件检验的主要内容

检测技术的主要内容是测量原理、测量方法、测量系统和数据处理4个方面。不同的测量目标要用不同的测量手段，即使是统一性质的测量目标也可以采用不同的修理方法。测量系统由测量目标、传感器件、信号处理系统、检测结果显示系统组成。

（1）表面损伤类型和损伤程度的检验：标牌状况、表面掉漆、磨损、裂纹、腐蚀、划伤的程度等。

（2）形状、尺寸、位置精度的检验：零件变形状况、尺寸变化情况、断面及径向跳动量的变化情况、各配合件的位置精度等。

（3）隐蔽缺陷的检验：内部裂纹、夹渣、气孔等。

（4）动平衡性检验：检查旋转件的动平衡性是否在允许的范围内（质径积是否偏离规定值）。

（5）密封性检验：包括发动机气缸的密封性，液压系统的密封性，制动系统的密封性等。

（6）物理力学特性检查：包括垫片的弹性、弹簧的刚度及自由长度、重要机件的硬度和强度、液体的工作温度、油料的凝点、冷却液的冰点以及润滑油的杂质和腐蚀性等。

三、机械零件检验的基本步骤

（一）检测前的准备

检验人员应首先深入地了解机械设备的运行状况，包括：阅读设备使用说明书，了解动力性及动作精确性；向使用单位的技术人员、操作人员了解情况；对于一些重要设备，还可通过空载盘车、空载试车、负荷试车检测。通过这样的调查，可以初步掌握设备状况与可能的故障部位，为后期的拆解检测做好准备。

此外，还应了解设备的检修与出厂记录、历次修理的内容。而后就可基本判断出本次检修的任务性质以及修理所需的检测工具。

（二）预 检

以自行式机械为例，预检内容如下：

（1）外观检测：有无掉漆，标牌是否清晰，操纵手柄是否损伤。

（2）工作装置的磨损与损伤：判断损伤程度，并决定是否需要进行更换。

（3）行走机构磨损及变形程度：并决定是否更换。

（4）整车运行情况：各运动件是否达到规定速度，运行是否平稳，有无振动及噪声；低速时有无爬行，操作系统是否灵敏可靠。

（5）其他如照明、安全、防护等是否正常。

（三）零件检测

零件检验分为修前检测、修后检测及装配检测，修前检测在零件拆下来以后进行。对已拆下的零件，首先要判断能否进行修复，对于能够进行修复的零件，要依据生产条件确定适当的修复工艺。对于报废的零件，需要提出外购名称与型号，无法购买的，可通过测绘再生产来补充。

四、保证机械零件检验质量的措施

（1）严格控制相关技术标准。对于不同类型的零件，在检验时都应遵照相关的技术标准，对修理企业而言，尤其要更加重视许用标准的控制和应用。

（2）检验对象与检验设备相适应。对于不同机型、不同技术状况的机械设备，要根据不同的指标，采用不同的衡量尺度；对于精密程度不同的部件，要采用不同类型的工具进行检测，例如，喷油泵柱塞的直径测量必须千分尺，而车架的长度测量用卷尺即可。

（3）提高检验操作技能。零件检测具有很强的技术性，操作人员必须经过勤奋刻苦的锻炼，掌握正确的检测方法，具备必要的操作技能，才能保证检测的准确性。

（4）合理校正检验误差。包括检测仪器的调零、挡位的适应性调整，定位基准的合理确定，尺寸链的正确换算，测量单位的准确转化等。

（5）完善规章、加强管理。对工作人员进行培训，教育他们一定要有责任心，一定要严格遵守规章制度，以严密的管理，诚实的员工，得出准确可靠的检测结果。

第二节　感官检验法

凭借人的手、眼、耳、鼻等感官的感觉，或仅仅借助于一些极其简单的工具、标准块等对零部件进行检验判断的一种手段。这种方法具有不受条件限制、方便灵活、省工省时、直观快捷、节约资金等优点，但这种检验只能对零件做定性分析和粗略判断，而不能得出定量、确切的结果。而且要求检验人员必须具有一定的实际工作经验。

一、视觉检查

用肉眼直接对零件进行观察，以判断其是否失效。视觉检查是感官检查的主要内容，例如，零件的断裂和宏观裂纹、明显的弯曲和扭曲变形、零件表面的烧损和擦伤、严重的磨损等，通常都是可以用肉眼直接鉴别出来的。为了提高视觉检查的精度，在某些情况下还可借助放大镜来进行。为了弥补视觉对某些腔体内部检查的不足，还可借助于光导纤维作为光传导的内窥镜来检查。

二、听觉检查

凭借人耳的听觉能力，或借助于简易的听诊器来判断机械零件有无缺陷的方法，这也是一种由来已久的检查方法。例如，铁路车辆的日常检查，几十年来就沿用这种方法。检查时对被检工件进行敲击，当零件无缺损时，声音清脆，而当有内部缩孔时，声音就低沉，如果内部出现裂纹，则声音嘶哑，因此，根据不同的声响，可以判断零件有无缺陷。

再如，工程车辆的发电机或水泵轴承的损坏，也可以通过简易听诊器进行听觉检测与故障部位的判断。

三、触觉检查

用手触摸零件的表面，可以感觉到它的表面状况。对配合件进行相对摇动、滑动或转动，可以感觉到它的配合状况。运转中的机械，通过对其零件的触摸，可以感受其发热状况，从而判断其机构状况。例如，轮胎的胎温，蓄电池的工作温度，变速杆的振动，离合器的抖动，ABS 制动系统的工作，转向盘与离合器的自由行程等，都可以通过触觉觉察到。

四、嗅觉检查

通过工作人员的嗅觉来判断故障或失效状况。例如，电线烧毁的胶皮味儿，局部泄漏时的液体异味儿，润滑油的焦煳味儿，制动蹄片过度磨损时的烟煳味儿等。

五、对比检查

将待检零件与同类、同型号的功能状况良好零件摆放在一起，进行对比观察，找出区别，以判断被检件的缺陷。

第三节　测量检验法

测量：是指以确定被测对象的量值为目的的全部操作。在这种操作过程中，将被测对象与复现测量单位的标准量进行比较，并以被测量与单位量的比值及其准确度来表达测量结果。

检验：是指判断被测物理量是否合格（在规定范围内）的过程，一般来说就是确定产品是否满足设计要求的过程，即判断产品合格性的过程，通常不一定要求测出具体值。因此，检验也可理解为不要求知道具体值的测量。

测量检验：是指使用仪器、仪表、量具直接对机械零件的尺寸精度、形状精度并配合精度进行测绘和量度的方法，叫作测量检验法。该方法广泛用于机械的检测，是最基本的检测方法。

一、测量检验的特点

可以在一定精度范围内得到零件较为准确的真实形状、尺寸、公差与配合状况，但需要一定的资金投入，需具备必要的量具、仪器或仪表。

二、常用测量工具

（一）尺类量具

（1）平尺（工字平尺、桥形平尺、角形平尺、三棱平尺等）：平尺的用途较广，可作测量基准，用于检测零件的直线度和平面度误差，还可以用作零部件相互位置检验基等。平尺精度分为 0、1、2、3 四个等级，0 级最高。

其中平行平尺，常与垫铁配合用于检测导轨间的平行度、平板平面度、直线度等，机械零件检测中，应用较为广泛。

（2）平板：平板的用途非常广泛，即可用于工件直线度、平行度的检测基准，又可用于与被检测的零件对研，通过显点数确定响应精度等级。平板通常由优质铸铁铸造并经时效处理，工作面需要刮研精制成形。

（3）方尺与角尺：方尺与角尺是用来检查零部件之间垂直度的工具，常用的有方尺、平角尺、宽底座角尺、直角平尺。与平尺及平板不同的是，其材料选用的是合金工具钢或者碳素工具钢，并经过淬火处理。

（4）直尺和卷尺：直尺和卷尺在测量大件时应用较多。

（5）游标卡尺：游标卡尺是工业上常用的进行长度测量的仪器，它由尺身及能在尺身上滑动的游标组成。主要用于测量槽、筒的深度，以及厚度、外径和内径。其刻度不同，测量精度等级不同。

（6）外径千分尺：外径千分尺简称千分尺，又称螺旋测微器，是一种比游标卡尺更精密的长度、外径测量器具，它是利用螺旋副原理对弧形尺架上两测量面间分隔的距离，进行读数的通用长度和外径测量工具。分机械式、电子式、固定式和可调式等几种类型。

（7）内径百分表：内径百分表是一种将活动测头的直线位移通过机械传动转变为百分表指针的角位移并由百分表进行读数的内尺寸测量工具。它用比较测量法完成测量，用于不同孔径的尺寸及其形状误差的测量。

（8）高度规：顾名思义，高度规是用来测定高度的器具，此外，它还可以用来测量深度、平面度、垂直度和孔位等。

高度规有游标高度规、量表高度规、液晶高度规、电磁高度规、测量块高度规和线性高度规等几种类型。

（9）内径千分尺：内径千分尺是利用螺旋副原理对主体两端球形测量面间分隔的距离进行读数的通用内尺寸测量工具。

（二）标准量具

标准量具是指用作测量或检定标准的量具，如量块、多面棱体、表面粗糙度比较样块等。

（1）检验棒：检验棒是机械检验的常用工具（见图 5-1），主要用来检测主轴、套筒类零件的径向跳动、轴向窜动、相互间同轴度、平行度等。

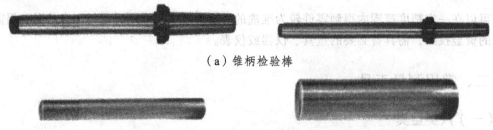

（a）锥柄检验棒

（b）圆柱检验棒

图 5-1　检验棒（芯棒）

检验棒一般由工具钢淬火后经磨削加工制成，有锥柄检验棒和圆柱检验棒两种。检验棒尾部有吊挂螺孔，用于使用后的吊挂，以防止变形。

（2）量块：量块是以两端平面间的距离来复现或提供给定的已知长度量值的量具。又称块规。

它是保证长度量值统一的重要常用实物量具。除了作为工作基准之外，量块还可以用来调整仪器、机床或直接测量零件。

不同形状的量块如图 5-2 所示。

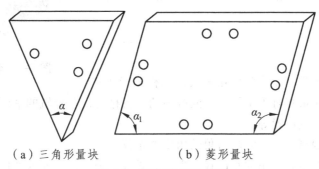

（a）三角形量块　　　　　（b）菱形量块

图 5-2　不同形状的量块

量块通常都用铬锰钢、铬钢和轴承钢制成，绝大多数量块制成直角平行六面体，也有割成 $\phi20$ 的圆柱体。每块量块都有两个表面非常光洁、平面度精度很高的平行平面，称为量块的测量面（或称工作面）。

（3）螺纹量具：螺纹量具是检验螺纹是否符合规定的量规。螺纹量规是一种重要的、常用的测量工具，主要用于结构联结、密封联结、传动、读数和承载等场合螺纹的测量。

螺纹量规应用广泛，无论一般条件还是高温、高压、严重腐蚀等恶劣条件都有普遍使用，而且不会影响螺纹量规的使用质量。

螺纹量具主要分为两大类，一是螺纹塞规，用于检验内螺纹；二是螺纹环规，用于检验外螺纹。主要包括光滑塞规、光面塞规、锥度塞规、锥度螺纹环规、公制螺纹塞规、正弦规、校对光滑专用环规、机床检验有机棒、圆柱角尺等。

（4）多面棱体：多面棱体由一个具有多个面的棱体组成的、可通过各个面之间夹角来复现量值的高精度角度分度的检查工具。

多面棱体是具有准确夹角的正棱柱形量规。它的测量面具有良好的光学反射性能。测量面数一般为 8、12、24 和 36 等，最多可达 62 面。它常用于检定角度测量工具，例如，光学分度头、回转工作台、多尺分度台等，检定时，利用自准直仪读数。

（5）厚薄规：厚薄规（又叫塞尺或间隙片）是用来检验两个相结合面之间间隙大小的片状量规，如图 5-3 所示。横截面为直角三角形，在斜边上有刻度，利用锐角正弦直接将短边的长度表示在斜边上，这样就可以直接读出间隙的大小。

厚薄规使用前必须先清除尺片和工件上的污垢与灰尘。使用时可用一片或数片重叠插入间隙，以稍感拖滞

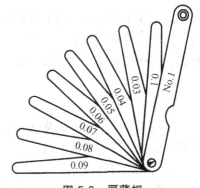

图 5-3　厚薄规

为宜。测量时动作要轻，不允许硬插、硬拽，防止测量温度较高的零件。

（6）花键量规：花键量规是用来检测各种内外花键是否符合标准或是否处于良好工作状态的固定标准量具（见图5-4），有测量内花键的塞规和测量外花键的环规两大类，包括综合通端花键塞规、综合止端花键塞规、非全齿止端花键塞规、综合通端花键环规、综合止规花键环规、综合止规花键环规用的校对塞规、圆柱渐开线花键塞规、圆柱渐开线花键环规、矩形花键塞规和环规等。

图 5-4　花键塞规和环规

（三）水平仪

水平仪是一种测量小角度的常用量具。在机械行业和仪表制造中，用于测量相对于水平位置的倾斜角、机械类设备导轨的平面度和直线度、设备安装的水平位置和垂直位置等。

水平仪是测量偏离水平面的倾斜角的角度测量仪。

水平仪有很多类型。常用的有框式水平仪、条式水平仪、红外水平仪、激光水平仪、电子水平仪、合像水平仪等。

（四）电气（光学）仪表

电气（电器）、光学仪表是将温度、压力、位移、位置、速度、加速度、电流强度、电压大小、形状、噪声、浓度、振动、磁通密度、辐射强度、厚度、长度、粗糙度等物理量或其他量，通过检测、捡拾、信号处理、输出和显示等环节，转化成可识别相应物理值的仪器仪表，种类繁多，型号复杂。

在机械维修行业常用的仪器仪表有万用表、电子水平仪、光学平直仪、发动机异响分析仪、噪级计、发动机测功仪、发动机转速表、数字转向测力仪、四轮定位仪、五轮仪、侧滑试验台、头灯检测仪、尾气分析仪、履带张紧度检测仪、密度计、放电叉、电子粗糙度测量仪、万能测齿仪、齿轮螺旋线测量仪、便携式齿轮齿距测量仪、齿轮双面啮合综合测量仪、齿轮单面啮合整体误差测量仪、点火正时灯、喷油提前角检测仪、三坐标测量仪等。

（五）液（气）压仪表

液（气）压仪表是用于检测气压、液压、冷却、润滑、液力传动系统中的气体或液体压力、温度、流量、流速、洁净度等物理和化学量的仪器仪表。常用的有压力表、温度表、流量表、油样分析仪、真空表、氦质谱分析仪、液压试验台等。

（六）垫　铁

垫铁主要用于水平仪及百分表架等测量工具的基座，其工作面及角度均为精加工面。材料多为铸铁，依据用途不同，而有多种形状。

（七）检验桥板

检验桥板用于检测导轨间相互位置精度，常与水平仪、光学平直仪等配合使用。按形状分，主要有：V-平面型、山-平面型、V-V 型、山-山型等，以及可依据跨距大小进行调整的可调型等。

三、测量检验注意事项

（一）合理选择测量基准

测量检验时作为标准的原点、线、面称为测量基准。选择测量基准的一般原则是根据设计基准选择测量基准，并要遵循设计基准、工艺基准和测量基准相统一的原则，以提高零件的测量精度，减小检测误差。

（二）坚持阿贝尔原则

要求在测量过程中被测长度与基准长度应安置在同一直线上的原则。若被测长度与基准长度并排放置，在测量比较过程中由于制造误差的存在，移动方向的偏移，两长度之间出现夹角而产生较大的误差。误差的大小除与两长度之间夹角大小有关外，还与其之间距离大小有关，距离越大，误差也越大。

（三）精确计算尺寸链

尺寸链是指在零件测量过程中，由相互联系且按一定顺序连接的封闭尺寸组合。对于不同的尺寸链，可视具体情况分别采用正计算、反计算和中间计算等方法。但一般可遵循"最短链原则"：在间接测量中，与被测量具有函数关系的其他量与被测量形成测量链。形成测量链的环节越多，被测量的不确定度越大。因此，应尽可能减少测量链的环节数，以保证测量精度，称之为"最短链原则"。当然，按此原则最好不采用间接测量，而采用直接测量。所以，只有在不可能采用直接测量，或直接测量的精度不能保证时，才采用间接测量。

（四）遵照最小变形原则

测量器具与被测零件都会因实际温度偏离标准温度或因受力（重力和测量力）而产生变形，形成测量误差。在测量过程中，控制测量温度及其变动、保证测量器具与被测零件有足够的等温时间、选用与被测零件线胀系数相近的测量器具、选用适当的测量力并保持其稳定、选择适当的支承点等，都是实现最小变形原则的有效措施。

（五）保证被测零件表面清洁

对于不同精度的零件，可分别采用相应的方法对其检测面进行清洗，以保证检测精度。

（六）正确操作仪器仪表

注意仪器、仪表、量具的量程、工作环境、使用方法，校准基础，正确调零，严格操作规程，准确把握读数。

第四节　无损探伤

无损探伤是在不损坏工件或原材料工作状态的前提下，对被检验部件的表面和内部质量进行检查的一种测试手段。也可以说是对机械零件内部存在的隐蔽性缺陷或特征不明显的表面损伤进行非破坏鉴定和检验的一种检测方法。

无损探伤的优点是，在对零部件无损伤的情况下，探测缺陷、预防隐患、分析故障根源和损伤机理、改进制造和维修工艺、降低制造维修成本、提高产品的可能性、保证设备的安全运行，是实现预防性维修的主要措施和主要手段；其缺点是，需要相应仪器设备投入。

无损探伤的主要类型有：磁力探伤、X 光射线探伤、超声波探伤、渗透探伤、涡流探伤、γ 射线探伤、荧光探伤、着色探伤等。

一、磁力探伤

利用磁场效应对铁磁性材料的表面或近表面缺陷进行检验的一种方法，又称磁粉探伤，或磁粉检验。其特点是：探伤设备简单、操作容易、检验迅速、具有较高的探伤灵敏度，可用来发现铁磁材料、镍、钴及其合金、碳素钢及某些合金钢的表面或近表面的缺陷；它适于薄壁件或焊缝表面裂纹的检验，也能显露出一定深度和大小的未焊透缺陷；但对于气孔、夹渣及隐藏在焊缝深处的体积型缺陷的探测不是十分精准，而对面积型缺陷更灵敏，更适于检查因淬火、轧制、锻造、铸造、焊接、电镀、磨削、疲劳等引起的裂纹。

（一）磁力探伤的原理

由于铁磁性材料的磁导率远大于非铁磁材料的磁导率，根据工件被磁化后的磁通密度 $B = \mu H$ 来分析，在工件的单位面积上穿过 B 根磁线，而在缺陷区域的单位面积上不能容许 B 根磁力线通过，就迫使一部分磁力线挤到缺陷下面的材料里，其他磁力线被迫逸出工件表面以外形成漏磁，磁粉将被这样的漏磁所吸引，也就是说，铁磁零件被磁化后，裂纹处的磁力线不能连续，而且当其中断、偏散后形成小磁极，表面磁粉被磁化并被吸附成与缺陷相吻合的形状（见图 5-5），由于缺陷的漏磁场有比实际缺陷本身大数倍乃至数十倍的宽度，故而磁粉被吸附后形成的磁痕能够放大缺陷。通过分析磁痕评价缺陷，即是磁粉检测的基本原理。

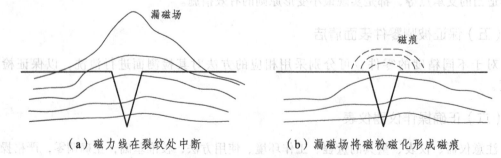

（a）磁力线在裂纹处中断　　　　　（b）漏磁场将磁粉磁化形成磁痕

图 5-5　磁力探伤原理

（二）磁化的基本方法

磁力探伤时，因为裂纹平行于磁场时，磁力线偏散很小，难以发现裂纹，因此，必须使磁力线垂直通过裂纹，才会比较明显地显现裂纹特征，为此，根据裂纹可能产生的位置和方向，可采用如下方法来对零件进行磁化。

（1）周向磁化：对于纵向裂纹和圆柱面上的夹渣、空洞，一般采用周向磁场的方法进行磁化。根据构件形状和大小，周向磁化又可分为直接通电法[如图 5-6（a）所示，用于小型构件]、中心导体法（穿管法）[如图 5-6（b）所示，用于管型构件]、触头法（应用于大型构件的局部磁化）和平行电缆法（用于焊缝的检测）等几种类型。

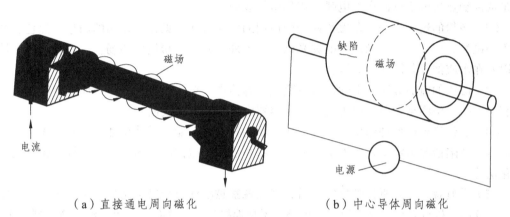

（a）直接通电周向磁化　　　　　　（b）中心导体周向磁化

图 5-6　周向磁化法

（2）纵向磁化：对于构件上的横向裂纹一般采用纵向磁化。根据不同场合，纵向磁化又可分为整体磁轭磁化[如图 5-7（a）所示，用于小型构件]、局部磁轭磁化（用于大型构件）和线圈磁化[如图 5-7（b）所示，用于管道检测]等几种方法。

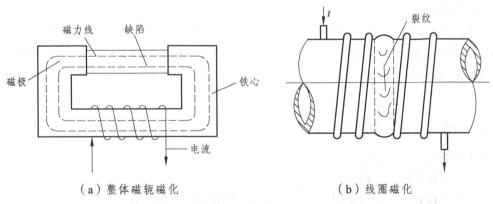

（a）整体磁轭磁化　　　　　　（b）线圈磁化

图 5-7　纵向磁化法

（3）联合磁化：对于复杂裂纹和复合型缺陷，同时在被检工件上施加两个或两个以上不同方向的磁场，其合成磁场的方向在被检区域内随着时间变化，经一次磁化就能检出各种不同取向的缺陷。

磁化电流既可以是交流，也可以是直流，但一般都采用低压大电流，以获得强力磁场交流磁力探伤，因设备简单，而被广泛采用；但由于其有集肤效应，只能理想地检验近表面裂纹，所以，最适合于疲劳裂纹的检验。在联合磁化时，横向磁化采用交流，纵向磁化采用直流，这样，使通过零件的磁场的大小和方向都在不断发生交变，有利于发现任意方向的裂纹。

（三）磁力探伤的基本步骤

（1）预处理：用干法探伤时零件表面应充分干燥，使用油磁悬液时零件表面不应有水分；检验前必须消除零件表面的油污、铁锈、氧化皮、毛刺、焊渣及焊接飞溅等表面附着物；必须对有非导电覆盖层的零件进行磁化检验时，应将非导电覆盖层清除干净，以避免磁化电流不足或因触点接触不良而产生电弧，烧伤被检表面。

（2）磁粉的选择：一般在磁粉探伤中使用的磁粉有在可见光下使用的白色、黑色、红色等不同磁粉，以及利用荧光发光的荧光磁粉。另外，根据磁粉使用的场合，有粉状的干性磁粉以及在水或油中分散使用的湿性磁粉。

（3）磁粉的施加方法：干性磁粉可直接从容器中倒至待检构件表面，而湿性可用油泵从大容器中抽出浇洒至表面，也可直接从小容器中倒洒至材料表面。

（4）磁化检查：零件磁化时应根据所使用的材料的性能、零件尺寸、形状、表面状况以及可能的缺陷情况确定检查的方法、磁场方向和强度、磁化电流的大小、连续磁化法或剩余磁化法等。

（5）磁痕观察与分析：磁化完成后，仔细观察磁粉分布结果（比如，是发纹、非金属夹杂物、分层、材料裂纹、锻造裂纹、折叠，还是焊接裂纹、气孔、淬火裂纹、疲劳裂纹），并做出必要的分析和探伤结论。

（6）退磁：若不进行退磁，则探伤零件的剩余磁场在使用中可能吸附铁磁性磨料颗粒形成磨料磨损。将零件从逐渐减小的磁场中缓慢地抽出，或在专用退磁机上进行退磁。

用交流电磁化的零件，可用交流电退磁也可用直流电退磁；而用直流电磁化的零件，只能用直流电退磁。

（7）后处理：零件探伤完毕后应进行后处理。磁粉检测以后，应清理掉被检表面上残留的磁粉或磁悬液：干粉可以直接用压缩空气清除；油磁悬浮液可用汽油等溶剂消除；水磁悬液应先用水进行清洗，然后干燥。如有必要，可在被检表面上涂覆防护油，做防锈处理等。

（四）磁力探伤注意事项

（1）较长零件，分段磁化；

（2）不规则零件，逐段磁化；

（3）当工件直接通电磁化时，要注意防止接触点间的接触不良；

（4）用大的磁化电流引起打弧闪光时，应戴防护眼镜，同时不应在有可能燃气体的场合使用太大的电流；

（5）在连续使用湿法磁悬液时，皮肤上可涂防护膏；

（6）如用于水磁悬液，设备须接地良好，以防触电；

（7）在用荧光磁粉时，所用紫外线必须经滤光器，以保护眼睛和皮肤。

二、渗透探伤

渗透探伤是利用毛细管现象，对材料表面开口式不明显缺陷（如裂纹、夹渣、气孔、疏松、冷隔、折叠等）进行检测的一种无损探伤法，也叫作着色探伤。

（一）渗透探伤原理

对于表面光滑而清洁的零部件，用一种带色或带有荧光的、渗透性很强的液体，涂覆于待探零部件的表面。若表面有肉眼不能直接察知的微裂纹，由于该液体的渗透性很强，它将沿着裂纹渗透到其根部。然后将表面的渗透液洗去，再涂上对比度较大的显示液（也称吸附显像剂，常为白色）。放置片刻后，由于裂纹很窄，毛细现象作用显著，原渗透到裂纹内的渗透液将上升到表面并扩散，在白色的衬底上显出较粗的红线，从而显示出裂纹露于表面的形状，因此，也称该方法为着色探伤。

若渗透液采用的是带荧光的液体，由毛细现象上升到表面的液体，则会在紫外灯照射下发出荧光，从而更能显示出裂纹露于表面的形状，如图 5-8 所示，故常常又将此时的渗透探伤直接称为荧光探伤。此探伤方法也可用于金属和非金属表面探伤。其使用的探伤液剂有较大气味，常有一定毒性，而且检测的可重复性较差。

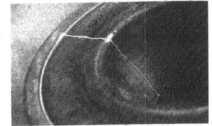

图 5-8　轴承裂纹的荧光渗透检查

（二）渗透探伤剂

渗透探伤剂是渗透剂、着色剂（颜料）、乳化剂、清洗剂和显像剂的总称。由于渗透探伤的方法不同，对探伤剂的要求也不相同。需要特别指出的是各种探伤剂要配套使用，不能相互交叉替代。某种渗透剂只适合于与某种乳化剂、清洗剂和显像剂配合使用。

（三）渗透探伤的基本步骤

（1）预处理：彻底清除工件表面妨碍渗透液渗入缺陷的油脂、涂料、铁锈、氧化皮及污物等附着物。如果需要探伤的构件尺寸较大，则可清洗一段，探伤一段，以避免间隔日时间太长造成二次污染。

（2）渗透处理：首先要正确选用渗透方法：根据被检工件的数量、尺寸、形状以及渗透剂的种类，合理地选择一种渗透方法，比如，浸渍渗透、刷涂渗透、喷涂渗透等。

其次要合理确定渗透时间：渗透所需时间受渗透方法类型、被检工件的材质、缺陷本身的性质以及被检工件温度和渗透液温度等诸多因素的影响，因此应考虑具体情况确定渗透时间，一般在 5~10 min 之内选择，而渗透温度需要控制在 15~50 ℃。

（3）清洗处理：去除附着在被检工件表面的多余渗透剂。在处理过程中，既要防止处理不足而造成对缺陷识别的困难，同时也要防止处理过度而使渗入缺陷中的渗透剂也被除去；对水洗型渗透液，可以用压力不超过 0.35 MPa，温度不超过 40 ℃ 的采用水压法清洗；在去除乳化型渗透液时，先用清水冲洗，在进行乳化，然后再用清水冲洗干净即可，注意在施加乳化液时可以用浸涂、浇涂、低压喷涂，切不可用刷涂。

（4）干燥处理：干燥有自然干燥和人工干燥两种方式。对自然干燥，主要控制干燥时间不宜太长。对人工干燥，则应控制干燥温度，以免蒸发掉缺陷内的渗透液，降低检验质量。

（5）显像处理：对于荧光探伤可直接使用经干燥后的细颗粒氧化镁粉作为显像剂喷洒在被检面上，或将工件埋入到氧化镁粉末中，保留 5~6 min 的时间之后，将粉末吹去即可。

对于着色探伤，和渗透剂的施用方法类似。

（6）显像观察：要求观察者视力好，非色盲，可以借助于 5~10 倍的放大镜来观察并做好画影图形或照片记录。

（7）后处理：如果残留在工件上的显像剂或渗透剂影响以后的加工、使用，或要求重新检验时，应将表面冲洗干净。对于水溶性的探伤剂用水冲洗，或用有机溶剂擦拭。

三、超声波探测

超声波是频率大于 20 000 Hz 的声波，它属于机械波。在零件探伤中使用的超声波，其频率一般为 0.5~10 MHz，其中以 2~5 MHz 最为常用。

超声波探伤仪的类型很多，主要有数字便携式（较常用）和台式（主要用于专业化探伤两大类）。

（一）超声波探伤原理

利用超声波在介质中传播时，一旦遇到不同介质的界面，如内部裂纹、夹渣、缩孔等缺陷时，会产生反射、折射等特性，通过仪器处理，可以将不同的反射与折射现象以不同的波形、图形或图像显示出来，从而确定零件内部缺陷的位置、大小、形状等性质。其基本原理如图 5-9 所示。

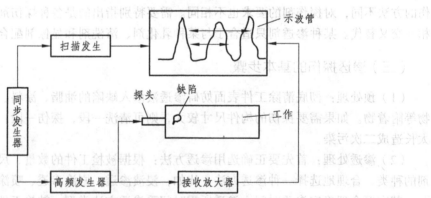

图 5-9 超声波探伤基本原理示意图

超声波探伤适用于表面缺陷，也适宜于零件内部缺陷的检测，尤其适用于焊缝质量的检测，具有穿透能力强、灵敏度高、可适用于各种类型的材料等特点，并且设备轻巧，移动灵活方便，可在现场进行在线检测。

（二）超声波探伤的基本方法

（1）直接接触法：使探头直接接触工件进行探伤的方法称为直接接触法。使用直接接触法应在探头和被探工件表面涂有一层耦合剂，作为传声介质。常用的耦合剂有机油、变压器油、甘油、化学浆糊、水及水玻璃等。焊缝探伤多采用化学浆糊和甘油。由于耦合层很薄，因此可把探头与工件看作二者直接接触。

直接接触法又可分为垂直入射法（简称垂直法）和斜角探伤两种类型。垂直法是采用直探头将声束垂直入射工件探伤面进行探伤的方法。由于该法是利用纵波进行探伤，故又称纵波法，如图 5-10 所示。

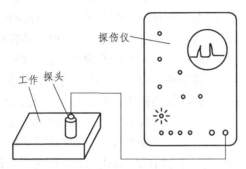

图 5-10　垂直法超声波探测

斜角探伤法（简称斜射法）是采用斜探头将声束倾斜入射工件探伤面进行探伤的方法。由于它是利用横波进行探伤，故又称横波法，如图 5-11 所示。

（2）液浸法：液浸法是将工件和探头头部浸在耦合液中，探头不接触工件的探伤方法。根据工件和探头浸没方式，分为全没液浸法、局部液浸法和喷流式局部液浸法等。其原理如图 5-12 所示。

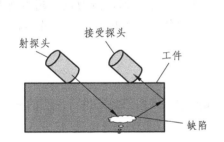

图 5-11　倾斜法超声波探伤

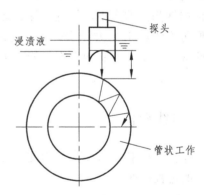

图 5-12　浸液法超声波探伤示意图

（三）超声波探伤的基本步骤（以焊缝探伤为例）

（1）合理选择检验级别：根据质量要求，超声波探伤检验等级分为 A、B、C 三级，A 级检验的完善程度最低（难度系数 $K=1$），适用于普通钢结构的检验；B 级一般（难度系数 $K=5\sim6$），适用于一般压力容器检验；C 级最高（难度系数 $K=10\sim12$），适用于反应性容器、管道等重要零部件的检验。

（2）准确选择探伤面：探伤面应根据不同的检验等级和具体零部件来选择。对于焊缝探伤来讲，探伤前必须对探头需要接触的焊缝两侧表面修整光洁，清除焊缝飞溅、铁屑、油垢及其他外部杂质，便于探头的自由扫查，并保证有良好的声波耦合。修整后的表面粗糙度应不大于 $R_a6.3\ \mu m$。

（3）正确选择探伤方法：应当考虑工件的结构特征、使用环境和最容易出现的缺陷，来选择探伤方法。对焊接而言，应该以所采用的焊接方法容易生成的缺陷为主要探测目标，再结合有关标准来选择。

（4）科学选择探头和探测频率：探头——根据工件的形状和可能出现缺陷的部位、方向等条件选择探头形式，或直探头，或斜探头。原则上应尽量使声束轴线与缺陷反射面相垂直；对于焊缝的探测，通常选用斜探头。频率——探伤频率的选择应根据工件的技术要求、材料状态及表面粗糙度等因素综合加以考虑。对于粗糙表面、粗大晶粒材料以及厚大工件的探伤，宜选用较低频率；对于表面粗糙度低、晶粒细小和薄壁工件的探伤，宜选用较高频率。

焊缝探伤时，一般选用超声波频率，以 2～5 MHz 为宜，推荐采用 2～2.5 MHz。

（5）探伤仪的调整：首先要选择探伤范围：应以尽量扩大示波屏的观察视野为原则，一般要求受检工件最大探测距离的反射信号位置应不小于刻度范围的 2/3。

其次要选定探伤灵敏度：探伤灵敏度是指在确定的探测范围内的最大声程处发现规定大小缺陷的能力。它也是仪器和探头组合后的综合指标，因此可通过调节仪器上的"增益""衰减"等灵敏度旋钮来实现。

（6）实施探伤：确定检验宽度以后，探头必须在探伤面上作前后左右的移动扫查，以保证声束能扫查到整个缺陷截面。扫查时，应根据不同的探头（直、斜、单、双等），分别或交替采用锯齿形扫查、转角扫查、环绕扫查、左右扫查、前后扫查、平行扫查等方法进行检测。

（7）缺陷性质的估判：判定工件缺陷的性质称之为缺陷定性。在超声波探伤中，不同性质的缺陷其反射回波的波形区别不大，往往难于区分。因此，缺陷定性一般采取综合分析方法，即根据缺陷波的大小、位置及探头运动时波幅的变化特点（即所谓的静态波形特征和动态波形包络线特征），并结合焊接工艺情况对缺陷性质进行综合判断。这在很大程度上要依靠检验人员的实际经验和操作技能，因而存在着较大误差。到目前为止，超声波探伤在缺陷定性方面还没有一个成熟的方法，所以缺陷波形的分析一直是一个不小的难题。

四、射线探伤

射线探伤是利用 X、γ 等射线对更深层次的金属或非金属内部缺陷进行探测的一种方法，相当于人的透视检查。

（一）射线探伤基本原理

射线以直线传播，而且有穿透普通可见光不能透过的物质的能力，但射线在透过不同厚度、不同密度、不同原子的物质时，均会产生衰减，根据衰减特性就可以判断出缺陷的性质。

（二）射线探伤的特点

射线无损探伤有其独特的优越性，一是可以检查零件局部或整体的更深层次的缺陷，二是缺陷的检验更具直观性（用胶片或荧屏就可以显示和反应辐射强度大小，从而直观地判断缺陷情况）、准确性和可靠性，三是得到的射线底片可以用于缺陷凭证进行存档。但此法适宜用于体积型缺陷探伤，而不适宜于面积型缺陷探伤。

（三）射线探伤的方法

（1）射线照相法：射线照相法是根据被检工件与其内部缺陷介质对射线能量衰减程度的不同，使得射线透过工件后的强度不同，使缺陷能在射线底片上显示出来的方法。原理如图5-13所示。

（2）射线荧光屏观察法：荧光屏观察法是将透过被检物体后的不同强度的射线，再投射在涂有荧光物质的荧光屏上，激发出不同强度的荧光而得到物体内部的影像的方法。焊缝的射线荧光检测示意图如图5-14所示。

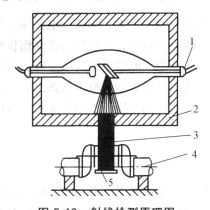 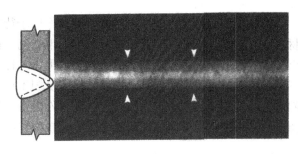

图5-13　射线检测原理图　　　　　　图5-14　焊缝射线荧光检测示意图

1—射线管；2—保护箱；3—射线；
4—工件；5—感光胶片

（3）射线实时成像检验：射线实时成像检验是工业射线探伤中很有发展前途的一种新技术，与传统的射线照相法相比具有实时、高效、不用射线胶片、可记录和劳动条件好等显著优点。由于它采用X射线源，常称为X射线实时成像检验。国内外将它主要用于钢管、压力容器壳体焊缝检查、海关安全检查、医学检查等方面。其基本原理如图5-15所示。

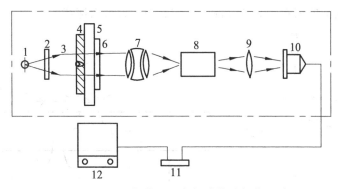

图5-15　X光电增强—电视成像法探伤系统

1—射线源；2，5—电动光阑；3—X射线束；4—工件；6—图像增强器；7—耦合透镜组；8—电视摄像机；
9—控制器；10—图像处理器；11—监视器；12—防护设施

（四）射线探伤作业安全注意事项

（1）所用设备必须有良好、可靠的接地；

（2）作业前必须检查控制区，并确保控制区内无任何人员；

（3）作业区周围一定范围内，必须有"注意辐射"的醒目标志；

（4）操作人员必须按要求使用个人辐射剂量检测仪，定期对自己进行辐射检测；

（5）必须有完备的防护设备，包括屏蔽室（罩）、防护车、报警装置、机头显微装置、防护屏风、防护衣裤、防护鞋袜、防护面罩等。

五、涡流探伤

涡流探伤是将交流电产生的交变磁场作用于待探伤的导电材料上，感应出电涡流，如果材料中有缺陷，该缺陷就会干扰所产生的电涡流，而形成干扰信号，此时用涡流探伤仪检测出其干扰信号，就可知道缺陷的状况。也可以这样说：给一个线圈通入交流电，在一定条件下通过的电流是不变的。如果把线圈接近被测工件，工件内会感应出涡流，受涡流影响，线圈电流会发生变化。由于涡流的性质随工件内有无缺陷以及缺陷性质的不同而变化，所以线圈电流变化的情况就能够反映有无缺陷或缺陷状况。

（一）涡流探伤基本原理

将通有交流电的线圈置于待测的金属板上或套在待测的金属管外（见图 5-16），这时线圈内及其附近将产生交变磁场，由于交变磁场的作用，使试件内产生呈旋涡状的感应交变电流，称为涡流。涡流的分布和大小，除与线圈的形状和尺寸、交流电流的大小和频率等有关外，还取决于试件的电导率、磁导率、形状和尺寸、与线圈的距离以及表面有无裂纹乘其他缺陷等因素。因而，在保持其他因素相对不变的条件下，用一个探测线圈测量涡流所引起的磁场变化，可推知试件中涡流的大小和相位变化，进而获得有关电导率、缺陷、材质状况和其他物理量（如形状、尺寸等）的变化或缺陷存在等信息。但由于涡流是交变电流，具有集肤效应，所检测到的信息仅能反映试件表面或近表面处的情况，因此常将涡流探伤用于形状较规则、表面较光洁的铜管等非铁磁性工件的表面或近表面探伤。

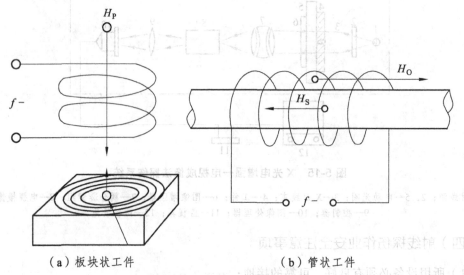

（a）板块状工件　　　　　　　　　　　（b）管状工件

图 5-16　涡流探伤基本原理

（二）涡流探伤的特点

（1）优点：一是检测时线圈不需要接触工件，也无需耦合介质，所以检测速度快；二是对工件表面或近表面的缺陷，有很高的检出灵敏度，且在一定的范围内具有良好的线性指示，可用作质量管理与控制的重要依据；三是可在高温状态、工件的狭窄区域或深孔壁（包括管壁）内进行检测；四是能测量金属覆盖层或非金属涂层的厚度；五是可检验能感生涡流的非金属材料，如石墨等；六是检测信号为电信号，可进行数字化处理，便于存储、再现及进行数据比较和处理。

（2）缺点：一是被检测对象必须是导电材料；二是仅适合于材料的表面和近表面缺陷的探测；三是检测深度与检测灵敏度是相互矛盾的，对一种材料进行涡流探伤时，必须根据材质、表面状态、检验标准作综合考虑，然后才可确定检测方案与技术参数；四是采用穿过式线圈进行涡流探伤时，对缺陷所处圆周上的具体位置无法判定；五是旋转式探头涡流探伤可定位，但检测速度较慢；六是涡流中载有丰富的信号，因此分辨比较困难。

（三）涡流检测线圈

（1）线圈类型：涡流探伤常用的线圈有外环绕式[用于棒材或较细管材，见图 5-17（a）]、内部穿越式[用于管材，见图 5-17（b）]和探头式[用于板材或块材，见图 5-17（c）]等几种。

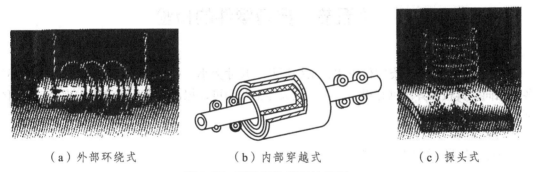

（a）外部环绕式　　　　　　　（b）内部穿越式　　　　　　　（c）探头式

图 5-17　涡流探伤线圈的类型

（2）检测线圈的使用方式：探测线圈的使用有绝对式[见图 5-18（a）]和差动式[见图 5-18（b）和（c）]两种基本形式。

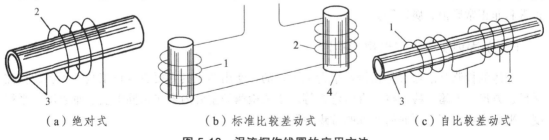

（a）绝对式　　　　　　（b）标准比较差动式　　　　　　（c）自比较差动式

图 5-18　涡流探伤线圈的应用方法

1—参考线圈；2—检测线圈；3—管材；4—棒材

绝对式对材料性能或形状的突变或缓变有所反映，较易区分混合信号，能显示缺陷的全长，但有温度漂移，且对探头颤动较敏感。差动式无温度漂移，对探头触动的敏感性较绝对式探头低。其缺点是，对缓变不敏感，即有可能漏检长而缓变的缺陷，只能测出长缺陷的终点和始点，有时可能会出现难以解释的信号。

（四）涡流检测系统

涡流检测系统因不同的工件、不同的缺陷、不同的检测目的等因素，有不同的模式，以常见的管、棒材的检测为例，其系统常用图 5-19 所示的方框图来组成。

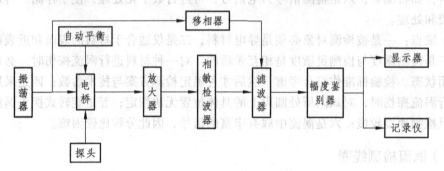

图 5-19　管、棒、线材涡流探伤系统方框图

第五节　典型零件的检验

机械有许许多多各类零件组成，结构形状、尺寸大小、材料性质、受力状况、工作环境各不相同，其检测方法也有很大区别，但大体上我们可以把这些零部件分为六大类，下面分别做进行简单介绍。

一、壳类零件的检验

壳类零部件可能出现的缺陷主要包括变形、裂纹、轴承孔磨损、螺纹损伤、内壁磨损等。造成这些缺陷的原因有：在壳体铸造和加工过程中的外载荷和内应力、切削热和夹紧力、装配应力、间隙调整不当等；对使用来说，引起壳体缺陷的原因包括超载、超速、润滑不良、正常和非正常磨损、腐蚀等。

（一）壳体类零件变形量的检测

壳体的检测基准通常是在铸铁平台上进行的，使用的工具主要有测量工具中提到的检测平尺、方尺、方箱、检测棒、直角弯板等。该项检测的主要内容包括同轴度、垂直度、平行度、平面度等内容。下面简要说明常规检测的方法。

1. 平面度的测量

光轴塞尺法（平尺塞规法）：将光轴或平尺放置于被测面上，然后轻轻地移动光轴或平尺，在尺与被测面的间隙处，用塞规测其间隙大小，其中最大值即为平面度误差。

研点法：该方法常用于刮削表面的平面度测量。此方法是在检测表面均匀地涂一层显示剂后，用标准平板（0 级或 I 级）在适当的压力下平稳地做前后、左右往复运动。然后观测 25 mm² 内被测表面斑点的数目，来确定精度等级。这种方法不能确定具体的误差值。

测微法：将被测零件用三点支撑在校验平台上，调整支撑使被测表面与平板平行，然后用百分表按一定的布点方法测量被测表面（见图 5-20），同时记录读数。百分表最大与最小读数的差值可近似看作平面度误差。

2. 面对线的平行度误差的测量

面对线的平行度误差测量如图 5-21 所示，零件孔中插入配合精度很高的芯轴，放在等高的支承座上。调整零件，使 $L_3=L_4$，然后用百分表测量整个被测表面。百分表最大读数与最小读数之差即为零件被测表面与内孔轴线的平行度误差。

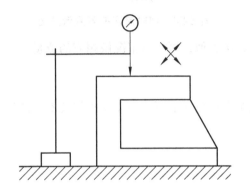

图 5-20　测微法测量平面度误差

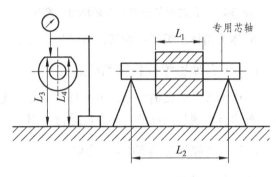

图 5-21　面对线的平行度误差测量示意图

3. 线对面的平行度误差测量

如图 5-22 所示，可将被测零件放在检验平板上，孔中插入精度很高的专用芯轴，用百分表在测量距离为 L_2 的两个位置上测得的读数为 M_1 和 M_2，则内孔轴线与底平面的平行度误差为

$$f = L_1 / L_2(M_1 - M_2)$$

式中，L_1 为被测轴线的实际长度。

4. 面对面垂直度误差的测量

面对面垂直度误差的测量如图 5-23 所示，将零件固定在直角弯板上，直角弯板放在检验平板上，用百分表在被测面按一定的测量线进行测量。取百分表最大读数差，即为零件的垂直度误差。

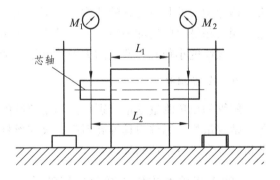

图 5-22　线对面的平行度误差测量示意图

5. 同轴度误差的测量

孔对孔或轴对轴的同轴度误差测量，如图 5-24 所示，百分表旋转一周得到的最大读数即为同轴度误差值。

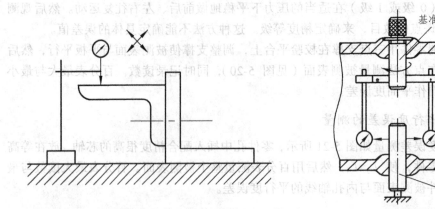

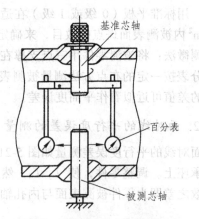

图 5-23　面对面的垂直度误差测量示意图　　　　图 5-24　同轴度误差测量示意图

壳体（箱体）类零件的其他检测目标与上述方法类似，可根据情况做相应的测量。

（二）壳体类零件裂纹的检测

壳体类零件裂纹的检测，可视具体情况，按照本章第四节所述的无损探伤技术，选择其中一种适合于现场情况的检测方法进行检测。

（三）壳体类零件的螺纹检测

1. 综合测量

综合测量主要用于检验只要求保证可旋合性的螺纹，用螺纹量规对螺纹进行检验，适用于成批测量。

螺纹塞规用于检验内螺纹，螺纹环规（或卡规）用于检验外螺纹。螺纹量规的通端用来检验被测螺纹的作用中径，控制其不得超出最大实体牙型中径，因此它应模拟被测螺纹的最大实体牙型，并具有完整的牙型，其螺纹长度等于被测螺纹的旋合长度。螺纹量规的止端用来检测被测螺纹的实际中径，控制其不得超出最小实体牙型中径。

内螺纹的小径和外螺纹的大径分别用光滑极限量规检验。

2. 单项测量

螺纹的单项测量是指分别单独测量螺纹的各项几何参数，主要有中径、螺距和牙型半角等。螺纹量规、螺纹刀具等高精度螺纹和丝杠螺纹均采用单项测量方法，对普通螺纹做工艺分析时也常进行单项测量。

（四）壳体类零件内壁磨损量的检测

机械上经常存在的内壁磨损情况，主要出现在发动机气缸、液压油缸、机油泵壳、压缩机气缸、油泵柱塞套等方面，这里以发动机气缸为例，简要介绍气缸内壁磨损量的检测方法。

根据气缸直径的大小，选择合适的内径千分尺和测头，按图 5-25 所示的位置和方法，分别测量上、中、下三个高度，平行和垂直于曲轴轴线两个方向的 6 点直径值。同一截面上的最大、最小值之差即为该截面的圆度误差；不同截面上所测得的最大值和最小值的差值之半叫做圆柱度误差。

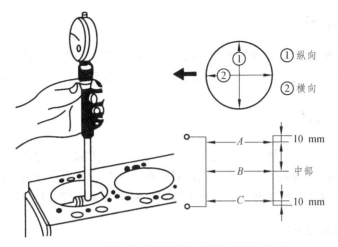

①纵向
②横向

A —— 10 mm
B —— 中部
C —— 10 mm

图 5-25　气缸内壁磨损量测量的方法和部位

二、轴类零件的检验

轴类零件常用材料为 35#、45#、50#优质碳素结构钢或合金钢，以 45#钢的应用最为广泛，对于一些不太重要的或受载较小的轴，可用 Q235 等碳素结构钢；对一些受力较大、强度要求高、在高速、重载条件下工作的某些机械的轴类零件，也常常用 20Cr、20CrMnTi、20Mn2B 等合金结构钢或 38CrMoALA 高级优质合金结构钢来制造。且即便如此，这些零件也会产生变形、磨损甚至断裂，常常需要各种检查。

（一）轴类零件弯曲度的检测

一般是以检测轴在某几个横断面的径向跳动量为依据，来判断轴的弯曲程度。按如图 5-26 所示的方法，将轴置于放置在测量平板上的两块 V 形铁上，再用百分表的触头抵住所需测点的轴颈，使轴均匀地旋转一周，便可测出其径向跳动量。

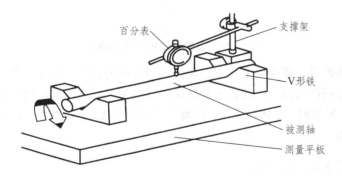

百分表
支撑架
V 形铁
被测轴
测量平板

图 5-26　轴类零件弯曲度的测量

（二）轴颈磨损量的检测

用外径千分尺分别沿相互垂直的两个方向，测量磨损处轴颈的直径，将所得较小值与标准值比较，即可得到磨损量。

（三）裂纹的检测

对于轴类零件外部的表面和近表面裂纹可采用磁力探伤、渗透探伤、超声波探伤等方法进行检测，对于内部裂纹，可采用射线探伤的方法进行检验（详见上节内容）。

三、齿轮的检测

齿轮检测的目的是为了评价齿轮的失效形式和程度，为修复齿轮提供依据，因此在检测前应首先了解被修设备的名称、型号、出厂日期和生产厂家，以便分析检测齿轮所选用的标准、齿轮类别，同时还要对被测齿轮的精度等级、材料和热处理进行分析。

（一）公法线长度测量

直齿轮最常用的测量内容是对公法线长度 W 的测量，测量仪器可用精密游标卡尺或公法线游标卡尺测量，如图 5-27 所示。

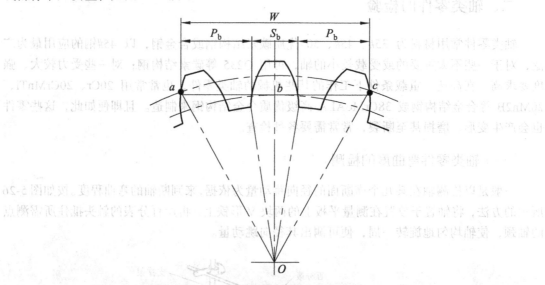

图 5-27   齿轮公法线长度的测量

依据渐开线的性质，理论上卡尺在任何位置测得的公法线长度都相等。但实际测量时，分度圆附近的尺寸精度最高，因此，测量时应尽可能使卡尺切于分度圆附近，避免卡尺接触齿尖或齿根圆角。测量时，如切点偏高，可减少跨测齿数 k，如切点偏低，可增加跨测齿数 k。所跨测齿数公式为

$$k = z \frac{a}{180°} + 0.5$$

式中，a 为齿形角；z 为齿数。

k 值也可以通过查表来获取。得到 k 值后，再利用公法线长度计算公式，可得到

$$W_k = m \cos \alpha [(k - 0.5) + z \sin \alpha + x \tan \alpha]$$

式中，z 为齿轮变位系数。

将所得 W_k 标准值对比后可以确定齿轮侧隙等参数。

（二）分度圆齿厚的测量

齿厚偏差可以用齿厚游标卡尺来测量。由二分度圆柱面上的弧齿厚不便测量，所以通常都是量分度圆弦齿厚，如图 5-28 所示。

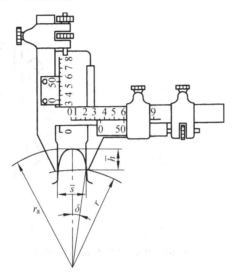

图 5-28　分度圆齿厚的测量

（三）齿轮啮合印痕的检查

齿轮的啮合印痕是指安装好的齿轮副在轻微制动下，啮合运转后齿面上分布的接触擦亮痕迹。过去一般用涂抹红丹油的方法来测取：在从动齿轮一圈均布 3 ~ 4 处，每处 1 ~ 2 齿的齿面上涂以红丹油，然后转动从动齿轮，检查主动齿轮上的啮合印痕是否适当。但这种方法在实际应用中存在一些问题和困难：一是对红丹油调配要求较高，二是印油很难均匀地涂在被测齿面上，三是印痕测出后由于齿轮一般位于箱体深处，所以不易观察清楚。因此，现在常常用啮合印痕测取纸来测取。

啮合印痕测取纸是用两层白纸夹一层显印材料制成的，其尺寸、形状与被测齿轮的工作面相吻合，其厚度小于齿侧间隙最小值。测量时，将测取纸均布地粘贴在从动齿轮的 6 ~ 8 个轮齿的啮合面上，转动齿轮 1 ~ 2 圈，揭下测取纸，观察主动齿轮侧的显印情况。啮合印痕应达到齿长的 50% 甚至 60% 以上，位置控制在轮齿齿长方向的中部，齿高方向的啮合印痕应大于有效齿高的 50% 以上，而且应当离齿顶较近（见图 5-29）。

（a）错误印痕（一）　　　（b）正确印痕　　　（c）错误印痕（二）

图 5-29　齿轮的啮合印痕

（四）径向跳动量的检查

使齿轮旋转一周，分别将球形测头[也可以用圆锥形、砧形测头，见图 5-30（a）、（b）]逐个放置在被测齿轮的齿槽内，在齿高中部双面接触[见图 5-30（c）]，测头相对于齿轮轴线的最大和最小径向距离之差，即为齿轮的径向跳动量。

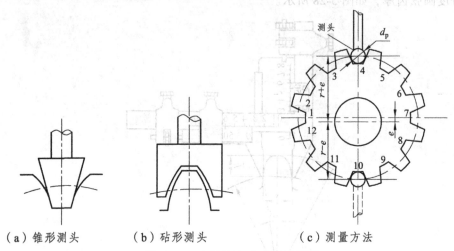

（a）锥形测头　　　　　（b）砧形测头　　　　　（c）测量方法

图 5-30　齿轮径向跳动量的测量

（五）齿侧间隙的测量

检查齿轮副啮合间隙的目的，在于准确地反映两轴（或两孔）的垂直度、平行度及中心距等精度。常用的方法有两种。

（1）压铅法：用一根细铅丝放在两齿轮的啮合处，转动齿轮后，铅条被啮合轮齿压扁，然后用卡尺或千分尺测量铅条被压扁的部位尺寸，即为该点齿轮副的啮合间隙。压扁面的平行度表明齿轮的啮合质量。

（2）塞规法：用以合适规格的塞规，选取合适厚度的规片，直接塞入被测齿轮的一对啮合轮齿之间（见图 5-31），感到松紧度合适的规片厚度即为齿侧间隙。

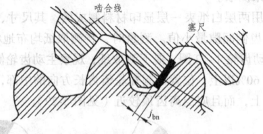

图 5-31　用塞规检查齿轮的齿侧间隙

四、轴承的检测

（一）滚动轴承游隙的测量

滚动轴承的游隙分为两种：一是径向游隙，是指将一个座圈固定，另一座圈沿径向的最大活动量；二是轴向游隙，是指将一个座圈固定，另一座圈沿轴向的最大活动量。

游隙过小，滚动轴承温度升高，无法正常工作，以至滚动体卡死；游隙过大，设备振动大，滚动轴承噪声大。

1. 径向游隙的检查

感觉法：用手转动轴承，轴承应平稳灵活无卡涩现象；用手晃动轴承外圈，轴承最上面一点的轴向移动量，应有 0.10 ~ 0.15 mm（这种方法专用于单列向心球轴承）。

测量法：用塞尺检查：确认滚动轴承最大负荷部位，在与其成 180°的滚动体与外（内）圈之间塞入塞尺，松紧相宜的塞尺厚度即为轴承径向游隙。这种方法广泛应用于调心轴承和圆柱滚子轴承。用千分表检查：将内圈固定，把千分表调零，然后顶起滚动轴承外圈，千分表的读数就是轴承的径向游隙。

2. 轴向游隙的测量

塞尺检查：操作方法与用塞尺检查径向游隙的方法相同，但轴向游隙应为：

$$c = \frac{\lambda}{2\sin\beta}$$

式中，c 为轴向游隙，mm；λ 为塞尺厚度，mm；β 为轴承锥角，（°）。

千分表检查，用撬杠撬动动轴，当轴在两个极端位置时千分表读数的差值最口为轴承的轴向游隙。但加于撬杠的力不能过大，否则壳体发生弹性变形，即使变形很小，也影响所测轴向游隙的准确性。

（二）轴承温度的测量

轴承在正常负荷、良好润滑等条件下，允许的工作温度范围是 – 30 ~ +150 ℃，但不同类型、不同用途、不同环境下的轴承允许的运行温度是不尽相同的，及时检测轴承的温度，有利于及早掌握轴承运行的基本信息，了解故障发生和发展的趋势。

目前常用的轴承温度测量方法有以下几种：

（1）间接测量：从油孔中测量润滑油的温度，来推知轴承的温度。

（2）在轴承上安装热传感器，进行实时检测。

（3）使用手枪式红外测温仪进行测量。

（三）轴承振动和噪声的测量

即使轴承零部件滚动表面加工十分理想，清洁度和润滑油或油脂也无可挑剔，但轴承在运转时，由于滚道和滚动体间弹性接触构成的振动，仍会产生一种连续轻柔的声音这种声音就称为轴承的基础噪声。基础噪声是轴承固有的，不能消除。当正常发生故障时，叠加在基础噪声内的其他噪音就称为异音或故障噪声。振动是噪声的根源，二者的检测有着共同的特征，其区别就是，在测量噪声时必须在声学性能良好的消声室内进行，或者对环境的背景噪声进行修正。一般是在轴承外圈加装振动传感器或拾音器进行测量，其基本原理如图 5-32 所示。

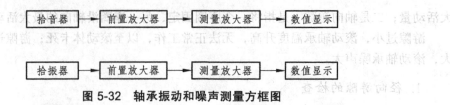

图 5-32　轴承振动和噪声测量方框图

（四）滑动轴承磨损量的检查

滑动轴承易出现的失效形式有，工作面点蚀、腐蚀、磨损、裂纹等，其中裂纹的检测同前所述，而对磨损的检测一般采用下述方法。

选择直径为间隙的 1.5~2 倍的柔软铅丝，把轴承盖打开，选用适当直径的铅丝，将其截成 15~40 mm 长的小段，放在轴颈上及上下轴承分界面处，盖上轴承盖，按规定扭矩拧紧固定螺栓，然后再拧松螺栓，取下轴承盖，用千分尺检测压扁的铅丝厚度，其中最大厚度与标准间隙之差就是最大磨损量。

滑动轴承除了要了解径向间隙以外，还应该保证轴向间隙。检测轴向间隙时，将轴移至一个极端位置，然后用塞尺或百分表测量轴从一个极端位置至另一个极端位置的窜动量即轴向间隙。

五、弹簧的检验

弹簧表面的一些缺陷，如裂缝、折叠、分层、麻点、凹坑、划痕及拔丝等，有的是原材料本身的缺陷，有的是弹簧加工过程中造成的。这些缺陷一般可以目视检测，或以低倍的放大镜检测。目视检测可靠性较差，尤其是裂缝，较难发现，所以可以用无损探伤的方法进行检验。

而弹簧在使用过程中，其刚度、螺距、自由长度也会发生某种程度的变化，有时也会产生扭曲变形，也需要进行检测，以判断其使用性能。

（一）弹簧的无损探伤

1. 弹簧的超声波检测

弹簧检测使用的超声波频率为 2.5~5 MHz。进行超声波检测时，将探头置于弹簧的端圈，为保证良好的耦合，在探头和弹簧端圈间加一层机油。启动探测仪，在示波器上找到弹簧的顶波和底波，并使顶波和底波在示波器标尺上的位置恰好等于弹簧的总圈数。当弹簧有缺陷时，在顶波和底波之间会出现异常反射波。根据反射波在示波器上的位置，便可以判断缺陷的部位。例如，弹簧的总圈数为 10 圈，顶波位置在标尺刻度零，底波在标尺刻度 10，缺陷反射波在标尺刻度 6 处，则表明弹簧在第 6 圈附近有缺陷存在。

超声波检测要求弹簧的表面要光洁，最好能将弹簧滚光后检测。而当弹簧抛丸后再检测时，由于弹丸抛射后留下的弹痕对声波的反射，在示波器上会出现很多反射杂波，难以区别缺陷反射波。

2. 弹簧的渗透法检测

浸油检测：对于钢丝直径大于 8 mm 的弹簧，可以采用浸油方法。将表面已经清洗过的弹簧浸在煤油中，或浸在 50%（质量分数）煤油和 50%（质量分数）20#机油的混合油中，浸泡 20 min 左右（适当提高油温，可以缩短浸泡时间，但油温以 80 ℃ 为限）。浸泡时，油就会渗入裂缝等缺陷中，将浸油后的弹簧进行喷砂处理使油全部清除后，检查弹簧表面，就能鉴别出弹簧的裂纹。

荧光检测：荧光检测适用于大弹簧，亦适用于较小的弹簧，方法与浸油检测相似，仅将油改为含有荧光粉的渗透剂即可。荧光物质在近紫外线照射下显示出明亮的色彩痕迹，因此很易发现裂纹或其他开口缺陷。由于渗透剂苯有毒，应加以防护。

着色法检测：它是由清洗液、渗透液和显示液三种溶液所组成。使用时先将被测表面用清洗液洗净，然后将渗透液喷射到弹簧的检测部位，稍等片刻，待渗透液渗入缺陷，然后再用清洗液清理表面，最后把显示剂喷射到弹簧表面，缺陷就可显示出来，为了使缺陷醒目显示，一般渗透液为红色。

（二）弹簧的测量

1. 螺旋弹簧自由长度的测量

将螺旋弹簧放置在三级检测平板上，用游标卡尺进行水平测量，或用游标高度尺进行垂直测量均可。若测得的长度与标称长度差距较大，则应更换。

2. 螺旋弹簧直线度（垂直度）的测量

螺旋弹簧在使用过程中，会出现偏磨或受力不均，因此常常出现歪斜。此时就需要检测其垂直度，用二级精度平板直角靠尺对其直线度或垂直度进行测量，超标后应予以更换。

现代批量检测中，弹簧垂直度和弯曲度的测量开始使用先进的弹簧测量仪，它采用 CCD 图像处理技术，可以在弹簧被压缩到指定高度时再进行 360°自动旋转测量以计算弹簧的弯曲度。它可以在 2 s 内自动完成对弹簧的 360°旋转测量，大大提高测量的精度和速度，提高工厂生产效率和产品出厂合格率。

3. 螺旋弹簧弹力的测量

弹簧在温度、交变载荷、外界环境的作用下，其劲度系数会发生变化，也就是说其弹力会减低，为此，需要对其进行检测，将被测弹簧置于合适的弹簧弹力测试仪上，用手柄逐渐增加载荷，观察弹簧的变形量，若在额定载荷下，其变形量超出规定的范围，则需更换。

六、旋转零件平衡状况的检验

零件的静不平衡是由于零件的质心偏离了其旋转轴线而引起的；一般是针对径向尺寸较小的盘形零件（如发动机飞轮、离合器压盘、制动盘、皮带轮等零部件）而言的。

而动不平衡是指一个旋转体的质量轴线与旋转轴线不重合，而且既不平行也不相交，因此不平衡发生在两个平面上（见图 5-33），可以认为动力不平衡是静力不平衡和力偶不平衡的组合，不平衡所产生的离心力作用于两端支承，既不

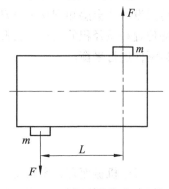

图 5-33　刚体零件的动不平衡

相等且向量角度也不相同。

机械上存在许多旋转的零部件，这些零部件的大小、质量、速度各不相同，但其满足一般原则：当转子外径 D 与长度 L 满足 $D/L \geqslant 5$ 时，一般都只需进行静对于离合器这样高速旋转的构建，也必须进行动平衡；当 $L \geqslant D$ 时，只要工作转速大于 1 000 r/min，都要进行动平衡检测。

（一）零件静不平衡的检测

重力式平衡机一般称为静平衡机。它是依赖转子自身的重力作用来测量静不平衡的。如图 5-34 所示，置于两根水平导轨上的转子如有不平衡量，则它对轴线的重力矩使转子在导轨上滚动，直至这个不平衡量处于最低位置时才静止。

当转子不存在不平衡量时，静不平衡机上的光源所投射的光束投在极坐标指示器上的光点便会离开原点。根据这个光点偏转的坐标位置，可以得到不平衡量的大小和位置。

（二）零件的动不平衡检测

对于动不平衡的转子,无论其具有多少个偏心质量以及分布在多少个回转平面内,都只要在两个

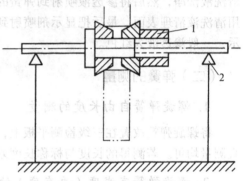

图 5-34　零件静不平衡的检测
1—被检工件；2—菱形导轨

选定的平衡基面内加上或去掉平衡质量，即可获得完全平衡。故动平衡又称为双面平衡。

双面平衡机能测量动不平衡，也能分别测量静不平衡和偶不平衡，一般称为动平衡机。动平衡机的主要性能用最小可达剩余不平衡量和不平衡量减少率两项综合指标来表示。前者是平衡机能使转子达到的剩余不平衡量的最小值，它是衡量动平衡机最高平衡能力的指标；后者是经过一次校正后所减少的不平衡量与初始不平衡量之比，它是衡量平衡效率的指标，一般用百分数表示。

动平衡机一般都是由驱动系统（电动机、联轴器、圈带系统）、电气测量系统（振动信号采集系统、信号放大和预处理系统、计算机和软件系统）、显示装置（显示器、打印机、示波器）和平衡机械系统（钻孔机、铣床、电焊设备）等组成，其基本原理是，在原动机的驱动下，被测转子按额定的转速旋转，当转子存在不平衡质径积时，便会产生某种形式的振动，传感设备就会感知到这种振动的存在，并将这种信号传给电气检测系统，然后显示出不平衡的位置和质径积的大小，检测人员就能够根据显示结果，采取加、减平衡重块的方法，对该被测件进行平衡。

第六节　探　漏

对于机械而言，密封是个相对的概念，不存在绝对不泄漏的工件。但是，对于不同的应用场合，有不同程度的密封性要求，一旦泄漏率超出一定的范围，机械设备就不能维持正常

的工作，或使工作性能大大下降，因此，必须采取一定的措施，对密封状况进行检测，以确定泄漏速率是否在允许的范围内，这就是探漏。

一、对机械探漏的一般要求

一是灵敏度高，可探出微量渗漏；二是探漏所需时间短；三是能方便显示泄漏部位；四是最好能探知泄漏量或指出危险程度。

二、机械探漏常用仪器设备

（一）通用设备

真空表、液压表、气压表、流量表、管道、接头、阀门、试纸、便携式检测仪等。

（二）专用设备

发动机气缸密封性检测试验机、轮毂密闭性检测试验机、发动机机体缸盖水套泄漏试验机、壳体检漏试验机、机油口盖检测试验机、发动机缸盖检漏试验机、齿轮箱体检漏试验机、水箱密闭性检测试验机、水泵检漏试验机、进气歧管密封性检测仪、曲轴箱窜气量检测仪、液压系统检漏试验机、马达（油泵）泄漏检测仪、油缸检漏试验机等。

三、机械基本探漏方法

（一）加压探漏（正压探漏）

所谓加压探漏，就是给所要检测的系统进行气体（或液体）加压（压力大小要根据实际场合而定），然后通过某种方式，判断泄漏状况。

（1）保压法：在被检系统进行气体加压后，使压力保持一定的时间，通过加装在系统的气压表，来观察压力下降的速度，若压降过快说明泄漏严重，若压降在允许范围内，则属正常。该方法只能检测压降速率，而不确定泄漏部位。

（2）气泡法：给被检系统进行气体加压后，在可能存在泄漏的部位涂抹上肥皂水（或专用探漏液），观察是否有气泡冒出，以及观察气泡冒出的速率，从而判断泄漏状况（见图5-35）。该方法可以查出泄漏部位，但只能大致判断泄漏率。

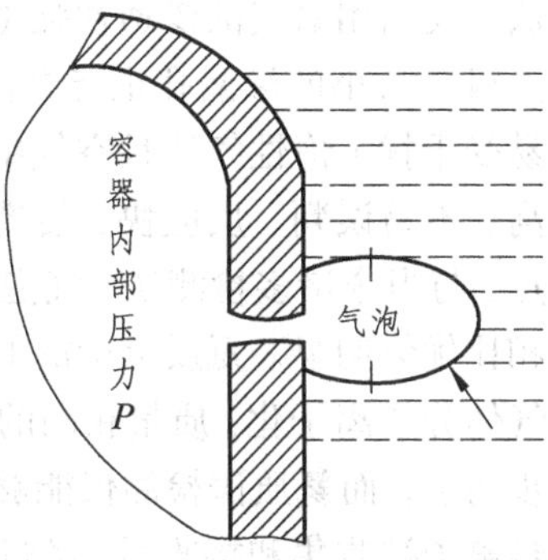

图5-35　正压气泡探漏法

（3）超声波法：给被检系统充上一定压力的气体后，用超声波检测仪，在可能出现泄漏的部位进行探测，根据显示结果判断泄漏状况，如图5-36所示。

（4）水压法：给被检系统充上一定压力的水，观察各处密闭情况。以发动机为例，设法使发动机水套内的水压力达到 343～441 kPa，并保持 5 min，不见气缸体、气缸盖上、下水套等部位有水珠渗出即通过了水压试验。

图 5-36　超声波探漏

（5）变色法：给被检系统充上一定压力的、带有其他某种化学成分的水，用专用的试纸在可能出现泄漏的部位擦拭，如果发现试纸的颜色发生变化，则说明此处有泄漏。

（6）充氦法：给被检系统充入一定压力的氦气（或一定压力和浓度的氦气和空气的混合气），用氦质谱检测仪在可能出现的部位进行检漏。其装置如图 5-37 所示。

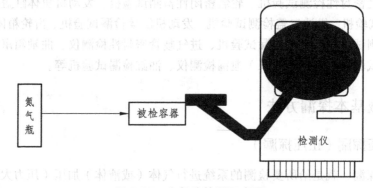

图 5-37　充氦法检漏示意图

氦质谱检测是以氦气作为探索气体对各种需要密封的容器、设备进行快速检测的一种方法。其利用氦气的渗透性强（氦分子量小、分子直径小，即便是极其微小的渗漏孔也能方便地通过，流动和扩散性强）、不易受干扰（惰性气体且空气中含量极少）的特性，具有灵敏度高、不易误判、反应快、便携、自动化程度高、无油污染的特点，与当今诸多检测法（气泡法、超声检漏法、卤素检漏法等）相比优势明显。氦质谱检漏的原理是：在特殊磁场作用下，将气体分子离子化，质量相同的离子在磁场中聚集在一起形成同步离子，而氦质谱检测仪能够使氦离子形成同步离子，这些同步离子被收集和接收后，经过 A/D 转换和放大处理，显示泄漏状况。较常用的氦质谱检测仪的实物如图 5-38 所示。

（二）抽真空探漏（负压探漏）

（1）保压法：将被检系统抽真空，观察连接在该系统中的

图 5-38　959 型氦质谱检漏仪

真空表的负压降低的速度，该方法只可定性、定量地说明泄漏情况，但不能明确泄漏部位。

（2）涂液法：将被检系统抽真空，在怀疑可能泄漏的部位涂抹某种无污染的液体观察液体被吸入的情况，以期判断泄漏部位，该方法只可做定性分析，不能定量研究。

（3）负压氦质谱检测法：将被检系统抽真空，并置于氦环境中，用氦质谱检漏仪测漏入到系统内部氦分子的情况。该方法，灵敏度最高，检测效果最好，即可定性也可定量，但还需要其他辅助措施，确定泄漏的精确部位。负压氦质谱检测法分为喷吹检测和钟罩检测两种基本形式。

一是喷吹法：首先按如图 5-39 所示的方法连接各部分并将被检容器抽真空，然后对准怀疑泄漏部位喷吹氦气，再通过检测仪观察吸入到容器中的氦原子的情况，以判断泄漏状况。

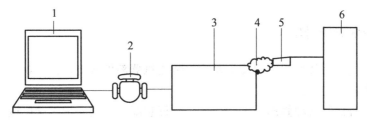

图 5-39 负压氦质谱检测 ——喷吹法

1—氦质谱检测仪；2—阀门；3—被检系统；4—氦气；5—喷枪；6—氦气瓶

二是钟罩法：首先按图 5-40 所示的方法连接各部分，并将被检容器抽真空，然后使氦气充满整个包容被检容器的钟罩，再通过观察检漏仪的显示判断泄漏状况。

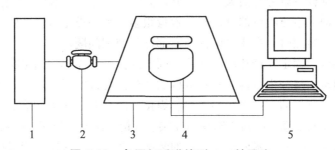

图 5-40 负压氦质谱检测 ——钟罩法

1—氦气罐；2—阀门；3—氦罩；4—被检系统；5—检漏仪

复习题：

1. 为什么要对机械零件进行检验？机械零件检验的内容主要有哪些？
2. 举例说明感官检验法在某一场合的应用。
3. 试详细说明如何用测量检验法对发动机气缸体的平面度、同轴度进行测量。
4. 试述怎样测量气缸的磨损量。
5. 磁力探伤有何特点？其探伤过程中应注意什么事项？
6. 试说明用渗透法对螺旋弹簧进行探伤的具体步骤。
7. 假设要对一长 3 000 mm 的振动堆焊的焊缝进行超声波检查，试述其基本步骤。

第六章 机械的拆卸与装配

第一节 概 述

一、机械装配的概念

将机械零件或零部件按规定的技术要求组装成机器部件或机器，实现机械零件或部件的连接，通常称为机械装配。

机械装配是机器制造和修理的重要环节。机械装配工作的质量对于机械的正常运转、设计性能指标的实现以及机械设备的使用寿命等都有很大影响。装配质量差会使载荷分布不均匀、产生附加载荷、加速机械磨损甚至发生事故损坏等。对机械修理而言，装配工作的质量对机械的效能、修理工期、使用的劳力和成本等都有非常大的影响。因此，机械装配是一项非常重要而又十分细致的工作。

组成机器的零部件可以分为两大类。一类是标准零部件，如轴承、齿轮、联轴器、键销、螺栓等，它们是机器的主要组成部分，并且数量很多；另一类是非标准件，在机器中数量不多。在研究零部件的装配时，主要讨论标准零部件的装配问题。

零部件的连接分为固定连接和活动连接。固定连接是使零部件固定在一起，没有任何相对运动的连接。固定连接分为可拆的和不可拆的两种。可拆的固定连接如螺纹连接、键销连接及过盈连接等；不可拆的固定连接如铆接、焊接、胶合等。活动连接是连接起来的零部件能实现一定性质的相对运动，如轴与轴承的连接、齿轮与齿轮的连接、柱塞与套筒的连接等。无论哪一种连接都必须按照技术要求和一定的装配工艺进行，这样才能保证装配质量，满足机械的使用要求。

二、机械装配的共性知识

机器的性能和精度是在机械零件加工合格的基础上，通过良好的装配工艺实现的。机器装配的质量和效率在很大程度上取决于零件加工的质量。机械装配又对机器的性能有直接的影响，如果装配不正确，即使零件加工的质量很高，机器也达不到设计的使用要求。不同的机器其机械装配的要求与注意事项各有特色，但机械装配需注意的共性问题通常有以下几个方面。

（一）保证装配精度

保证装配精度是机械装配工作的根本任务。装配精度包括配合精度和尺寸链精度。

1. 配合精度

在机械装配过程中大部分工作是保证零部件之间的正常配合。为了保证配合精度，装配时要严格按公差要求。目前常采用的保证配合精度的装配方法有以下几种。

（1）完全互换法：相互配合零件公差之和小于或等于装配允许偏差，零件完全互换。对零件不需挑选、调整或修配就能达到装配精度要求。该方法操作方便，易于掌握，生产效率高，便于组织流水作业，但对零件的加工精度要求较高。适用于配合零件数较少、批量较大的场合。

（2）分组选配法：这种方法零件的加工公差按装配精度要求的允许偏差放大若干倍，对加工后的零件测量分组，对应的组进行装配，同组可以互换。零件能按经济加工精度制造，配合精度高，但增加了测量分组工作。适用于成批或大量生产，配合零件数少，装配精度较高的场合。

（3）调整法：选定配合副中一个零件制造成多种尺寸作为调整件，装配时利用它来调整到装配允许的偏差；或采用可调装置如斜面、螺纹等改变有关零件的相互位置来达到装配允许偏差。零件可按经济加工精度制造，能获得较高的装配精度。但装配质量在一定程度上依赖操作者的技术水平。调整法可用于多种装配场合。

（4）修配法：在某零件上预留修配量，在装配时通过修去其多余部分达到要求的配合精度。这种方法零件可按经济加工精度加工，并能获得较高的装配精度。但增加了装配过程中的手工修配和机械加工工作量，延长了装配时间，且装配质量在很大程度上依赖工人的技术水平。适用于单件小批生产，或装配精度要求高的场合。

上述4种装配方法中，分组选配法、调整法、修配法用得比较多，互换法用得比较少。但随着科学技术的进步，生产的机械化、自动化程度不断提高，零件较高的加工精度已不难实现。由于现代化生产的大型、连续、高速和自动化的特点完全互换法已在机械装配中日益广泛采用，成为发展的方向。

2. 尺寸链精度

机械装配过程中，有时虽然各配合件的配合精度满足了要求，但是累积误差所造成的尺寸链误差可能超出设计范围，影响机器的使用性能。因此，装配后必须进行检验，当不符合设计要求时，重新进行选配或更换某些零部件。

（二）重视装配工作的密封性

在机械装配过程中，如果密封装置位置不当、选用密封材料和预紧程度不合适、密封装置的装配工艺不符合要求，都可能产生机械设备漏油、漏水、漏气等现象，轻则损失能源，造成环境污染，使机械设备降低或丧失工作能力；重则可能发生严重事故。因此在装配工作中，对密封性必须给予足够重视。要恰当地选用密封材料，严格按照正确的工艺过程合理装配，要有合理的装配紧度，并且压紧要均匀。

三、机械装配的工艺过程

机械装配的工艺过程一般是：机械装配前的准备工作、装配、检验和调整。

（一）机械装配前的准备工作

熟悉装配图及有关技术文件，了解所装机械的用途、构造、工作原理、各零部件的作用、相互关系、连接方法及有关技术要求；掌握装配工作的各项技术规范；制定装配工艺规程、选择装配方法、确定装配顺序；准备装配时所用的材料、工具、夹具和量具；对零件进行检验、清洗、润滑，重要的旋转体零件还需做静动平衡实验，特别是对于转速高、运转平稳性要求高的机器，其零部件的平衡要求更为严格。

（二）装　配

装配要按照工艺过程认真、细致地进行。装配的一般步骤是：先将零件装成组件，再将零件、组件装成部件，最后将零件、组件和部件总装成机器。装配应从里到外，从上到下，以不影响下道工序的原则进行。

（三）检验和调整

机械设备装配后需对设备进行检验和调整。检验的目的在于检查零部件的装配工艺是否正确，检查设备的装配是否符合设计图样的规定。凡检查出不符合规定的部位，都需进行调整，以保证设备达到规定的技术要求和生产能力。

四、机械装配工艺的技术要求

机械装配工艺的技术要求如下：

（1）在装配前，应对所有的零件按要求进行检查；在装配过程中，要随时对装配零件进行检查，避免全部装好后再返工。

（2）零件在装配前，不论是新件还是已经清洗过的旧件都应进一步清洗。

（3）对所有的配合件和不能互换的零件，要按照拆卸、修理或制造时所做的记号，成对或成套地进行装配，不许混乱。

（4）凡是相互配合的表面，在安装前均应涂上润滑油脂。

（5）保证密封部位严密，不漏水、不漏油、不漏气。

（6）所有锁紧止动元件，如开口销、弹簧、垫圈等必须按要求配齐，不得遗漏。

（7）保证螺纹连接的拧紧质量。

第二节　机械零件的拆卸

一、机械零件拆卸的一般规则和要求

拆卸的目的是为便于检查和维修。由于机械设备的构造各有其特点，零部件在质量、结构、精度等各方面存在差异，因此若拆卸不当，将使零部件受损，造成不必要的浪费，甚至无法修复。为保证维修质量，在解体之前必须周密计划，对可能遇到的问题有所估计，做到有步骤地进行拆卸，一般应遵循下列规则和要求。

（一）拆卸前必须先弄清楚构造和工作原理

机械设备种类繁多，构造各异。应弄清所拆部分的结构特点、工作原理、性能、装配关系，做到心中有数，不能粗心大意、盲目乱拆。对不清楚的结构，应查阅有关图纸资料，搞清装配关系、配合性质，尤其是紧固件位置和退出方向。否则，要边分析判断，边试拆，有时还需设计合适的拆卸夹具和工具。

（二）拆卸前做好准备工作

准备工作包括：拆卸场地的选择、清理；拆前断电、擦拭、放油，对电气件和易氧化、易锈蚀的零件进行保护等。

（三）从实际出发，可不拆的尽量不拆，需要拆的一定要拆

为减少拆卸工作量和避免破坏配合性质，对于尚能确保使用性能的零部件可不拆，但需进行必要的试验或诊断，确信无隐蔽缺陷。若不能肯定内部技术状态如何，必须拆卸检查，确保维修质量。

（四）使用正确的拆卸方法，保证人身和机械设备安全

拆卸顺序一般与装配顺序相反，先拆外部附件，再将整机拆成总成、部件，最后全部拆成零件，并按部件汇集放置。根据零部件连接形式和规格尺寸，选用合适的拆卸工具和设备。对不可拆的连接或拆后降低精度的结合件，拆卸时需注意保护。有的拆卸需采取必要的支承和起重措施。

（五）对轴孔装配件应坚持拆与装所用的力相同原则

在拆卸轴孔装配件时，通常应坚持用多大的力装配，就用多大的力拆卸。若出现异常情况，要查找原因，防止在拆卸中将零件碰伤、拉毛、甚至损坏。热装零件需利用加热来拆卸。一般情况下不允许进行破坏性拆卸。

（六）拆卸应为装配创造条件

如果技术资料不全，必须对拆卸过程有必要的记录，以便在安装时遵照"先拆后装"的原则重新装配。拆卸精密或结构复杂的部件，应画出装配草图或拆卸时做好标记，避免误装。零件拆卸后要彻底清洗、涂油防锈、保护加工面，避免丢失和破坏。细长零件要悬挂，注意防止弯曲变形。精密零件要单独存放，以免损坏。细小零件要注意防止丢失。对不能互换的零件要成组存放或打标记。

二、常用拆卸方法

（一）击卸法

利用锤子或其他重物在敲击或撞击零件时产生的冲击能量把零件拆下。

（二）拉拔法

对精度较高不允许敲击或无法用击卸法拆卸的零部件应使用拉拔法。它是采用专门拉器进行拆卸。

（三）顶压法

利用螺旋 C 型夹头、机械式压力机、液压压力机或千斤顶等工具和设备进行拆卸。适用于形状简单的过盈配合件。

（四）温差法

拆卸尺寸较大、配合过盈量较大或无法用机械、顶压等方法拆卸时，或为使过盈较大、精度较高的配合件容易拆卸，可用此种方法。温差法是利用材料热胀冷缩的性能、加热包容件，使配合件在温差条件下失去过盈量，实现拆卸。

（五）破坏法

若必须拆卸焊接、铆接等固定连接件，或轴与套互相咬死，或为保存主件而破坏副件时，可采用车、锯、錾、钻、割等方法进行破坏性拆卸。

三、典型连接件的拆卸

（一）螺纹连接件

螺纹连接应用广泛，它具有简单、便于调节和可多次拆卸装配等优点。虽然它拆卸较容易，但有时因重视不够或工具选用不当、拆卸方法不正确而造成损坏，应特别引起注意。

1. 一般拆卸方法

首先要认清螺纹旋向，然后选用合适的工具，尽量使用呆扳手或螺钉旋具、双头螺栓专用扳手等。拆卸时用力要均匀，只有受力大的特殊螺纹才允许用加长杆。

2. 特殊情况的拆卸方法

（1）断头螺钉的拆卸。机械设备中的螺钉头有时会被打断，断头螺钉在机体表面以下时，可在断头端的中心钻孔，攻反向螺纹，拧入反向螺钉旋出，如图 6-1（b）所示；断头螺钉在机体表面以上时，可在螺钉上钻孔，打人多角淬火钢杆，再把螺钉拧出，如图 6-1（a）所示；也可在断头上锯出沟槽，用一字形螺钉旋具拧出；或用工具在断头上加工出扁头或方头，用扳手拧出；或在断头上加焊弯杆拧出；也可在断头上加焊螺母拧出，如图 6-1（c）所示；当螺钉较粗时，可用扁錾沿圆周剔出。

（2）打滑内六角螺钉的拆卸。当内六角磨圆后出现打滑现象时，可用一个孔径比螺钉头外径稍小一点的六方螺母，放在内六角螺钉头上，将螺母和螺钉焊接成一体，用扳手拧螺母即可把螺钉拧出，如图 6-2 所示。

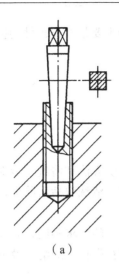 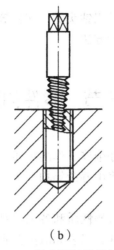 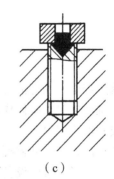

（a）　　　　　　　　　（b）　　　　　　　　　（c）

图 6-1　断头螺钉的拆卸

（3）锈死螺纹的拆卸。可向拧紧方向拧动一下，再旋松，如此反复，逐步拧出；用手锤敲击螺钉头、螺母及四周，锈层震松后即可拧出；可在螺纹边缘处浇些煤油或柴油，浸泡20 min左右，待锈层软化后逐步拧出；若上述方法均不可行，而零件又允许，可快速加热包容件，使其膨胀，软化锈层也能拧出；还可用錾、锯、钻等方法破坏螺纹件。

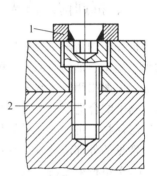

图 6-2　打滑内六角螺钉的拆卸
1—螺母；2—螺钉

（4）成组螺纹连接件的拆卸。它的拆卸顺序一般为先四周后中间，对角线方向轮换。先将其拧松少许或半周，然后再顺序拧下，以免应力集中到最后的螺钉上，损坏零件或使结合件变形，造成难以拆卸的困难。要注意先拆难以拆卸部位的螺纹件。

（二）过盈连接件

拆卸过盈件，应按零件配合尺寸和过盈量大小，选择合适的拆卸工具和方法。视松紧程度由松至紧，依次用木锤、铜棒、手锤或大锤、拉器、机械式压力机、液压压力机、水压机等进行拆卸。过盈量过大或为保护配合面，可加热包容件或冷却被包容件后再迅速压出。

无论使用何种方法拆卸，都要检查有无定位销、螺钉等附加固定或定位装置，若有必须先拆下。施力部位要正确，受力要均匀，方向要无误。

（三）滚动轴承的拆卸

拆卸滚动轴承时，除按过盈连接件的拆卸要点进行外，还应注意尽量不用滚动体传递力；拆卸轴末端的轴承时，可用小于轴承内径的铜棒或软金属、木棒抵住轴端，在轴承下面放置垫铁，再用手锤敲击。

（四）不可拆连接的拆卸

焊接件的拆卸可用锯割、扁錾切割、小钻头钻一排孔后再錾或锯，以及气割等。铆接件的拆卸可錾掉、锯掉、气割铆钉头或用钻头钻掉铆钉等。拆卸主要是指连接件的拆卸，除应遵守上述规则以外，还应掌握拆卸的方法。

第三节　零件的清洗

在维修过程中，搞好清洗是做好维修工作的重要一环。清洗方法和清洗质量对鉴定零件的准确性、维修质量、维修成本和使用寿命等均产生重要影响。清洗包括清除油污、水垢、积炭、锈层和旧漆层等。

根据零件的材质、精密程度、污物性质和各工序对清洁程度的要求不同，必须采用不同的清洗方法，选择适宜的设备、工具、工艺和清洗介质，以便获得良好的清洗效果。

一、拆卸前的清洗

拆卸前的清洗主要是指拆卸前的外部清洗。其外部清洗的目的是除去机械设备外部积存的大量尘土、油污、泥沙等脏物，以便于拆卸和避免将尘土、油泥等脏物带入厂房内部。外部清洗一般采用自来水冲洗，即用软管将自来水接到被清洗部位，用水流冲洗油污，并用刮刀、刷子配合进行；高压水冲刷即采用 1 ~ 10 MPa 压力的高压水流进行冲刷。对于密度较大的厚层污物，可加入适量的化学清洗剂并提高喷射压力和水的温度。

常见的外部清洗设备有：

（1）单枪射流清洗机，它是靠高压连续射流或汽水射流的冲刷作用或射流与清洗剂的化学作用相配合来清除污物；

（2）多喷嘴射流清洗机，有门框移动式和隧道固定式两种，喷嘴安装位置和数量，根据设备的用途不同而异。

二、拆卸后的清洗

（一）清除油污

凡是和各种油料接触的零件在解体后都要进行清除油污的工作，即除油。油可分为两类：可皂化的油，就是能与强碱起作用生成肥皂的油，如动物油、植物油，即高分子有机酸盐；还有一类是不可皂化的油，它不能与强碱起作用，如各种矿物油、润滑油、凡士林和石蜡等。它们都不溶于水，但可溶于有机溶剂。去除这些油类，主要是用化学方法和电化学方法。常用的清洗液为有机溶剂、碱性溶液和化学清洗液等。清洗方式则有人工清洗和机械清洗两种方式。

1. 清洗液

（1）有机溶剂常见的有煤油、轻柴油、汽油、丙酮、酒精和三氯乙烯等。有机溶剂除油是以溶解污物为基础，它对金属无损伤，可溶解各类油脂，不需加热，使用简便，清洗效果好。但有机溶剂多数为易燃物，成本高，主要适用于规模小的单位和分散的维修工作。

（2）碱性溶液是碱或碱性盐的水溶液。利用碱性溶液和零件表面上的可皂化油起化学反应，生成易溶于水的肥皂和不易浮在零件表面上的甘油，然后用热水冲洗，很容易除油。对不可皂化油和可皂化油不容易去掉的情况，应在清洗溶液中加入乳化剂，使油垢乳化后与零件表面分开。常用的乳化剂有肥皂、水玻璃（硅酸钠）、骨胶、树胶等。清洗不同材料的零件应采用不同的清洗溶液。碱性溶液对于金属有不同程度的腐蚀作用，尤其是对铝的腐蚀较强。表 6-1 和表 6-2 分别列出清洗钢铁零件和铝合金零件的配方，供使用时参考。

表 6-1　清洗钢铁零件的配方

成分	配方 1	配方 2	配方 3	配方 4	成分	配方 1	配方 2	配方 3	配方 4
苛性钠	7.5	20	—	—	磷酸三钠	—	—	1.25	9
碳酸钠	50	—	5	—	磷酸氢二	—	—	1.25	—
磷酸钠	10	50	—	—	钠	—	—	—	4.5
硅酸钠	—	30	2.5	—	偏硅酸钠	—	—	—	0.9
软肥皂	1.5	—	5	3.6	重铬酸钠	1 000	1 000	1 000	450
					水				

表 6-2　清洗铝合金零件的配方

成分	配方 1	配方 2	配方 3	成分	配方 1	配方 2	配方 3
碳酸钠	1.0	0.4	1.5 ~ 2.0	肥皂	—	—	0.2
重铬酸钾	0.05		0.05	水	100	100	100
硅酸钠	—		0.5 ~ 1.0				

用碱性溶液清洗时，一般需将溶液加热到 80 ~ 90 ℃。除油后用热水冲洗，去掉表面残留碱液，防止零件被腐蚀。碱性溶液应用最广。

（3）化学清洗液是一种化学合成水基金属清洗剂，以表面活性剂为主。由于其表面活性物质降低界面张力而产生湿润、渗透、乳化、分散等多种作用，具有很强的去污能力。它还具有无毒、无腐蚀、不燃烧、不爆炸、无公害、有一定防锈能力，成本较低等优点，目前已逐步替代其他清洗液。

2．清洗方法

（1）擦洗。将零件放入装有柴油、煤油或其他清洗液的容器中，用棉纱擦洗或毛刷刷洗。这种方法操作简便，设备简单，但效率低，用于单件小批生产的中小型零件。一般情况下不宜用汽油，因其有溶脂性，会损害人的身体且易造成火灾。

（2）煮洗。将配制好的溶液和被清洗的零件一起放入用钢板焊制适当尺寸的清洗池中。在池的下部设有加温用的炉灶，将零件加温到 80 ~ 90 ℃ 煮洗。

（3）喷洗。将具有一定压力和温度的清洗液喷射到零件表面，以清除油污。此方法清洗效果好，生产效率高，但设备复杂。适于零件形状不太复杂、表面有严重油垢的清洗。

（4）振动清洗。它是将被清洗的零部件放在振动清洗机的清洗篮或清洗架上，浸没在清洗液中，通过清洗机产生振动来模拟人工漂刷动作，并与清洗液的化学作用相配合，达到去除油污的目的。

（5）超声清洗。它是靠清洗液的化学作用与引入清洗液中的超声波振荡作用相配合达到去污目的。

（二）清除水垢

机械设备的冷却系统长期使用硬水或含杂质较多的水，就在冷却器及管道内壁上沉积一层黄白色的水垢。它的主要成分是碳酸盐、硫酸盐，有的还含二氧化硅等。水垢使水管截面缩小，热导率降低，严重影响冷却效果，从而影响冷却系统的正常工作，必须定期清除。

水垢的清除方法可用化学去除法，有以下几种。

1. 酸盐清除水垢

用 3%～5%的磷酸三钠溶液注入并保持 10～12 h 后，使水垢生成易溶于水的盐类，而后被水冲掉。洗后应再用清水冲洗干净，以去除残留碱盐而防腐。

2. 碱溶液清除水垢

对铸铁的发动机汽缸盖和水套可用苛性钠 750 g、煤油 150 g 加水 10 L 的比例配成溶液，将其过滤后加入冷却系统中停留 10～12 h 后，然后启动发动机使其以全速工作 15～20 min，直到溶液开始有沸腾现象为止，然后放出溶液，再用清水清洗。

对铝制汽缸盖和水套可用硅酸钠 15 g、液态肥皂 2 g 加水 1 L 的比例配成溶液，将其注入冷却系统中，启动发动机到正常工作温度；再运转 1 h 后放出清洗液，用水清洗干净。

对于钢制零件，溶液浓度可大些，约有 10%～15%的苛性钠；对有色金属零件浓度应低些，约 2%～3%的苛性钠。

3. 酸洗清除水垢

酸洗液常用的是磷酸、盐酸或铬酸等。用 2.5%盐酸溶液清洗，主要使之生成易溶于水的盐类，如 $CaCl_2$，$MgCl_2$ 等。将盐酸溶液加入冷却系统中，然后使发动机以全速运转 1 h 后，放出溶液，再以超过冷却系统容量 3 倍的清水冲洗干净。

用磷酸时，取体积质量为 1.71 的磷酸（H_3PO_4）100 mL、铬酐（CrO_3）50 g，水 900 mL，加热至 30 ℃，浸泡 30～60 min，洗后再用 0.3%的重铬酸盐清洗，去除残留磷酸，防止腐蚀。

清除铝合金零件水垢，可用 5%浓度的硝酸溶液，或 10%～15%浓度的醋酸溶液。

清除水垢的化学清除液应根据水垢成分与零件材料选用。

（三）清除积炭

在维修过程中，常遇到清除积炭的问题，如发动机中的积炭大部分积聚在气门、活塞、汽缸盖上。积炭的成分与发动机的结构、零件的部位、燃油、润滑油的种类、工作条件以及工作时间等有很大的关系。积炭是由于燃料和润滑油在燃烧过程中不能完全燃烧，并在高温作用下形成的一种由胶质、沥青质、油焦质、润滑油和炭质等组成的复杂混合物。这些积炭影响发动机某些零件散热效果，恶化传热条件，影响其燃烧性，甚至会导致零件过热，形成裂纹。

目前，经常使用机械清除法、化学法和电解法等进行积炭清除。

1. 机械清除法

机械清除法是用金属丝刷与刮刀去除积炭。为了提高生产率，在用金属丝刷时可由电钻经软轴带动其转动。此法简单，对于规模较小的维修单位经常采用，但效率很低，容易损伤零件表面，积炭不易清除干净。也可用喷射核屑法清除积炭，由于核屑比金属软，冲击零件时，本身会变形，所以零件表面不会产生刮伤或擦伤，生产效率也高。这种方法是用压缩空气吹送干燥且碾碎的桃、李、杏的核及核桃的硬壳冲击有积炭的零件表面，破坏积炭层而达到清除目的。

2. 化学法

对某些精加工零件的表面，不能采用机械清除法，可用化学法。将零件浸入苛性钠、碳酸钠等清洗溶液中，温度为 $80 \sim 95\ ^{\circ}\mathrm{C}$，使油脂溶解或乳化，积炭变软，约 $2 \sim 3\ \mathrm{h}$ 后取出，再用毛刷刷去积炭，用加入 $0.1\% \sim 0.3\%$ 的重铬酸钾热水清洗，最后用压缩空气吹干。

3. 电化学法

将碱溶液作为电解液，工件接于阴极，使其在化学反应和氢气的剥离共同作用下去除积炭。这种方法有较高的效率，但要掌握好清除积炭的规范。例如，气门电化学法清除积炭的规范大致为：电压 $6\ \mathrm{V}$、电流密度 $6\ \mathrm{A/dm^2}$，电解液温度 $135 \sim 145\ ^{\circ}\mathrm{C}$，电解时间为 $5 \sim 10\ \mathrm{min}$。

（四）除　锈

锈是金属表面与空气中氧、水分以及酸类物质接触而生成的氧化物，如 FeO、F_3O_4、Fe_2O_3 等，通常称为铁锈。去锈的主要方法有机械法、化学酸洗法和电化学酸蚀法。

1. 机械法

机械法是利用机械摩擦、切削等作用清除零件表面锈层。常用的方法有刷、磨、抛光、喷砂等。单件小批维修靠人工用钢丝刷、刮刀、砂布等刷、刮或打磨锈蚀层。成批或有条件的，可用电动机或风动机作动力，带动各种除锈工具进行除锈，如电动磨光、抛光、滚光等。喷砂除锈是利用压缩空气，把一定粒度的砂子通过喷枪喷在零件的锈蚀表面上。它不仅除锈快，还可为油漆、喷涂、电镀等工艺做好准备。经喷砂后的表面干净，并有一定的粗糙度，能提高覆盖层与零件的结合力。机械法除锈只能用在不重要的表面。

2. 化学法

化学法是一种利用化学反应把金属表面的锈蚀产物溶解掉的酸洗法。其原理是：酸对金属的溶解，以及化学反应中生成的氢对锈层的机械作用而脱落。常用的酸包括盐酸、硫酸、磷酸等。由于金属的不同，使用的溶解锈蚀产物的化学药品也不同。选择除锈的化学药品和其使用操作条件主要根据金属的种类、化学组成、表面状况和零件尺寸精度及表面质量等确定。

3. 电化学酸蚀法

电化学酸蚀法就是零件在电解液中通以直流电，通过化学反应达到除锈目的。这种方法比化学法快，能更好地保存基体金属，酸的消耗量少。一般分为两类：一类是把被除锈的零件作为阳极；另一类是把被除锈的零件作阴极。阳极除锈是由于通电后金属溶解以及在阳极的氧气对锈层的撕裂作用而分离锈层。阴极除锈是由于通电后在阴极上产生的氢气使氧化铁还原和氢对锈层的撕裂作用使锈蚀物从零件表面脱落。上述两类方法，前者主要缺点是当电流密度过高时，易腐蚀过度，破坏零件表面，故适用于外形简单的零件。而后者虽无过蚀问题，但氢易浸入金属中，产生氢脆，降低零件塑性。因此，需根据锈蚀零件的具体情况确定合适的除锈方法。

此外，在生产中还可用由多种材料配制的除锈液，把除油、锈和钝化三者合一进行处理。除锌、镁金属外，大部分金属制件不论大小均可采用，且喷洗、刷洗、浸洗等方法都能使用。

（五）清除漆层

零件表面的保护漆层需根据其损坏程度和保护涂层的要求进行全部或部分清除。清除后要冲洗干净，准备再喷刷新漆。

清除方法一般用手工工具，如刮刀、砂纸、钢丝刷或手提式电动、风动工具进行刮、磨、刷等。有条件的也可用各种配制好的有机溶剂、碱性溶液等作退漆剂，涂刷在零件的漆层上，使之溶解软化，再借助手工工具去除漆层。

为完成各道清洗工序，可使用一整套各种用途的清洗设备，包括喷淋清洗机、浸浴清洗机、喷枪机、综合清洗机、环流清洗机、专用清洗机等。究竟采用哪一种设备，要考虑其用途和生产场所。

第四节　零件的检验

维修过程中的检验工作包含的内容很广，在很大程度上，它是制定维修工艺措施的主要依据，决定零部件的弃取和装配质量，影响维修成本，是一项重要的工作。

一、检验的原则

（1）在保证质量的前提下，尽量缩短维修时间，节约原材料、配件、工时，提高利用率，降低成本。

（2）严格掌握技术规范、修理规范，正确区分能用、需修、报废的界限，从技术条件和经济效果综合考虑。既不让不合格的零件继续使用，也不让不必维修或不应报废的零件进行修理或报废。

（3）努力提高检验水平，尽可能消除或减少误差，建立健全合理的规章制度。按照检验对象的要求，特别是精度要求选用检验工具或设备，采用正确的检验方法。

二、检验的内容

（一）检验分类

1. 修前检验

修前检验是在机械设备拆卸后进行。对已确定需要修复的零部件，可根据损坏情况及生产条件选择适当的修复工艺，并提出技术要求；对报废的零部件，要提出需补充的备件型号、规格和数量；不属备件的需要提出零件蓝图或测绘草图。

2. 修后检验

修后检验是指零件加工或修理后检验其质量是否达到了规定的技术标准，确定是成品、废品或返修。

3. 装配检验

装配检验是指检验待装零部件质量是否合格、能否满足要求；在装配中，对每道工序或工步都要进行检验，以免产生中间工序不合格，影响装配质量；组装后，检验累积误差是否超过技术要求；总装后要进行调整，工作精度、几何精度及其他性能检验、试运转等，确保维修质量。

（二）检验的主要内容

（1）零件的几何精度，包括尺寸、形状和表面相互位置精度。经常检验的是尺寸、圆柱度、圆度、平面度、直线度、同轴度、平行度、垂直度、跳动等项目。根据维修特点，有时不是追求单个零件的几何尺寸精度，而是要求相对配合精度。

（2）零件的表面质量，包括表面粗糙度、表面有无擦伤、腐蚀、裂纹、剥落、烧损、拉毛等缺陷。

（3）零件的物理力学性能，除硬度、硬化层深度外，对零件制造和修复过程中形成的性能，如应力状态、平衡状况、弹性、刚度、振动等也需根据情况适当进行检测。

（4）零件的隐蔽缺陷，包括制造过程中的内部夹渣、气孔、疏松、空洞、焊缝等缺陷，还有使用过程中产生的微观裂纹。

（5）零部件的质量和静动平衡，如活塞、连杆组之间的质量，曲轴、风扇、传动轴、车轮等高速转动的零部件进行静动平衡。

（6）零件的材料性质，如零件合金成分、渗碳层含碳量、各部分材料的均匀性、铸铁中石墨的析出、橡胶材料的老化变质程度等。

（7）零件表层材料与基体的结合强度，如电镀层、喷涂层、堆焊层与基体金属的结合强度，机械固定连接件的连接强度，轴承合金和轴承座的结合强度等。

（8）组件的配合情况，如组件的同轴度、平行度、啮合情况与配合的严密性等。

（9）零件的磨损程度，正确识别摩擦磨损零件的可行性，由磨损极限确定是否能继续使用。

（10）密封性，如内燃机缸体、缸盖需进行密封试验，检查有无泄漏。

三、检验的方法

（一）感觉检验法

不用量具、仪器，仅凭检验人员的直观感觉和经验来鉴别零件的技术状况，统称感觉检验法。这种方法精度不高，只适于分辨缺陷明显的或精度要求不高的零件，要求检验人员有丰富的经验和技术。具体方法有以下几种。

（1）目测用眼睛或借助放大镜对零件进行观察和宏观检验，如倒角、圆角、裂纹、断裂、疲劳剥落、磨损、刮伤、蚀损、变形、老化等，做出可靠的判断。

（2）耳听根据机械设备运转时发出的声音，或敲击零件时的响声判断技术状态。零件无缺陷时声响清脆，内部有缩孔时声音相对低沉，若内部出现裂纹，则声音嘶哑。

（3）触觉用手与被检验的零件接触，可判断工作时温度的高低和表面状况；将配合件进行相对运动，可判断配合间隙的大小。

（二）测量工具和仪器检验法

这种方法由于能达到检验精度要求，所以应用最广。

（1）用各种测量工具（如卡钳、钢直尺、游标卡尺、百分尺、千分尺或百分表、千分表、塞规、量块、齿轮规等）和仪器检验零件的尺寸、几何形状、相互位置精度。

（2）用专用仪器、设备对零件的应力、强度、硬度、冲击性、伸长率等力学性能进行检验。

（3）用静动平衡试验机对高速运转的零件做静动平衡检验。

（4）用弹簧检验仪或弹簧秤对各种弹簧的弹力和刚度进行检验。

（5）对承受内部介质压力并需防止泄漏的零部件，需在专用设备上进行密封性能检验。

（6）用金相显微镜检验金属组织、晶粒形状及尺寸、显微缺陷，分析化学成分。

（三）物理检验法

物理检验法是利用电、磁、光、声、热等物理量，通过零部件引起的变化来测定技术状况、发现内部缺陷。这种方法的实现是和仪器、工具检测相结合，它不会使零部件受伤、分离或损坏。目前普遍称无损检测。

对维修而言，这种检测主要是对零部件进行定期检查、维修检查、运转中检查，通过检查发现缺陷，根据缺陷的种类、形状、大小、产生部位、应力水平、应力方向等，预测缺陷发展的程度，确定采取修补或报废。目前在生产中广泛应用的有磁力法、渗透法、超声波法、射线法等。

第五节　过盈配合的装配

过盈配合的装配是将较大尺寸的被包容件（轴件）装入较小尺寸的包容件（孔件）中。过盈配合能承受较大的轴向力、扭矩及动载荷，应用十分广泛，例如，齿轮、联轴节、飞轮、皮带轮、链轮与轴的连接，轴承与轴承套的连接等。由于它是一种固定连接，装配时要求有正确的相互位置和紧固性，还要求装配时不损伤机件的强度和精度，装入简便迅速。过盈配合要求零件的材料应能承受最大过盈所引起的应力，配合的连接强度应在最小过盈时得到保证。常用的装配方法有压装配合、热装配合、冷装配合等。

一、常温下的压装配合

常温下的压装配合适用于过盈量较小的几种静配合，其操作方法简单，动作迅速，是最常用的一种方法。根据施力方式不同，压装配合分为锤击法和压入法两种。锤击法主要用于配合面要求较低、长度较短，采用过渡配合的连接件；压入法加力均匀，方向易于控制，生产效率高，主要用于过盈配合。过盈量较小时可用螺旋或杠杆式压人工具压入，过盈量较大时用压力机压入。其装配工艺如下。

（一）验收装配机件

机件的验收主要应注意机件的尺寸和几何形状偏差、表面粗糙度、倒角和圆角是否符合图样要求，是否光掉了毛刺等。机件的尺寸和几何形状偏差超出允许范围，可能造成装不进、机件胀裂、配合松动等后果。表面粗糙度不符合要求会影响配合质量。倒角不符合要求或不光掉毛刺，在装配过程中不易导正和可能损伤配合表面。圆角不符合要求，可能使机件装不到预定的位置。

机件尺寸和几何形状的检查，一般用千分尺或 0.02 mm 的游标卡尺，在轴颈和轴孔长度上两个或三个截面的几个方向进行测量，而其他内容靠样板和目视进行检查。

机件验收的同时，也就得到了相配合机件实际过盈的数据，它是计算压入力、选择装配方法等的主要依据。

（二）计算压入力

压装时压入力必须克服轴压入孔时的摩擦力，该摩擦力的大小与轴的直径、有效压入长度和零件表面粗糙度等因素有关。由于各种因素很难精确计算，所以在实际装配工作中，常采用经验公式进行压入力的计算，即

$$P = \frac{a\left(\dfrac{D}{d} + 0.3\right)il}{\dfrac{D}{d} + 6.35}$$

式中，a 为系数，当孔、轴件均为钢时 $a=73.5$，当轴件为钢、孔件为铸铁时 $a=42$；P 为压入力，kN；D 为孔件外径，mm；Z 为配合面的长度，mm；i 为实测过盈量，mm；d 为孔件内径，mm。

一般根据上式计算出的压入力再增加 20% ~ 30%选用压入机械为宜。

（三）装　入

首先应使装配表面保持清洁，并涂上润滑油，以减少装入时的阻力和防止装配过程中损伤配合表面；其次应注意均匀加力，并注意导正，压入速度不可过急过猛，否则不但不能顺利装入，而且还可能损伤配合表面，压入速度一般为 2 ~ 4 mm/s，不宜超过 10 mm/s；另外，应使机件装到预定位置方可结束装配工作；用锤击法压入时，还要注意不要打坏机件，为此常采用软垫加以保护。装配时如果出现装入力急剧上升或超过预定数值时，应停止装配，必

须在找出原因并进行处理之后方可继续装配。其原因常常是检查机件尺寸和几何形状偏差时不仔细，键槽有偏移、歪斜或键尺寸较大，以及装入时没有导正等。

二、热装与冷装配合

（一）热装配合

热装的基本原理是：通过加热包容件（孔件），使其直径膨胀增大到一定数值，再将与之配合的被包容件（轴件）自由地送入包容件中，孔件冷却后，轴件就被紧紧地抱住，其间产生很大的连接强度，达到压装配合的要求。其工艺过程如下。

1. 验收装配机件

热装时装配件的验收和测量过盈量与压入法相同。

2. 确定加热温度

热装配合孔件的加热温度常用下式计算，即

$$t = \frac{(2\sim3)i}{k_a d} + t_0$$

式中，t 为加热温度，℃；T_0 为室温，℃；z 为实测过盈量，mm；k_a 为孔件材料的线膨胀系数，℃$^{-1}$；d 为孔的名义直径，mm。

3. 选择加热方法

常用的加热方法有以下几种，在具体操作中可根据实际工况选择。

（1）热浸加热法。常用于尺寸及过盈量较小的连接件。这种方法加热均匀、方便，常用于加热轴承。其方法是将机油放在铁盒内加热，再将需加热的零件放入油内即可。对于忌油连接件，则可采用沸水或蒸汽加热。

（2）氧-乙炔焰加热法。多用于较小零件的加热。这种加热方法简单，但易于过烧，故要求具有熟练的操作技术。

（3）固体燃料加热法。适用于结构比较简单，要求较低的连接件。其方法可根据零件尺寸大小临时用砖砌一加热炉或将零件用砖垫上用木柴或焦炭加热。为了防止热量散失，可在零件表面盖一与零件外形相似的焊接罩。此法简单，但加热温度不易掌握，零件加热不均匀，而且炉灰飞扬，易生火灾，故此法最好慎用。

（4）煤气加热法。操作甚为简单，加热时无煤灰，且温度易于掌握。对大型零件只要将煤气烧嘴布置合理，亦可做到加热均匀。在有煤气的地方推荐采用。

（5）电阻加热法。用镍-铬电阻丝绕在耐热瓷管上，放入被加热零件的孔里，对镍-铬丝通电便可加热。为了防止散热，可用石棉板做一外罩盖在零件上，这种方法只用于精密设备或有易爆易燃的场所。

（6）电感应加热法。利用交变电流通过铁心（被加热零件可视为铁心）外的线圈，使铁心产生交变磁场，在铁心内与磁力线垂直方向产生感应电动势，此感应电动势以铁心为导体产生电流。这种电流在铁心内形成涡流现象称之为涡电流，在铁心内电能转化为热能，使铁芯变热。此外，当铁心磁场不断变动时，铁心被磁化的方向也随着磁场的变化而变化，这种变化将消耗能量而变为热能使铁心热上加热。此法操作简单，加热均匀，无炉灰，不会引起火灾，最适合于装有精密设备或有易爆易燃的场所，还适合于特大零件的加热（如大型转炉倾动机构的大齿轮与转炉耳轴就可用此法加热进行热装）。

4. 测定加热温度

在加热过程中，可采用半导体点接触测温计测温。在现场常用油类或有色金属作为测温材料。如机油的闪点是 200 ~ 220 ℃，锡的熔点是 232 ℃，纯铅的熔点是 327 ℃。也可以用测温蜡笔及测温纸片测温。由于测温材料的局限性，一般很难测准所需加热温度，故现场常用样杆进行检测，如图 6-3 所示。样杆尺寸按实际过盈量 3 倍制作，当样杆刚能放入孔时，则加热温度正合适。

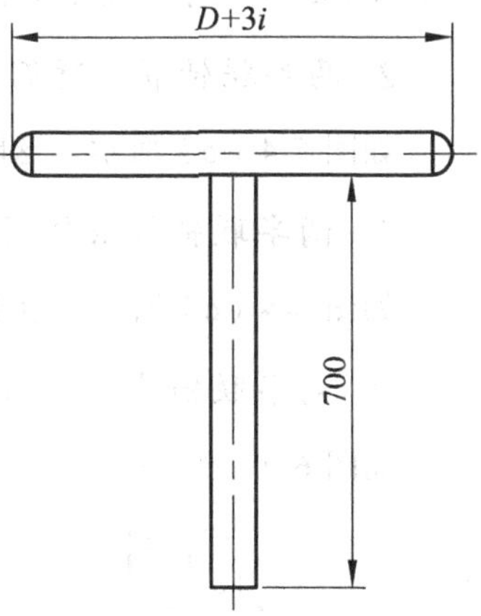

5. 装　入

装入时应去掉孔表面上的灰尘、污物；必须将零件装到预定位置，并将装入件压装在轴肩上，直到机件完全冷却为止；不允许用水冷却机件，避免造成内应力，降低机件的强度。

（二）冷装配合

当孔件较大而压入的零件较小时，采用加热孔件既不方便又不经济，甚至无法加热；或有些孔件不允许加热时，可采用冷装配合，即用低温冷却的方法使被压入的零件尺寸缩小，然后迅速将其装入到带孔的零件中去。

冷却前应将被冷却件的尺寸进行精确测量，并按冷却的工序及要求在常温下进行试装演习，其目的是为了准备好操作和检查的必要工具、量具及冷藏运输容器，检查操作工艺是否合适。有制氧设备的冶金工厂，此法应予推广。

冷却装配要特别注意操作安全，以防冻伤操作者。

图 6-3　样杆

第六节　联轴节的装配

联轴节用于连接不同机器或部件，将主动轴的运动及动力传递给从动轴。联轴节的装配内容包括两方面：一是将轮毂装配到轴上；另一个是联轴节的找正和调整。

轮毂与轴的装配大多采用过盈配合，装配方法可采用压入法、冷装法、热装法，这些方法的工艺过程前文已作过叙述。下面的内容只讨论联轴节的找正和调整。

一、联轴节装配的技术要求

联轴节装配主要技术要求是保证两轴线的同轴度，过大的同轴度误差将使联轴节、传动轴及其轴承产生附加载荷，其结果会引起机器的振动、轴承的过早磨损、机械密封的失效，甚至发生疲劳断裂事故。因此，联轴节装配时，总的要求是其同轴度误差必须控制在规定的范围内。

（一）联轴节在装配中偏差情况的分析

1. 两半联轴节既平行又同心

如图6-4（a）所示，这时 $S_1=S_3$，$a_1=a_3$，此处 S_1、S_3 和 a_1、a_3 表示联轴节上方（0°）和下方（180°）两个位置上的轴向和径向间隙。

2. 两半联轴节平行但不同心

如图6-4（b）所示，这时 $S_1=S_3$，$a_1 \neq a_3$，即两轴中心线之间有平行的径向偏移。

3. 两半联轴节虽然同心但不平行

如图6-4（c）所示，这时 $S_1 \neq S_3$，$a_1=a_3$ 即两轴中心线之间有角位移（倾斜角为α）。

4. 两半联轴节既不同心也不平行

如图6-4（d）所示，这时 $S_1 \neq S_3$，$a_1 \neq a_3$ 即两轴中心线既有径向偏移也有角位移。

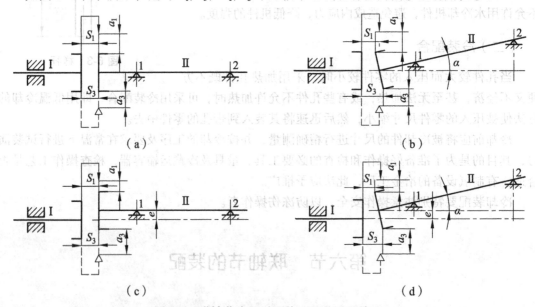

（a）　　　　　　　　　　　　　（b）

（c）　　　　　　　　　　　　　（d）

图6-4　联轴节找正时可能遇到的四种情况

联轴节处于第一种情况是正确的，不需要调整。后三种情况都是不正确的，均需要调整。实际装配中常遇到的是第四种情况。

（二）联轴节找正的方法

联轴节找正的方法多种多样，常用的有以下几种。

1. 直尺塞规法

直尺塞规法利用直尺测量联轴节的同轴度误差，利用塞规测量联轴节的平行度误差。这种方法简单，但误差大。一般用于转速较低、精度要求不高的机器。

2. 外圆、端面双表法

外圆、端面双表法用两个千分表分别测量联轴节轮毂的外圆和端面上的数值，对测得的数值进行计算分析，确定两轴在空间的位置，最后得出调整量和调整方向。这种方法应用比较广泛。其主要缺点是对于有轴向窜动的机器，在盘车时对端面读数产生误差。它一般适用于采用滚动轴承、轴向窜动较小的中小型机器。

3. 外圆、端面三表法

外圆、端面三表法与上述不同之处是在端面上用两个千分表，两个千分表与轴中心等距离对称设置，以消除轴向窜动对端面读数测量的影响。这种方法的精度很高，适用于需要精确对中的精密机器和高速机器，如汽轮机、离心式压缩机等，但此法操作、计算均比较复杂。

4. 外圆双表法

外圆双表法用两个千分表测量外圆，其原理是通过相隔一定间距的两组外圆读数确定两轴的相对位置，以此得知调整量和调整方向，从而达到对中的目的。这种方法的缺点是计算较复杂。

5. 单表法

单表法是近年来国外应用比较广泛的一种对中方法。这种方法只测定轮毂的外圆读数，不需要测定端面读数。操作测定仅用一个千分表，故称单表法。此法对中精度高，不但能用于轮毂直径小而轴端距比较大的机器轴对中，而且又能适用于多轴的大型机组（如高转速、大功率的离心压缩机组）的轴对中。用这种方法进行轴对中还可以消除轴向窜动对找正精度的影响。操作方便，计算调整量简单，是一种比较好的轴对中方法。

第七节　滚动轴承的装配

滚动轴承是一种精密器件，一般由内圈、外圈、滚动体和保持架组成。由于滚动体的形状不同，滚动轴承可分为球轴承、滚子轴承和滚针轴承；按滚动体在轴承中的排列情况可分为单列、双列和多列轴承；按轴承承受载荷的方向又可分为向心轴承、向心推力轴承、推力轴承。

滚动轴承的装配工艺包括装配前的准备、装配、间隙调整等步骤。

一、装配前的准备

滚动轴承装配前的准备包括装配工具的准备、零件的清洗和检查。

（一）装配工具的准备

按照所装配的轴承准备好所需的量具及工具，同时准备好拆卸工具，以便在装配不当时能及时拆卸，重新装配。

（二）清　洗

对于用防锈油封存的新轴承，可用汽油或煤油清洗；对于用防锈脂封存的新轴承，应先将轴承中的油脂挖出，然后将轴承放入热机油中使残油熔化，将轴承从油中取出冷却后，再用汽油或煤油洗净，并用干净的白布擦干；对于维修时拆下的可用旧轴承，可用碱水和清水清洗；装配前的清洗最好采用金属清洗剂；两面带防尘盖或密封圈的轴承，在轴承出厂前已涂加了润滑脂，装配时不需要再清洗；涂有防锈润滑两用油脂的轴承，在装配时也不需要清洗。

另外，还应清洗与轴承配合的零件，如轴、轴承座、端盖、衬套、密封圈等。清洗方法与可用旧轴承的清洗相同，但密封圈除外。清洗后擦干、涂油。

（三）检　查

清洗后应进行下列项目的检查：轴承是否转动灵活、轻快自如、有无卡住的现象；轴承间隙是否合适；轴承是否干净，内外圈、滚动体和隔离圈是否有锈蚀、毛刺、碰伤和裂纹；轴承附件是否齐全。此外，应按照技术要求对与轴承相配合的零件，如轴、轴承座、端盖、衬套、密封圈等进行检查。

（四）滚动轴承装配注意事项

（1）装配前，按设备技术文件的要求仔细检查轴承及与轴承相配合零件的尺寸精度、形位公差和表面粗糙度。

（2）装配前，应在轴承及与轴承相配合的零件表面涂一层机械油，以利于装配。

（3）装配轴承时，无论采用什么方法，压力只能施加在过盈配合的套圈上，不允许通过滚动体传递压力，否则会引起滚道损伤，从而影响轴承的正常运转。

（4）装配轴承时，一般应将轴承上带有标记的一端朝外，以便观察轴承型号。

二、典型滚动轴承的装配

（一）圆柱孔滚动轴承的装配

圆柱孔轴承是指内孔为圆柱形孔的向心球轴承、圆柱滚子轴承、调心轴承和角接触轴承等。这些轴承在轴承中占绝大多数，具有一般滚动轴承的装配共性，其装配方法主要取决于轴承与轴及座孔的配合情况。

轴承内圈与轴为紧配合，外圈与轴承座孔为较松配合，这种轴承的装配是先将轴承压装在轴上，然后将轴连同轴承一起装入轴承座孔中。压装时要在轴承端面垫一个由软金属制作的套管，套管的内径应比轴颈直径大，外径应小于轴承内圈的挡边直径，以免压坏保持架，如图6-5所示。另外，装配时，要注意导正，防止轴承歪斜，否则不仅装配困难，而且会产生压

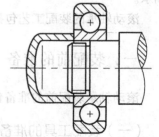

图6-5　将轴承压装在轴上

痕，使轴和轴承过早损坏。

　　轴承外圈与轴承座孔为紧配合，内圈与轴为较松配合，对于这种轴承的装配是采用外径略小于轴承座孔直径的套管，将轴承先压入轴承座孔，然后再装轴。

　　轴承内圈与轴、外圈与座孔都是紧配合时，可用专门套管将轴承同时压入轴颈和座孔中。

　　对于配合过盈量较大的轴承或大型轴承，可采用温差法装配。采用温差法安装时，轴承的加热温度为 80 ~ 100 ℃；冷却温度不得低于 − 80 ℃。对于内部充满润滑脂的带防尘盖或密封圈的轴承，不得采用温差法安装。

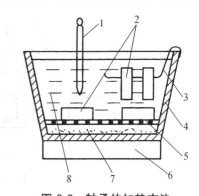

　　热装轴承的方法最为普遍。轴承加热的方法有多种，通常采用油槽加热，如图 6-6 所示。加热的温度由温度计控制，加热的时间根据轴承大小而定，一般为 10 ~ 30 min。加热时应将轴承用钩子悬挂在油槽中或用网架支起，不得使轴承接触油槽底板，以免发生过热现象。轴承在油槽中加热至 100 ℃ 左右，从油槽中取出放在轴上，用力一次推到顶住轴肩的位置。在冷却过程中应始终推紧，使轴承紧靠轴肩。

图 6-6　轴承的加热方法

1—温度计；2—轴承；3—挂钩；4—油池；
5—栅网；6—电炉；7—沉淀物；8—油

（二）圆锥孔滚动轴承的装配

　　圆锥孔滚动轴承可直接装在带有锥度的轴颈上，或装在退卸套和紧定套的锥面上。这种轴承一般要求有比较紧的配合，但这种配合不是由轴颈尺寸公差决定，而是由轴颈压进锥形配合面的深度而定。配合的松紧程度，靠在装配过程中跟踪测量径向游隙而把握。对不可分离圆柱滚子轴承径向游隙可用厚薄规测量。对可分离的圆柱滚子轴承可用外径千分尺测量内圈装在轴上后的膨胀量，用其代替径向间隙减少量。图 6-7 和图 6-8 给出了圆锥孔轴承的两种不同装配形式。

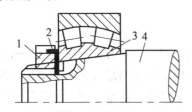

图 6-7　圆锥孔滚动轴承直接装在锥形轴颈上

1—螺母；2—锁片；3—轴承；4—轴

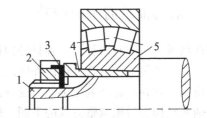

图 6-8　有退卸套的锥孔轴承的装配

1—轴；2—螺母；3—锁片；4—退卸套；5—轴承

（三）轧钢机四列圆锥滚子轴承的装配

　　轧钢机四列圆锥滚子轴承由 3 个外圈、2 个内圈、2 个外调整环、1 个内调整环和 4 套带圆锥滚子的保持架组成，轴承的游隙由轴承内的调整环加以保证，轴承各部件不能互换，因此装配时必须严格按打印号规定的相互位置进行，先将轴承装入轴承座中，然后将装有轴承的轴承座整个吊装到轧辊的轴颈上。

　　四列圆锥滚子轴承各列滚子的游隙应保持在同一数值范围内，以保证轴承受力均匀。装配前应对轴承的游隙进行测量。

将轴承装到轴承座内，可按下列顺序进行，如图6-9所示。

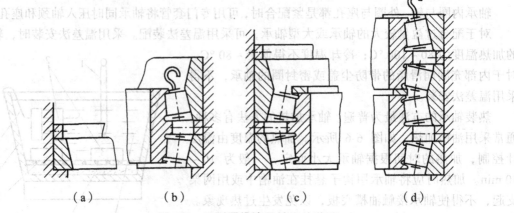

（a）　　　（b）　　　（c）　　　（d）

图6-9　四列圆锥滚子轴承的装配

（1）将轴承座放置水平，检查校正轴承座孔中心线对底面的垂直度。

（2）将第1个外圈装入轴承座孔，用小铜锤轻敲外圈端面，并用塞尺检查，使外圈与轴承座孔接触良好，然后再装入第1个外调整环[见图6-9（a）]。

（3）将第1个内圈连同2套带圆锥滚子的保持架以及中间外圈装配，用专用吊钩旋紧在保持架端面互相对称的4个螺孔内，整体装入轴承座[见图6-9（b）]。

（4）装入内调整环和第2个外调整环[见图6-9（c）]。

（5）将第2个内圈连同2套带圆锥滚子的保持架及第3个外圈整体装入，吊装方法同步骤（3）[见图6-9（d）]。

（6）把四列圆锥滚子轴承在轴承座内组装后，再连同轴承座一起装配到轴颈上。

三、滚动轴承的游隙调整

滚动轴承的游隙有两种，一种是径向游隙，即内外圈之间在直径方向上产生的最大相对游动量。另一种是轴向游隙，即内外圈之间在轴线方向上产生的最大相对游动量。滚动轴承游隙的功用是弥补制造和装配偏差、受热膨胀，保证滚动体的正常运转，延长其使用寿命。

按轴承结构和游隙调整方式的不同，轴承可分为非调整式和调整式两类。向心球轴承向心圆柱滚子轴承、向心球面球轴承和向心球面滚子轴承等属于非调整式轴承，此类轴承在制造时已按不同组级留出规定范围的径向游隙，可根据不同使用条件适当选用，装配时一般不再调整。圆锥滚子轴承、向心推力球轴承和推力轴承等属于调整式轴承，此类轴承在装配及应用中必须根据使用情况对其轴向游隙进行调整，其目的是保证轴承在所要求的运转精度的前提下灵活运转。此外，在使用过程中调整，能部分地补偿因磨损所引起的轴承间隙的增大。

（一）游隙可调整的滚动轴承

由于滚动轴承的径向游隙和轴向游隙存在着正比的关系，所以调整时只调整它们的轴向间隙。轴向间隙调整好了，径向间隙也就调整好了。各种需调整间隙的轴承的轴向间隙见表

6-3。当轴承转动精度高或在低温下工作、轴长度较短时，取较小值；当轴承转动精度低或在高温下工作、轴长度较长时，取较大值。

表 6-3　可调式轴承的轴向间隙

轴承内径/mm	轴承系列	轴向间隙/mm			
		角接触球轴承	单列圆锥滚子轴承	双列圆锥滚子轴承	推力轴承
≤30	轻型	0.02~0.06	0.03~0.10	0.03~0.08	0.03~0.08
	轻宽和中宽型		0.04~0.11		
	中型和重型	0.03~0.09	0.04~0.11	0.05~0.11	0.05~0.11
30~50	轻型	0.03~0.09	0.04~0.11	0.04~0.10	0.04~0.10
	轻宽和中宽型		0.05~0.13		
	中型和重型	0.04~0.10	0.05~0.13	0.06~0.12	0.06~0.12
50~80	轻型	0.04~0.10	0.05~0.13	0.05~0.12	0.05~0.12
	轻宽和中宽型		0.06~0.15		
	中型和重型	0.05~0.12	0.06~0.15	0.07~0.14	0.07~0.14
80~120	轻型	0.05~0.12	0.06~0.15	0.06~0.15	0.06~0.15
	轻宽和中宽型		0.07~0.18		
	中型和重型	0.06~0.15	0.07~0.18	0.10~0.18	0.10~0.18

　　轴承的游隙确定后，即可进行调整。下面以单列圆锥滚子轴承为例介绍轴承游隙的调整方法。

　　1. 垫片调整法

　　利用轴承压盖处的垫片调整是最常用的方法，如图 6-10 所示。首先把轴承压盖原有的垫片全部拆去，然后慢慢地拧紧轴承压盖上的螺栓，同时使轴缓慢地转动，当轴不能转动时，就停止拧紧螺栓。此时表明轴承内已无游隙，用塞尺测量轴承压盖与箱体端面间的间隙 K，将所测得的间隙 K 再加上所要求的轴向游隙 C，$K+C$ 即是所应垫的垫片厚度。一套垫片应由多种不同厚度的垫片组成，垫片应平滑光洁，其内外边缘不得有毛刺。间隙测量除用塞尺法外，也可用压铅法和千分表法。

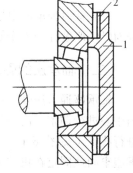

图 6-10　垫片调整法

1—压盖；2—垫片

　　2. 螺钉调整法

　　如图 6-11 所示，首先把调整螺钉上的锁紧螺母松开，然后拧紧调整螺钉，使止推盘压向轴承外圈，直到轴不能转动时为止。最后根据轴向游隙的数值将调整螺钉倒转一定的角度 α，达到规定的轴向游隙后再把锁紧螺母拧紧以防止调整螺钉松动。

　　3. 止推环调整法

　　如图 6-12 所示，首先把具有外螺纹的止推环（1）拧紧，直到轴不能转动时为止，然后根据轴向游隙的数值；将止推环倒转一定的角度（倒转的角度可参见螺钉调整法），最后用止动片（2）予以固定。

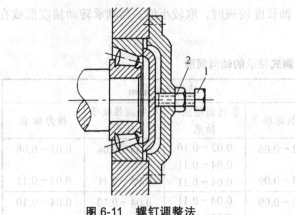
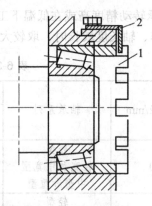

图 6-11　螺钉调整法

1—调整螺钉；2—锁紧螺母

图 6-12　止推环调整法

1—止推环；2—止动片

第八节　滑动轴承的装配

滑动轴承的类型很多，常见的主要有剖分式滑动轴承、整体式滑动轴承。

一、剖分式滑动轴承的装配

剖分式滑动轴承的装配过程是：清洗、检查、刮研、装配和间隙的调整等。

（一）轴瓦的清洗与检查

首先核对轴承的型号，然后用煤油或清洗剂清洗干净。轴瓦质量的检查可用小铜锤沿轴瓦表面轻轻地敲打，根据响声判断轴瓦有无裂纹、砂眼及孔洞等缺陷，如有缺陷应采取补救措施。

（二）轴承座的固定

轴承座通常用螺栓固定在机体上。安装轴承座时，应先把轴瓦装在轴承座上，再按轴瓦的中心进行调整。同一传动轴上的所有轴承的中心应在同一轴线上。装配时可用拉线的方法进行找正（见图 6-13），之后用涂色法检查轴颈与轴瓦表面的接触情况，符合要求后，将轴承座牢固地固定在机体或基础上。

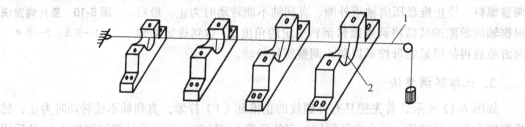

图 6-13　用拉线法检测轴承同轴度

1—钢丝；2—内径千分尺

（三）瓦背的刮研

为将轴上的载荷均匀地传给轴承座，要求轴瓦背与轴承座内孔应有良好接触，配合紧密。下轴瓦与轴承座的接触面积不得小于 60%，上轴瓦与轴承盖的接触面积不得小于 50%。这就要进行刮研，刮研的顺序是先下瓦后上瓦。刮研轴瓦背时，以轴承座内孔为基准进行修配直至达到规定要求为止。另外，要刮研轴瓦及轴承座的剖分面。轴瓦剖分面应高于轴承座剖分面，以便轴承座拧紧后，轴瓦与轴承座具有过盈配合性质。

（四）轴瓦的装配

上下两轴瓦扣合，其接触面应严密，轴瓦与轴承座的配合应适当，一般采用较小的过盈配合，过盈量为 0.01～0.05 mm。轴瓦的直径不得过大，否则轴瓦与轴承座间就会出现"加帮"现象，如图 6-14 所示。轴瓦的直径也不得过小，否则在设备运转时，轴瓦在轴承座内会产生颤动，如图 6-15 所示。

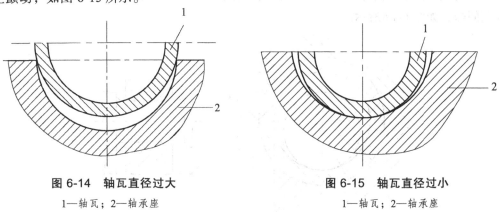

图 6-14　轴瓦直径过大　　　　　　　图 6-15　轴瓦直径过小
1—轴瓦；2—轴承座　　　　　　　　　1—轴瓦；2—轴承座

为保证轴瓦在轴承座内不发生转动或振动，常在轴瓦与轴承座之间安放定位销。为了防止轴瓦在轴承座内产生轴向移动，一般轴瓦都有翻边，没有翻边的则带有止口，翻边或止口与轴承座之间不应有轴向间隙，如图 6-16 所示。

装配轴瓦时，必须注意两个问题：轴瓦与轴颈间的接触角和接触点。

轴瓦与轴颈之间的接触表面所对的圆心角称为接触角，此角度过大，不利润滑油膜的形成，影响润滑效果，使轴瓦磨损加快；若此角度过小，会增加轴瓦的压力，也会加剧轴瓦的磨损。一般接触角取为 60°～90°。

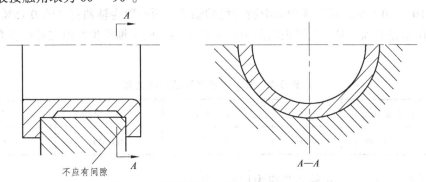

不应有间隙

图 6-16　轴瓦翻边或止口应无轴向间隙

轴瓦和轴颈之间的接触点与机器的特点有关：

低速及间歇运行的机器：1~1.5 点/cm²；

中等负荷及连续运转的机器：2~3 点/cm²；

重负荷及高速运转的机器：3~4 点/cm²。

用涂色法检查轴颈与轴瓦的接触，应注意将轴上的所有零件都装上。首先在轴颈上涂一层红铅油，然后使轴在轴瓦内正、反方向各转一周，在轴瓦面较高的地方则会呈现出色斑，用刮刀刮去色斑。刮研时，每刮一遍应改变一次刮研方向，继续刮研数次，使色斑分布均匀，直到接触角和接触点符合要求为止。

（五）间隙的检测与调整

1. 间隙的作用及确定

轴颈与轴瓦的配合间隙有两种，一种是径向间隙，一种是轴向间隙。径向间隙包括顶间隙和侧间隙，如图 6-17 所示。

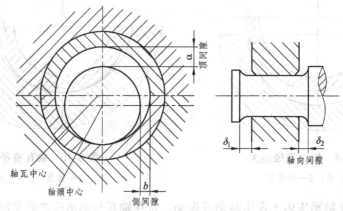

图 6-17　滑动轴承间隙

顶间隙的主要作用是保持液体摩擦，以利形成油膜。侧间隙的主要作用是为了积聚和冷却润滑油。在侧间隙处开油沟或冷却带，可增加油的冷却效果，并保证连续地将润滑油吸到轴承的受载部分，但油沟不可开通，否则运转时将会漏油。

轴向间隙的作用是轴在温度变化时有自由伸长的余地。

顶间隙可由计算决定，也可根据经验决定。对于采用润滑油润滑的轴承，顶间隙为轴颈直径的 0.10%~0.15%；对于采用润滑脂润滑的轴承，顶间隙为轴颈直径的 0.15%~0.20%。如果负荷作用在上轴瓦时，上述顶间隙值应减小 15%。同一轴承顶间隙之差应符合表 6-4 的规定。

表 6-4　滑动轴承两端顶间隙之差

轴颈公称直径/mm	≤50	>50~120	>120~220	>220
两端顶间隙之差/mm	≤0.02	≤0.03	≤0.05	≤0.10

侧间隙两侧应相等，单侧间隙应为顶间隙的 1/2~2/3。

轴向间隙如图 6-17 所示，在固定端轴向间隙 $\delta_1 + \delta_2$ 不得大于 0.2 mm，在自由端轴向间隙不应小于轴受热膨胀时的伸长量。

2. 间隙的测量及调整

检查轴承径向间隙，一般采用压铅测量法和塞尺测量法。

（1）压铅测量法。测量时，先将轴承盖打开，用直径为顶间隙 1.5 ~ 3 倍、长度为 10 ~ 40 mm 的软铅丝或软铅条，分别放在轴颈上和轴瓦的剖分面上。因轴颈表面光滑，为了防止滑落，可用润滑脂粘住。然后放上轴承盖，对称而均匀地拧紧连接螺栓，再用塞尺检查轴瓦剖分面间的间隙是否均匀相等。最后打开轴承盖，用千分尺测量被压扁的软铅丝的厚度。

按上述方法测得的顶间隙值如小于规定数值时，应在上下瓦接合面间加垫片来重新调整。如大于规定数值时，则应减去垫片或刮削轴瓦接合面来调整。

（2）塞尺测量法。对于轴径较大的轴承间隙，可用宽度较窄的塞尺直接塞入间隙内，测出轴承顶间隙和侧间隙。对于轴径较小的轴承，因间隙小，测量的相对误差大，故不宜采用。必须注意，采用塞尺测量法测出的间隙，总是略小于轴承的实际间隙。

对于受轴向负荷的轴承还应检查和调整轴向间隙。测量轴向间隙时，可将轴推移至轴承一端的极限位置，然后用塞尺或千分表测量。如轴向间隙不符合规定，可修刮轴瓦端面或调整止推螺钉。

二、整体式滑动轴承的装配

整体式滑动轴承主要由整体式轴承座和圆形轴瓦（轴套）组成。这种轴承与机壳连为一体或用螺栓固定在机架上。轴套一般由铸造青铜等材料制成。为了防止轴套的转动，通常设有止动螺钉。整体式滑动轴承的优点是：结构简单，成本低。缺点是：当轴套磨损后，轴颈与轴套之间的间隙无法调整。另外，轴颈只能从轴套端穿入，装拆不方便。因而整体式滑动轴承只适用于低速、轻载而且装拆场所允许的机械。

整体式滑动轴承的装配过程主要包括轴套与轴承孔的清洗、检查、轴套安装等。

（一）轴套与轴承孔的清洗检查

轴套与轴承孔用煤油或清洗剂清洗干净后，应检查轴套与轴承孔的表面情况以及配合过盈量是否符合要求，然后再根据尺寸以及过盈量的大小选择轴套的装配方法。

轴套的精度一般由制造保证，装配时只需将配合面的毛刺用刮刀或油石清除。必要时才做刮配。

（二）轴套安装

轴套的安装可根据轴套与轴承孔的尺寸以及过盈量的大小选用压入法或温差法。

压入法一般是用压力机压装或用人工压装。为了减少摩擦阻力，使轴套顺利装入，压装前可在轴套表面涂上一层薄的润滑油。用压力机压装时，轴套的压入速度不宜太快，并要随时检查轴套与轴承孔的配合情况。用人工压装时，必须防止轴套损坏。不得用锤头直接敲打轴套，应在轴套上端面垫上软质金属垫，并使用导向轴或导向套如图 6-18 所示，导向轴、导向套与轴套的配合应为动配合。

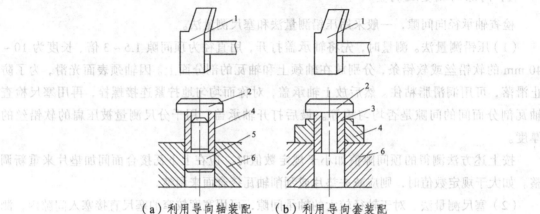

（a）利用导向轴装配　　（b）利用导向套装配

图 6-18　轴套装配方法

1—手锤；2—软垫；3—轴套；4—导向套；5—导向轴；6—轴承孔

　　对于较薄且长的轴套，不宜采用压入法装配，而应采用温差法装配，这样可以避免轴套的损坏。

　　轴套压入轴承孔后，由于是过盈配合，轴套的内径将会减小，因此在轴颈未装入轴套之前，应对轴颈与轴套的配合尺寸进行测量。测量的方法如图 6-19 所示，即测量轴套时应在距轴套端面 10 mm 左右的两点和中间一点，在相互垂直的两个方向上用内径千分尺测量。同样在轴颈相应的部位用外径千分尺测量。根据测量的结果确定轴颈与轴套的配合是否符合要求，如轴套内径小于规定的尺寸，可用铰刀或刮刀进行刮修。

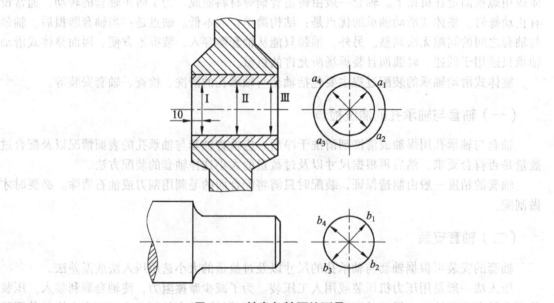

图 6-19　轴套与轴颈的测量

第九节　齿轮的装配

齿轮传动的装配是机器检修时比较重要、要求较高的工作。装配良好的齿轮传动，噪声小，振动小，使用寿命长。要达到这样的要求，必须控制齿轮的制造精度和装配精度。

齿轮传动装置的形式不同，装配工作的要求是不同的。

封闭齿轮箱且采用滚动轴承的齿轮传动，两轴的中心距和相对位置完全由箱体轴承孔的加工来决定。齿轮传动的装配工作只是通过修整齿轮传动的制造偏差，没有两轴装配的内容。封闭齿轮箱采用滑动轴承时，在轴瓦的刮研过程中，使两轴的中心距和相对位置在较小范围内得到适当的调整。对具有单独轴承座的开式齿轮传动，在装配时除了修整齿轮传动的制造偏差，还要正确装配齿轮轴，这样才能保证齿轮传动的正确连接。

一、齿轮传动的精度等级与公差

这里主要介绍最常见的圆柱齿轮传动的精度等级及其公差。

（一）圆柱齿轮的精度

圆柱齿轮的精度包括以下 4 个方面。

（1）传递运动准确性精度。指齿轮在一转范围内，齿轮的最大转角误差在允许的偏差内，从而保证从动件与主动件的运动协调一致。

（2）传动的平稳性精度。指齿轮传动瞬时传动比的变化。由于齿形加工误差等因素的影响，使齿轮在传动过程中出现转动不平稳，引起振动和噪声。

（3）接触精度。指齿轮传动时，齿与齿表面接触是否良好。接触精度不好，会造成齿面局部磨损加剧，影响齿轮的使用寿命。

（4）齿侧间隙。指齿轮传动时非工作齿面间应留有一定的间隙，这个间隙对储存润滑油、补偿齿轮传动受力后的弹性变形、热膨胀以及齿轮传动装置制造误差和装配误差等都是必需的。否则，齿轮在传动过程中可能造成卡死或烧伤。

目前，我国使用的圆柱齿轮公差标准是 GB/T 10095—2008，该标准对齿轮及齿轮副规定了 12 个精度等级，精度由高到低依次为 1，2，3，…，12 级。齿轮的传递运动准确性精度、传动的平稳性精度、接触精度，一般情况下，选用相同的精度等级。根据齿轮使用要求和工作条件的不同，允许选用不同的精度等级。选用不同的精度等级时以不超过一级为宜。

确定齿轮精度等级的方法有计算法和类比法。多数场合采用类比法，类比法是根据以往产品设计、性能实验、使用过程中所积累的经验以及较可靠的技术资料进行对比，从而确定齿轮的精度等级。

表 6-5 列出了各种机械所用齿轮的精度等级。

表 6-5　各种机械采用的齿轮的精度等级

应用范围	精度等级	应用范围	精度等级
测量齿轮	3～5	拖拉机	6～10
汽轮机减速器	3～6	一般用途的减速器	6～9
金属切削机床	3～8	轧钢设备的小齿轮	6～10
内燃机车与电气机车	6～7	矿用绞车	8～10
轻型汽车	5～8	起重机机构	7～10
重型汽车	6～9	农用机械	8～11
航空发动机	4～7		

（二）圆柱齿轮公差

按齿轮各项误差对传动的主要影响，将齿轮的各项公差分为Ⅰ、Ⅱ、Ⅲ三个公差组。在生产中，不必对所有公差项目同时进行检验，而是将同一公差级组内的各项指标分为若干个检验组，根据齿轮副的功能要求和生产规模，在各公差组中，选定一个检验组来检验齿轮的精度（参见 GB/T 10095—2008 规定的检验组）。

选择检验组时，应根据齿轮的规格、用途、生产规模、精度等级、齿轮的加工方式、计量仪器、检验目的等因素综合分析合理选择。

圆柱齿轮传动的公差参见《渐开线圆柱齿轮精度》（GB/T 10095—2008）。

二、齿轮传动的装配

（一）圆柱齿轮的装配

对于冶金和矿山机械的齿轮传动，由于传动力大，圆周速度不高，因此齿面接触精度和齿侧间隙要求较高，而对运动精度和工作平稳性精度要求不高。齿面接触精度和适当的齿侧间隙与齿轮和轴、齿轮轴组件与箱体的正确装配有直接关系。

圆柱齿轮传动的装配过程，一般是先把齿轮装在轴上，再把齿轮轴组件装入齿轮箱。

1. 齿轮与轴的装配

齿轮与轴的连接形式有空套连接、滑移连接和固定连接三种。

空套连接的齿轮与轴的配合性质为间隙配合，其装配精度主要取决于零件本身的加工精度，因此，在装配前应仔细检查轴、孔的尺寸是否符合要求，以保证装配后的间隙适当；装配中还可将齿轮内孔与轴进行配研，通过对齿轮内孔的修刮使空套表面的研点均匀，从而保证齿轮与轴接触的均匀度。

滑移齿轮与轴之间仍为间隙配合，一般多采用花键连接，其装配精度也取决于零件本身的加工精度。装配前应检查轴和齿轮相关表面和尺寸是否合乎要求；对于内孔有花键的齿轮，其花键孔会因热处理而使直径缩小，可在装配前用花键拉刀修整花键孔，也可用涂色法修整其配合面，以达到技术要求；装配完成后应注意检查滑移齿轮的移动灵活程度，不允许有阻滞，同时用手扳动齿轮时，应无歪斜、晃动等现象发生。

固定连接的齿轮与轴的配合多为过渡配合（有少量的过盈）。过盈量不大的齿轮和轴在装配时，可用锤子敲击装入；当过盈量较大时可用热装或专用工具进行压装；过盈量很大的齿轮，则可采用液压无键连接等装配方法将齿轮装在轴上。在进行装配时，要尽量避免齿轮出现齿轮偏心、齿轮歪斜和齿轮端面未贴紧轴肩等情况。

对于精度要求较高的齿轮传动机构，齿轮装到轴上后，应进行径向圆跳动和端面圆跳动的检查。其检查方法如图 6-20 所示，将齿轮轴架在 V 形铁或两顶尖上，测量齿轮径向跳动量时，在齿轮齿间放一圆柱检验棒，将千分表测头触及圆柱检验棒上母线得出一个读数，然后转动齿轮，每隔 3～4 个轮齿测出一个读数，在齿轮旋转一周范围内，千分表读数的最大代数差即为齿轮的径向圆跳动误差；检查端面圆跳动量时，将千分表的测头触及齿轮端面上，在齿轮旋转一周范围内，千分表读数的最大代数

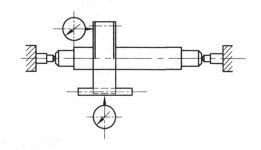

图 6-20　齿轮跳动量检查

差即为齿轮的端面圆跳动误差（测量时注意保证轴不发生轴向窜动）。

圆柱齿轮传动装配的注意事项主要有以下几点：

（1）齿轮孔与轴配合要适当，不得产生偏心和歪斜现象。

（2）齿轮副应有准确的装配中心距和适当的齿侧间隙。

（3）保证齿轮啮合时，齿面有足够的接触面积和正确的接触部位。

（4）如果是滑移齿轮，则当其在轴上滑移时，不得发生卡住和阻滞现象，且变换机构保证齿轮的准确定位，使两啮合齿轮的错位量不超过规定值。

（5）对于转速高的大齿轮，装配在轴上后应做平衡试验，以保证工作时转动平稳。

2. 齿轮轴组件装入箱体

齿轮轴组件装入箱体是保证齿轮啮合质量的关键工序。因此在装配前，除对齿轮、轴及其他零件的精度进行认真检查外，对箱体的相关表面和尺寸也必须进行检查，检查的内容一般包括孔中心距、各孔轴线的平行度、轴线与基面的平行度、孔轴线与端面的垂直度以及孔轴线间的同轴度等。检查无误后，再将齿轮轴组件按图样要求装入齿轮箱内。

3. 装配质量检查

齿轮组件装入箱体后其啮合质量主要通过齿轮副中心距偏差、齿侧间隙、接触精度等进行检查。

（1）测量中心距偏差值。中心距偏差可用内径千分尺测量。图 6-21 所示为内径千分尺及方水平测量中心距。

（2）齿侧间隙检查。齿侧间隙的大小与齿轮模数、精度等级和中心距有关。齿侧间隙大小在齿轮圆周上应当均匀，以保证传动平稳没有冲击和噪声。在齿的长度上应相等，以保证齿轮间接触良好。

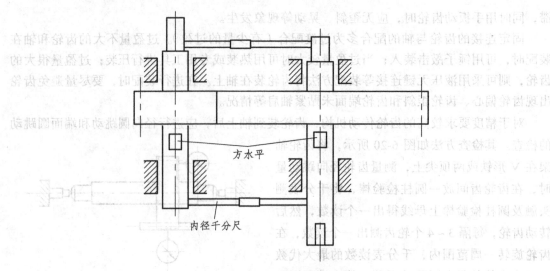

图 6-21 齿轮中心距测量

齿侧间隙的检查方法有压铅法和千分表法两种。

① 压铅法。此法简单，测量结果比较准确，应用较多。具体测量方法是：在小齿轮齿宽方向上如图 6-22 所示，放置两根以上的铅丝，铅丝的直径根据间隙的大小选定，铅丝的长度以压上三个齿为好，并用于油粘在齿上。转动齿轮将铅丝压好后，用千分尺或精度为 0.02 mm 的游标卡尺测量压扁的铅丝的厚度。在每条铅丝的压痕中，厚度小的是工作侧隙，厚度较大的是非工作侧隙，最厚的是齿顶间隙。轮齿的工作侧隙和非工作侧隙之和即为齿侧间隙。

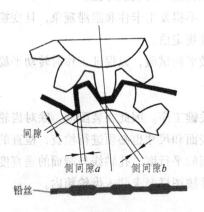

图 6-22 压铅法测量齿侧间隙

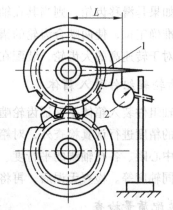

图 6-23 千分表法测量齿侧间隙
1—摇杆；2—千分表

② 千分表法。此法用于较精确的啮合。如图 6-23 所示，在上齿轮轴上固定一个摇杆（1），摇杆尖端支在千分表（2）的测头上，千分表安装在平板上或齿轮箱中。将下齿轮固定，在上下两个方向上微微转动摇杆，记录千分表指针的变化值，则齿侧间隙 C_n 为：

$$C_n = CR / L$$

式中，C 为千分表上读数值；R 为上部齿轮节圆半径，mm；L 为两齿轮中心线至千分表测头间距离，mm。

（3）齿轮接触精度的检验。

影响齿轮接触精度的主要因素是齿形误差和装配精度。若齿形误差太大，会导致接触斑点位置正确但面积小，此时可在齿面上加研磨剂并转动两齿轮进行研磨以增加接触面积；若齿形正确但装配误差大，在齿面上易出现各种不正常的接触斑点，可在分析原因后采取相应措施进行处理。

如图 6-24 所示，可根据接触斑点的分布判断啮合情况。

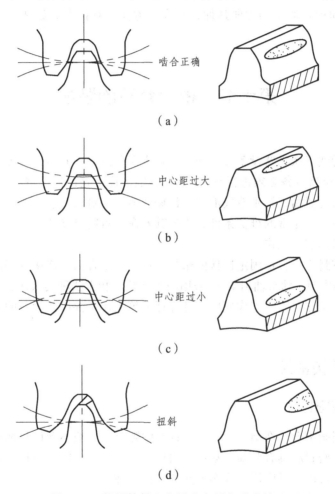

（a）

（b）

（c）

（d）

图 6-24　根据接触斑点的分布判断啮合情况

（4）测量轴心线平行度误差值。轴心线平行度误差包括水平方向轴心线平行度误差 δ_x 和垂直方向平行度误差 δ_y。水平方向轴心线平行度误差 δ_x 的测量方法可先用内径千分尺测出两轴两端的中心距尺寸，然后计算出平行度误差。垂直方向平行度误差以可用千分表法，也可用涂色法及压铅法。

（二）圆锥齿轮的装配

圆锥齿轮的装配与圆柱齿轮的装配基本相同。所不同的是圆锥齿轮传动两轴线相交，交角一般为 90°。装配时值得注意的问题主要是轴线夹角的偏差、轴线不相交偏差和分度圆锥顶点偏移，以及啮合齿侧间隙和接触精度应符合规定要求。

圆锥齿轮传动轴线的几何位置一般由箱体加工所决定，轴线的轴向定位一般以圆锥齿轮的背锥作为基准，装配时使背锥面平齐，以保证两齿轮的正确位置。圆锥齿轮装配后要检查齿侧间隙和接触精度。齿侧间隙一般是检查法向侧隙，检查方法与圆柱齿轮相同。若侧隙不符合规定，可通过齿轮的轴向位置进行调整。接触精度也用涂色法进行检查，当载荷很小时，接触斑点的位置应在齿宽中部稍偏小端，接触长度约为齿长的 2/3 左右。载荷增大，斑点位置向齿轮的大端方向延伸，在齿高方向也有扩大。如装配不符合要求，应进行调整。

第十节　密封装置的装配

为了防止润滑油脂从机器设备接合面的间隙中泄漏出来，并不让外界的脏物、尘土、水和有害气体侵入，机器设备必须进行密封。密封性能的优劣是评价机械设备的一个重要指标。由于油、水、气等的泄漏，轻则造成浪费、污染环境，又对人身、设备安全及机械本身造成损害，使机器设备失去正常的维护条件，影响其寿命；重则可能造成严重事故。因此必须重视和认真搞好设备的密封工作。

机器设备的密封主要包括固定连接的密封（如箱体结合面、连接盘等的密封）和活动连接的密封（如填料密封、轴头油封等）。采用的密封装置和方法种类很多，应根据密封的介质种类、工作压力、工作温度、工作速度、外界环境等工作条件以及设备的结构和精度等进行选用。

一、固定连接密封

（一）密封胶密封

为保证机件正确配合，在结合面处不允许有间隙时，一般不允许只加衬垫，这时一般用密封胶进行密封。密封胶具有防漏、耐温、耐压、耐介质等性能，而且有效率高、成本低、操作简便等优点，可以广泛应用于许多不同的工作条件。

密封胶使用时应严格按照如下工艺要求进行。

1. 密封面的处理

各密封面上的油污、水分、铁锈及其他污物应清理干净，并保证其应有的粗糙度，以便达到紧密结合的目的。

2. 涂　敷

一般用毛刷涂敷密封胶。若黏度太大时，可用溶剂稀释，涂敷要均匀，不要过厚，以免挤入其他部位。

3. 干　燥

涂敷后要进行一定时间的干燥，干燥时间可按照密封胶的说明进行，一般为 3～7 min。干燥时间长短与环境温度和涂敷厚度有关。

4. 紧固连接

紧固时施力要均匀。由于胶膜越薄，凝附力越大，密封性能越好，所以紧固后间隙为 0.06～0.1 mm 比较适宜。当大于 0.1 mm 时，可根据间隙数值选用固体垫片结合使用。

表 6-6 列出了密封胶使用时泄漏原因及分析。

表 6-6　密封胶使用时泄漏原因及分析

泄漏原因	原因分析
工艺问题	（1）结合处理得不洁净； （2）结合面间隙过大（不宜大于 0.1 mm）； （3）涂敷不周； （4）涂层太厚； （5）干燥时间过长或过短； （6）连接螺栓拧紧力矩不够； （7）原有密封胶在设备拆除重新使用时未更换新密封胶
选用密封胶材质不当	所选用密封胶与实际密封介质不符
温度、压力问题	工作温度过高或压力过大

（二）密合密封

由于配合的要求，在结合面之间不允许加垫料或密封胶时，常常依靠提高结合面的加工精度和降低表面粗糙度进行密封。这时，除了需要在磨床上精密加工外，还要进行研磨或刮研使其达到密合，其技术要求是有良好的接触精度和做不泄漏试验。机件加工前，还需经过消除内应力退火。在装配时注意不要损伤其配合表面。

（三）衬垫密封

承受较大工作负荷的螺纹连接零件，为了保证连接的紧密性，一般要在结合面之间加刚性较小的垫片，如纸垫、橡胶垫、石棉橡胶垫、紫铜垫等。垫片的材料根据密封介质和工作条件选择。衬垫装配时，要注意密封面的平整和清洁，装配位置要正确，应进行正确的预紧。维修时，拆开后如发现垫片失去了弹性或已破裂，应及时更换。

二、活动连接的密封

（一）填料密封

填料密封（见图 6-25）的装配工艺要点有以下几点。

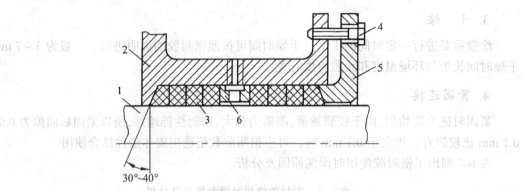

图 6-25 填料密封

1—主轴；2—壳体；3—软填料；4—螺钉；5—压盖；6—孔环

（1）软填料可以是一圈圈分开的，各圈在轴上不要强行张开，以免产生局部扭曲或断裂。相邻两圈的切口应错开 180°。软填料也可以做成整条的，在轴上缠绕成螺旋形。

（2）当壳体为整体圆筒时，可用专用工具把软填料推入孔内。

（3）软填料由压盖（5）压紧，为了使压力沿轴向分布尽可能均匀，以保证密封性能和均匀磨损，装配时，应由左到右逐步压紧。

（4）压盖螺钉（4）至少有两只，必须轮流逐步拧紧。以保证圆周力均匀。同时用手转动主轴，检查其接触的松紧程度，要避免压紧后再行松出。软填料密封在负荷运转时，允许有少量泄漏。运转后继续观察，如泄漏增加，应再缓慢均匀拧紧压盖螺钉（一般每次再拧进 1/6 ~ 1/2 圈）。但不应为争取完全不漏而压得太紧，以免摩擦功率消耗太大或发热烧坏。

（二）油封密封

油封是广泛用于旋转轴上的一种密封装置，其结构比较简单（见图 6-26），按结构可分为骨架式和无骨架式两类。装配时应使油封的安装偏心量和油封与轴心线的相交度最小，要防止油封刃口、唇部受伤，同时要使压紧弹簧有合适的拉紧力。装配要点如下：

（1）检查油封孔、壳体孔和轴的尺寸，壳体孔和轴的表面粗糙度是否符合要求，密封唇部是否损伤，并在唇部和主轴上涂以润滑油脂。

（2）压入油封要以壳体孔为准，不可偏斜，并应采用专门工具压入，绝对禁止棒打锤敲等做法。壳体孔应有较大倒角，油封外圈及壳体孔内涂以少量润滑油脂。

（3）油封装配方向，应该使介质工作压力把密封唇部紧压在主轴上，而不可装反。如用作防尘时，则应使唇部背向轴承。如需同时解决防漏和防尘，应采用双面油封。

（4）油封装入壳体孔后，应随即将其装入密封轴上。当轴端有键槽、螺钉孔、台阶等时，为防止油封刃口在装配中损伤，可采用导向套如图 6-27 所示。

装配时要在轴上与油封刃口处涂润滑油坏。另外，还应严防油封弹簧脱落。

油封的泄漏及防止措施见表 6-7。

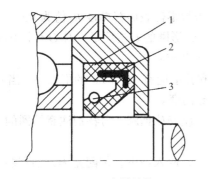

图 6-26　油封结构

1—油封体；2—金属骨架；3—压紧弹簧

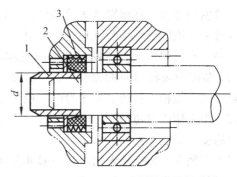

图 6-27　防止唇部受伤的装配导向套

1—导向套；2—轴；3—油封

防止油封在初运转时发生干摩擦而使刃口烧坏。另外，更还应严防油封弹簧脱落。

表 3-7　油封的泄漏及防止措施

泄漏原因	原因分析	防止措施
唇部损伤或折叠	装配时由于与键槽、螺钉孔、台阶等的锐边接触，或毛刺未去除干净	去除毛刺、锐边，采用装配导向套，并注意保持唇部的正确位置
	轴端倒角不合适	倒角30°左右，并与轴颈光滑过渡
	由于包装、储藏、输送等工作未做好	油封不用时不要拆开包装，不要过多重叠堆积，应存储在阴凉干燥处
唇部早期磨损或老化龟裂	唇部和轴的配合过紧	配合过盈量对低速可大点，对高速可小点
	拉紧弹簧径向压力过大	可改较长的拉紧弹簧
	唇部与轴间润滑油不充分或无润滑油	加润滑油
	与主轴线速度不适应	低速油封不能用于高速
	前后轴承孔的同轴度超差，以致主轴作偏心旋转	装配前应校正轴承的同轴度
	与使用温度不相应	应根据需要选用耐热或耐寒的橡胶油封
	油液压力超过油封承受限度	压力较大时应采用耐压油封或耐压支撑圈
油封与主轴或壳体孔未完全密贴	主轴或壳体孔尺寸超差	装配前应进行检查
	在主轴或壳体孔装油封处有油漆或其他杂质	装油封处注意清洗并保持清洁
	装配不当	遵守装配规程

（三）密封圈密封

密封元件中最常用的就是密封圈，密封圈的断面形状有圆形（O 形）和唇形，其中用得最早、最多、最普遍的是 O 形密封圈。

1. O 形密封圈及装配

O 形密封圈是压紧型密封，故在其装入密封沟槽时，必须保证 O 形密封圈有一定的预压缩量，一般截面直径压缩量为 8%～25%的 O 形密封圈对被密封表面的粗糙度要求很高，一般规定静密封零件表面粗糙度 R_a 值为 6.3 ~ 3.2，动密封零件表面粗糙度 R_a 值为 0.4 ~ 0.2。

O 形密封圈既可用作静密封，又可用于动密封。O 形圈的安装质量，对 O 形圈的密封性能与寿命均有重要影响，在装配 O 形圈时应注意以下几点：

（1）装配前须将 O 形圈涂润滑油，装配时轴端和孔端应有 15° ~ 20°的引入角。当 O 形圈需通过螺纹、键槽、锐边、尖角等时，应采用装配导向套。

（2）当工作压力超过一定值（一般 10 MPa）时，应安放挡圈，需特别注意挡圈的安装方向，单边受压，装于反侧。

（3）在装配时，应预先把需装的 O 形圈如数领好，放入油中，装配完毕，如有剩余的 O 形圈，必须检查重装。

（4）为防止报废 O 形圈的误用，装配时换下来的或装配过程中弄废的 O 形圈，一定立即剪断收回。

2. 唇形密封圈及装配

唇形密封圈的应用范围很广，既适用于大中小直径的活塞、柱塞的密封，也适用于高低速往复运动和低速旋转运动的密封。

唇形密封圈的装配应按下列要求进行：

（1）唇形圈在装配前，首先要仔细检查密封圈是否符合质量要求，特别是唇口处不应有损伤、缺陷等。其次，仔细检查被密封部位相关尺寸精度和粗糙度是否达到要求，对被密封表面的粗糙度一般要求 $R_a \leqslant 1.6$。

（2）装配唇形圈的有关部位，如缸筒和活塞杆的端部，均需倒成 15° ~ 30°的倒角，以避免在装配过程中损伤唇形圈唇部。

（3）在装配唇形圈时，如需通过螺纹表面和退刀槽，必须在通过部位套上专用套筒或在设计时，使螺纹和退刀槽的直径小于唇形圈内径。反之，在装配唇形圈时，如需通过内螺纹表面和孔口，必须使通过部位的内径大于唇形圈的外径或加工出倒角。

（4）为减小装配阻力，在装配时，应将唇形圈与装入部位涂敷润滑脂。

（5）在装配中，应尽力避免使其有过大的拉伸，以免引起塑性变形。当装配现场温度较低时为便于装配，可将唇形圈放入 60 ℃ 左右的热油中加热，但不可超过唇形圈的使用温度。

（6）当工作压力超过 20 MPa 时，除复合唇形圈外，均须加挡圈，以防唇形圈挤出。挡圈均应装在唇形圈的根部一侧，当其随同唇形圈向缸筒里装入时，为防止挡圈斜切口被切断放入槽沟后，用润滑脂将斜切口黏结固定，再行装入。

开口式挡圈在使用中，有时可能在切口处出现间隙，影响密封效果。因此，在一般情况下，应尽量采用整体式挡圈。聚四氟乙烯制作的挡圈，一旦拉伸，要恢复原尺寸，需要较长时间。因此，不应该将拉伸后装入活塞上的挡圈立即装入缸筒内，须等尺寸复原后再行装配。

唇形密封圈种类很多，根据断面形状不同，可分为 V 形（见图 6-28）、Y 形、YX 形、U 形、L 形等。V 形密封圈是唇形密封圈中应用最早、最广泛的一种。根据采用材质的不同，

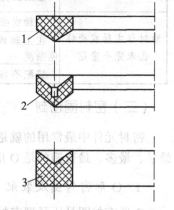

图 6-28 V 形密封圈的断面形状

1—支承环；2—密封环；3—压环

V 形密封圈可分为 V 形夹织物橡胶密封圈、V 形橡胶密封圈和 V 形塑料密封圈。其中 V 形夹织物橡胶密封圈应用最普遍。

V 形夹织物橡胶密封圈由一个压环、数个重叠的密封环和一个支承环组成。使用时，必须将这三部分有机地组合起来，不能单独使用。密封环的使用个数随压力高低和直径大小而不同，压力高、直径大时可用多个密封环。在 V 形密封装置中真正起密封作用的是密封环，压环和支承环只起支承作用。

Y 形密封圈可分为两种：Y 形橡胶密封圈（见图 6-29）和 YX 形聚氨酯密封圈（见图 6-30 和图 6-31）。这两种密封圈在使用中只要用单圈就可以实现密封。适用于运动速度较高的场合，工作压力可达 20 MPa。Y 形密封圈对被密封表面的粗糙度要求，一般规定轴的表面的粗糙度 $R_a \leqslant 0.4$，孔的表面的粗糙度 $R_a \leqslant 0.8$。

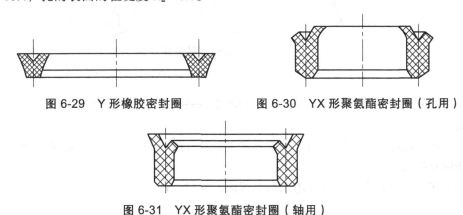

图 6-29　Y 形橡胶密封圈　　　　图 6-30　YX 形聚氨酯密封圈（孔用）

图 6-31　YX 形聚氨酯密封圈（轴用）

YX 形聚氨酯密封圈装配时，必须区分是孔用还是轴用，不得互相代替。所谓孔用即是密封圈的短脚（外唇边）和缸筒内壁做相对运动，长脚（内唇边）和轴相对静止，起支承作用。所谓轴用即是密封圈的短脚（内唇边）和轴做相对运动，长脚（外唇边）和缸筒相对静止，起支承作用。

（四）机械密封

机械密封是旋转轴用的一种密封装置。其主要特点是密封面垂直于旋转轴线，依靠动环和静环端面接触压力来阻止和减少泄漏。

机械密封装置密封原理如图 3-32 所示。轴（1）带动动环（2）旋转，静环（5）固定不动，依靠动环（2）和静环（5）之间接触端面的滑动摩擦保持密封。在长期工作摩擦表面磨损过程中，弹簧（3）推动动环（2），以保证动环（2）与静环（5）接触而无间隙。为了防止介质通过动环（2）与轴（1）之间的间隙泄漏，装有密封圈（7）；为防止介质通过静环（5）与壳体（4）之间的间隙泄漏，装有密封圈（6）。

对机械密封装置在装配时，必须注意事项如下：

（1）按照图样技术要求检查主要零件，如轴的表面粗糙度、动环及静环密封表面粗糙度和平面度等是否符合规定。

（2）找正静环端面，使其与轴线的垂直度误差小于 0.05 mm。

（3）必须使动、静环具有一定的浮动性，以便在运动过程中能适应影响动、静环端面接触的各种偏差，这是保证密封性能的重要条件。浮动性取决于密封圈的准确装配、与密封圈接触的主轴或轴套的粗糙度、动环与轴的径向间隙以及动、静环接触面上摩擦力的大小等. 而且还要求有足够的弹簧力。

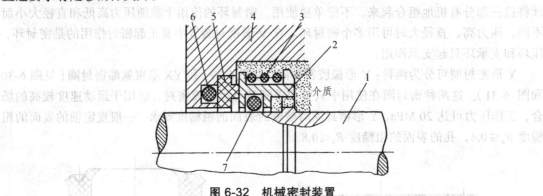

图 6-32   机械密封装置

1—轴；2—动环；3—弹簧；4—壳体；5—静环；6—静环密封圈；7—动环密封圈

（4）要使主轴的轴向窜动、径向跳动和压盖与轴的垂直度误差在规定范围内。否则将导致泄漏。

（5）在装配过程中应保持清洁，特别是主轴装置密封的部位不得有锈蚀，动、静环端面应无任何异物或灰尘。

（6）在装配过程中，不允许用工具直接敲击密封元件。

复习题：

1. 简述机械装配的工艺过程。
2. 机械拆卸的一般规则和要求？
3. 零件检验的原则是什么？
4. 密封胶使用时的工艺要求有哪些？

第七章　机械零件的修复技术

失效的机械零件大部分可以应用各种修复技术修复后重新使用。修复失效的机械零件与直接更换零件相比具有以下优点：修复零件一般可以节约原材料，节约加工以及拆装、调整、运输等费用，降低维修成本；可以避免因某些备件不足而等待配件，有利于缩短停修时间，提高设备利用率；可以减少备件储备量，从而减少资金的占用；一般不需要精、大、稀关键设备，易于组织生产；利用新技术修复旧件还可提高零件的某些性能，如电镀、堆焊和热喷涂等表面技术，只将少量的高性能材料填充于零件表面，成本并不高，但大大提高了零件的耐磨性能，延长了零件使用寿命。

修复技术是机修行业修理技术中的重要组成部分，合理地选择和运用修复技术，是提高维修质量、节约资源、缩短停修时间和降低维修费用的有效措施。尤其对贵重、大型、加工周期长、精度要求高、需要特殊材料和特种加工的零件，其意义就更为突出。

第一节　金属扣合技术

金属扣合技术是利用扣合件的塑性变形或热胀冷缩的性质将损坏的零件连接起来，以达到修复零件裂纹或断裂的目的。这种技术可用于不易焊补的钢件、不允许有较大变形的铸件，以及有色金属的修复，对于大型铸件如机床床身、轧机机架等基础件的修复效果就更为突出。

一、金属扣合技术的特点

（1）整个工艺过程完全在常温下进行，排除了热变形的不利因素。

（2）操作方法简便，不需特殊设备，可完全采用手工作业，便于现场就地进行修理工作，具有快速修理的特点。

（3）波形槽分散排列，扣合件（波形键）分层装入，逐片铆击，避免了应力集中。

二、金属扣合法的分类

金属扣合技术可分为强固扣合法、强密扣合法、优级扣合法和热扣合法四种。在实际应用中，可根据具体情况和技术要求，选择其中一种或多种联合使用，以达到最佳效果。

（一）强固扣合法

强固扣合法是先在垂直于损坏零件的裂纹或折断面上，加工出若干个一定形状和尺寸的凹槽（波形槽），然后把形状与波形槽相吻合的高强度材料制成的扣合件（波形键）镶入槽中，并在常温下铆击波形键，使其产生塑性变形而充满波形槽腔，甚至使其嵌入零件基体之内。这样，由于波形键的凸缘和波形槽相互扣合，便将损坏的零件重新牢固地连接成一体，如图 7-1 所示。

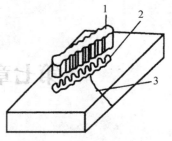

这种方法适用于修复壁厚 8～40 mm 的一般强度要求的薄壁机件。

图 7-1 强固扣合法
1—波形键；2—波形槽；3—裂纹

1. 波形键的设计和制造

（1）波形键尺寸的确定波形键的形状如图 7-2 所示。它的主要尺寸有凸缘直径 d、颈部宽度 b、间距 L 和厚度 t。通常以尺寸 b 作为基本尺寸来确定其他尺寸值，一般取 $b=3～6$ mm。其他尺寸可按下列经验公式计算，即

$$D=（1.4～1.6）b$$
$$L=（2～2.2）b$$
$$t≤b$$

设计波形键时根据机件受力大小和壁厚来确定波形键的凸缘数目。通常波形键的凸缘个数分别选用 5、7、9 个，凸缘数越多，则波形槽各凹注断面上的应力越小，并可使最大应力远离裂缝处。但凸缘过多，会使波形键镶配工作增加难度。

（2）波形键的材料对波形键材料的要求如下：

① 具有足够的强度和韧性。

② 经热处理后，材料应变软以便于铆击。

③ 冷作硬化倾向大，而且不发脆，使铆紧后的波形键具有很高的强度。

④ 对受热机件的扣合波形键材料的热膨胀系数要略低于或与机件材料相一致。

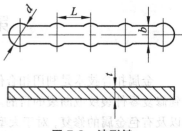

图 7-2 波形键

因此，一般扣合用波形键材料常采用 lCr18Ni9 或 lCr18Ni9Ti 等奥氏体铬镍钢，扣合高温机件用的波形键材料是 Ni36 等高镍合金钢。

（3）波形键的制造波形键的制造工艺是在液压压力机上用模具冷挤压成形，然后对其上、下两平面进行机加工并修整凸缘圆弧，最后需热处理，硬度要求达到 140 HBS 左右。

2. 波形槽的设计和加工

（1）波形槽尺寸的确定。除槽深 T 大于波形键厚度 t 外，其余尺寸与波形键尺寸相同，它们之间的配合最大允许间隙可达到 0.1～0.2 mm，波形槽深度 T 一般为工件壁厚 H 的 0.7～0.8 倍，即 $T=（0.7～0.8）H$，如图 7-3（a）、（b）所示。

（2）波形槽的布置。为使最大应力分布在较大范围内，改善工件受力状况，在布置波形槽时，可采用一长一短式或一前一后式[见图 7-3（d）]。对于承受弯曲载荷的机件，因机件外层受有最大拉应力，往里逐渐减少，可将波形槽设计成阶梯状[见图 7-3（c）]，以减小机件内壁因开槽而遭削弱的影响。

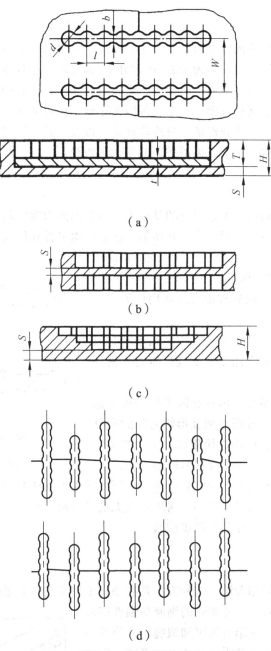

（a）

（b）

（c）

（d）

图 7-3　波形槽的布置

（3）波形槽的加工。小型机件的波形槽可在镗床、铣床等设备上加工，对于拆卸和搬运不便的大型机件，其波形槽则可采用手电钻、钻模等简便工具现场加工。

波形槽现场加工的简要工艺过程：

① 划出各波形槽的位置线；

② 借助于钻模加工波形槽各凸缘孔及凸缘间孔，锪孔至深度 T；

③ 钳工修整宽度和两平面，保证槽与键之间的配合间隙。

3. 铆击工艺

用压缩空气吹净波形槽内的金属屑末，用频率高、冲击力小的小型铆钉枪铆击波形键，将其扣入波形槽内，压缩空气压力为 0.2 ~ 0.4 MPa。铆击时应注意使铆击杆垂直于铆击面，先铆波形键两端的凸缘，再逐渐向中间推进，轮换对称铆击，最后铆裂纹上的凸缘时不宜过紧，以免将裂纹撑开。根据机件要求、壁厚等因素正确掌握好铆紧度，一般控制每层波形键铆低 0.5 mm 左右为宜。为使波形键充分冷作硬化，以提高其抗拉强度极限，操作时每个部位应先用圆弧面冲头铆击其中心，再用平底冲头铆击边缘。

（二）强密扣合法

强密扣合法是在强固扣合工艺原理的基础上，再在两波形键之间、裂纹或折断面的结合线上，每间隔一定距离加工缀缝栓孔，并使第二次钻的缀缝栓孔稍微切入已装好的波形键和缀缝栓，形成一条密封的"金属纽带"，达到阻止流体受压渗漏的目的，如图 7-4 所示。对于承受高压的汽缸和高压容器等的修复，此法具有很高的使用价值，是一种行之有效的方法。

缀缝栓有螺栓形和圆柱形两种，前者用于承受较低压力的断裂件修复，后者用于承受较高压力、密封要求高的机件。

缀缝栓的尺寸主要参考波形键和波形槽的尺寸选用。缀缝栓直径的选择应考虑到两波形键之间的裂缝或折断面间的长度，以保证缀缝栓能密布于缝的全长

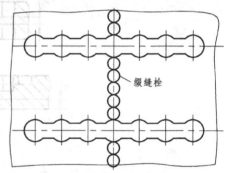

缀缝栓

图 7-4　强密扣合法

上，一般螺栓形采用 M3 ~ M8，圆柱形取 $\phi 3 ~ \phi 8$，缀缝栓之间间距要尽可能小。缀缝栓的材料与波形键相同，对于要求不高的修复部位，也可用低碳钢或纯铜等软性材料。

缀缝栓采用螺栓时，也可涂以环氧树脂胶或无机黏结剂，然后一件件旋入，确保密封性能良好；采用圆柱形时，分片装入逐步铆紧。

（三）优级扣合法

优级扣合法也称加强扣合法，这种方法是在垂直于裂纹或断裂面的修复区上加工出一定形状的空穴，然后将形状、尺寸相同的钢制加强件镶入空穴中，在零件与加强件的结合处再加缀缝栓，使其一半嵌在加强件上，另一半嵌在零件基体上，必要时还可再加入波形键，如图 7-5 所示。此法主要用于要求承受高负荷的厚壁机件，如水压机横梁、轧钢机轧辊支架、辊筒等的修复。

优级扣合法以一些特别制造的加强件来代替普通的波形键。这些加强件比波形键能承受更大的负荷，而且能使负荷分散到更大的面积，离裂纹和断裂处更远。

加强件的形状可根据零件材料性质、载荷性质和大

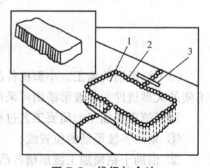

图 7-5　优级扣合法
1—加强件；2—缀缝栓；3—波形键

小以及扣合处形状等因素设计成不同形式，如图 7-6 所示，主要有钢制砖形、十字形、X 形、圆形、三角形等。

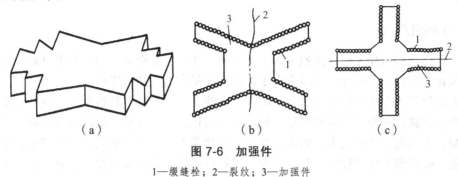

（a）　　　　　　　（b）　　　　　　　（c）

图 7-6　加强件

1—缀缝栓；2—裂纹；3—加强件

（四）热扣合法

热扣合法是利用金属热胀冷缩的原理，将选定的具有一定形状的扣合件经加热后放入机件损坏处已加工好的与扣合件形状相同的凹槽中，扣合件在冷却过程中产生收缩，将破裂的机件重新密合，如图 7-7 所示。这种方法比其他扣合法更为简便实用，多用来修复大型飞轮、齿轮和重型设备的机身等。

扣合法目前已在各行各业越来越普遍地应用。实践证明，采用扣合法修复，质量可靠，精度能够得到保证，工艺成熟简便，成本低廉，外形美观，具有明显的经济效益。

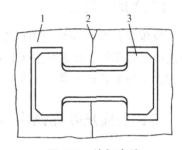

图 7-7　热扣合法

1—零件；2—裂纹；3—扣合件

第二节　工件表面强化技术

零件的修复，有时不仅仅是补偿尺寸，恢复配合关系，还要赋予零件表面更好的性能，如耐磨性、耐高温性等。采用表面强化技术可以使零件表面获得更好的性能。

工件表面强化技术是指采用某种工艺手段，通过材料表层的相变、改变表层的化学成分、改变表层的应力状态以及提高工件表面的冶金质量等途径来赋予基体材料本身所不具备的特殊力学、物理和化学性能，从而满足工程上对材料及其制品提出的要求的一种技术。

表面强化技术作为表面工程学的一项重要技术，对于改善材料的表面性能，提高零件表面的耐磨性，抗疲劳性，延长其使用寿命等具有重要意义。它可以节约稀有、昂贵材料，对各种高新技术发展具有重要作用。下面对常用的几种表面强化技术进行介绍。

一、表面形变量化

表面形变强化的基本原理是通过喷丸、滚压、挤压等手段使工件表面产生压缩变形，表面形成强化层，其深度可达 0.5 ~ 1.5 mm，从而有效地提高工件表面强度和疲劳强度。

表面形变强化成本低廉，强化效果显著，在机械设备维修中常用，其中喷丸强化应用最为广泛。

（一）喷丸强化

喷丸强化是利用高速弹丸强烈冲击工件表面，使之产生形变硬化层并引进残余应力的一种机械强化工艺方法。喷丸技术通常用于表面质量要求不太高的零件。

喷丸强化用于提高零件的抗疲劳及耐应力腐蚀能力，适合各种机械，如航空、航海、石油、矿山、铁路、运输、重型机械等。通过喷丸强化，一般可显著提高疲劳寿命，应用在飞机起落架、发动机、各种接头、曲轴、连杆、叶片等零件。在飞机制造和维修中，零件磨削后，电镀、喷涂前大都进行喷丸强化处理，以提高抗疲劳和耐应力腐蚀能力，是一种不可缺少的工艺。

（二）滚压强化

滚压强化的原理是利用球形金刚石滚压头或表面有连续沟槽的球形金刚石滚压头以一定滚压力对零件表面进行滚压，使表面形变强化产生硬化层。目前，滚压强化用的滚轮、滚压力大小等工艺规范尚无标准，滚压技术一般只适用于回转体类零件。

二、表面热处理强化和表面化学热处理强化

（一）表面热处理强化

表面热处理是仅对零件表层进行热处理，使表层发生相变，从而改变表层组织和性能的工艺，是最基本、应用最广泛的表面强化技术之一。它可使零件表层具有高强度、硬度、耐磨性及疲劳极限，而心部仍保留原组织状态。

根据加热方式不同，常用的表面热处理强化包括：感应加热（高频、中频、工频）表面淬火、火焰加热表面淬火、电接触加热表面淬火、浴炉（高温盐浴炉）加热表面淬火等。下面介绍生产中广泛应用的感应加热表面淬火和火焰加热表面淬火。

1. 感应加热表面淬火

感应加热表面淬火的基本原理如图 7-8 所示。将工件放在铜管绕制的感应圈内，当感应圈通过一定频率的电流时，感应圈内部和周围产生同频率的交变磁场，于是工件中相应产生了自成回路的感应电流，由于集肤效应，感应电流主要集中在工件表层，使工件表面迅速加热到淬火温度，随即喷水冷却，使工件表层淬硬。

经感应加热表面淬火的工件，表面不易氧化、脱碳、变形小，淬火层深度容易控制，生产率高，还便于实现

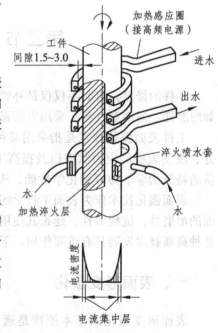

图 7-8　感应加热表面淬火

生产机械化，多用于大批量生产的形状 较简单的零件。

2. 火焰加热表面淬火

火焰加热表面淬火是用乙炔-氧或煤气-氧的混合气体燃烧的火焰，将工件表面快速加热到淬火温度，然后立即喷水冷却，从而获得预期的硬度和淬硬层深度的表面淬火方法，如图7-9所示。

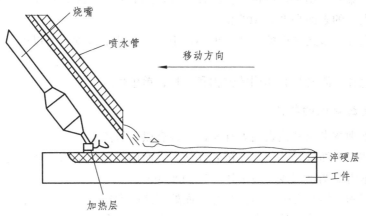

图 7-9　火焰加热表面淬火

火焰加热表面淬火的淬硬层深度一般为 2 ~ 6 mm。这种表面淬火方法简便，无需特殊设备，投资少，但加热时易过热，淬火质量往往不够稳定。适用于单件或小批量生产的大型零件或需要局部淬火的工件，如大型轴类、大模数齿轮等。

（二）表面化学热处理强化

表面化学热处理强化是将工件置于一定的活性介质中，加热到一定温度，使活性介质通过扩散并释放欲渗入元素的活性原子，活性原子渗入到工件表层，从而改变表层的成分、组织和性能工件表面的强度、硬度和耐磨性，提高表面疲劳强度，提高表面的耐腐蚀性，使工件表面具有良好的抗黏着能力和低的摩擦系数。表面化学热处理强化可以提高表面化学热处理种类较多，一般以渗入的元素来命名。常用的表面化学热处理强化方法有渗碳、渗氮、碳氮共渗、渗硼、渗金属（通常为 W、V、Cr 等）等。

三、三束表面改性技术

近年来，随着激光束、离子束、电子束的出现与发展，采用激光束、离子束、电子束对材料表面进行改性已成为材料表面增强新技术，通常称为"三束表面改性技术"。我国于1992年在大连理工大学和复旦大学成立了三束表面改性技术国家重点联合实验室。

（一）激光表面处理技术

激光表面处理技术是应用光学透镜将激光束聚集到很高的功率密度与很高的温度，照射到材料表面，借助于材料的自身传导冷却，改变表面层的成分和显微结构，从而提高表面性能的方法。它可以解决其他表面处理方法无法解决或不好解决的材料强化问题，可大幅度提高材料或零部件抗磨损、抗疲劳、耐腐蚀、防氧化等性能，延长其使用寿命。广泛应用于汽车、冶金、机床，以及刀具、模具等的生产和修复中。

1. 激光束的特点

（1）高功率密度（高亮度）。与其他光源相比，激光光源发射激光束的功率密度较大，经过光学透镜聚集后，功率密度进一步增强，可达到 104^4 W/cm^2，焦斑中心温度可达几千度到几万度，比太阳的表面亮度高 10^{10} 倍。

（2）高方向性。激光光束的发散角很小，小到一至几毫弧度，所以可以认为光束基本上是平行的。

（3）高单色性。激光具有相同的位相和波长，单色性好。

2. 激光表面处理的特点

激光表面处理技术与其他表面处理相比，具有以下特点。

（1）无需使用外加材料。仅改变被处理材料表面层的组织结构处理后的改性层具有足够的厚度，可根据需要调整深浅一般可达 0.1 ~ 0.8 mm。

（2）处理层和基体结合强度高。激光表面处理的改性层和基体材料之间是致密的冶金结合，而且处理层本身是致密的冶金组织，具有较高的硬度和耐磨性。

（3）被处理件变形极小。由于激光功率密度高，与零件的作用时间极短，故零件的热影响区和整体变化都很小。适合于高精度零件处理，作为材料和零件的最后处理工序。

（4）加工柔性好。适用面广利用灵活的导光系统可随意将激光导向处理部位，从而可方便地处理深孔、内孔、盲孔和凹槽等，可进行选择性的局部处理。

（5）工艺简单、优越。激光表面处理均在大气环境中进行，免除了镀膜工艺中漫长的抽真空时间，没有明显的机械作用力和工具损耗，无噪声、无污染、无公害、劳动条件好。再加上激光器配以微机控制系统，很容易实现自动化生产，易于批量生产。产品成品率极高，几乎达到 100%，效率很高、经济效益显著。

3. 常见的激光表面处理技术

常见的激光表面处理技术有激光表面淬火、激光表面合金化等。

（1）激光表面淬火，也称为激光相变强化，指用激光向零件表面加热，在极短的时间内，零件表面被迅速加热到奥氏体化温度以上，在激光停止辐照后，快速自冷淬火得到马氏体组织的一种工艺方法。目前激光表面淬火强化已广泛应用于工业生产中，如采用球墨铸铁制造的汽车曲轴，其圆弧处经表面淬火后，硬度可升高到 HRC55 ~ 62，耐磨性与疲劳强度也大为提高；采用钢或铸铁制造的凸轮、齿轮、活塞环、缸套、模具等，经激光表面淬火后，大大提高其表面硬度和耐磨性。

激光表面淬火对材料的性能有如下影响：

① 硬度升高。几种钢经激光表面淬火后的表面硬度见表 7-1。

表 7-1　几种钢经激光表面淬火后的表面硬度

钢种	45 钢	T8 钢	T12 钢	W18Cr4V
硬度	HV780	HV980	HV1050	HV1100

②　提高耐磨性能。激光表面淬火后，表层晶粒明显细化，有利于提高强韧性综合性能指标，同时硬度明显升高，可显著提高耐磨性，且被处理的零部件不受尺寸限制。

③　改善疲劳性能。钢经激光表面淬火后，表层发生马氏体相变而体积膨胀，从而在表层形成残余应力，这种表层压应力可大大提高疲劳强度。例如，15MnVN、25CrMnSi 等低含碳量的钢进行激光表面淬火后，疲劳寿命大幅度提高。但对含碳量较高的钢进行激光表面淬火处理效果不明显，这是由于含碳量较高的钢经激光表面淬火后，虽然表面硬度升高，但内部应力增加幅度较大，使疲劳寿命提高不明显。

④　残余应力。经激光表面淬火后，零件表面由于获得马氏体组织发生膨胀，而内部限制其膨胀，从而在表面形成残余压应力，到一定深度后，残余压应力转变为残余拉应力。表面残余压应力的存在，有利于提高零部件的疲劳强度，推迟零部件在服役过程中裂纹的萌生度低等缺点。

（2）激光表面涂敷，其原理与堆焊相似，将预先配好的合金粉末（或在合金粉末中添加硬质陶瓷颗粒）预涂到基材表面。在激光的辐照下，混合粉末熔化（硬质陶瓷颗粒可以不熔化）形成熔池，直到基材表面微熔。激光停止辐照后，熔化氏凝固，并在界面处与基材达到冶金结合。它可避免热喷涂方法使涂层内有过多的气孔、熔渣夹杂、微观裂纹和涂层结合强度低等缺点。

基材一般选择廉价的钢铁材料，有时也可选择铝合金、铜合金、镍合金、钛合金。涂敷材料一般为 Co 基、Ni 基、Fe 基自熔合金粉末。也可将此 3 种自熔合金作为陶瓷增强涂层的黏结材料，耐增强陶瓷颗粒一般选择为 WC、SiC、TiC、TiN 等。

激光表面涂敷的目的是提高零部件的耐磨、耐热与耐腐蚀性能。例如，汽轮机和水轮机叶片表面涂敷 Co-Cr-Mo 合金，提高耐磨与耐腐蚀性能。

（3）激光表面合金化，是一种既改变表面的物理状态，又改变其化学成分的激光表面处理技术。它是预先用电镀或喷涂等技术把所需合金元素涂敷在金属表面，再用激光照射该表面。也可以涂敷与激光照射同时进行。由于激光照射使涂敷层合金元素和基体表面薄层熔化、混合，而形成物理状态、组织结构和化学成分不同的新的表层，从而提高表层的耐磨性、耐腐蚀性和高温抗氧化性等。如在碳钢表面预涂一定配比的 W、V、Cr、C 元素混合粉末，经激光表面合金化后，可在钢表面获得类似 W18Cr4V 高速钢的成分、组织与性能，从而大大提高表面硬度与耐磨性。它特别适合于工件的重要部位的表面处理。

（4）激光表面非晶态处理，是指金属表面在激光束辐照下熔化并快速冷却，熔化的合金在快速凝固过程中来不及结晶，从而在表层形成厚度为 1 ~ 10 μm 的非晶相，这种非晶相薄层不仅具有高强度、高韧度、高耐磨性和高耐腐蚀性，而且具有独特的电磁性和氧化性。

例如，纺纱钢令跑道用激光非晶态处理后，表面硬度提高至 HV1 000 以上，耐磨性提高 1 ~ 3 倍，纺纱断头率下降 75%，经济效益显著。又如，汽车凸轮轴和柴油机铸钢套外壁经激光表面非晶态处理后，强度和耐腐蚀性均明显提高。

（5）激光气相沉积，以激光束作为热源在金属表面形成金属膜，通过控制激光的工艺参数可精确控制膜的形成。用这种方法可以在普通材料上涂敷与基体完全不同的具有各种功能的金属或陶瓷，节省资源效果明显。

（二）离子束表面处理

离子束表面处理是指把所需要元素的原子电离成离子，并使其在几十至几百千伏的电压下进行加速，进而轰击零部件表面，使离子注入表层一定深度的真空处理工艺技术，从而改变材料表面层的物理化学和力学性能。

1. 离子束注入技术的优缺点

（1）优点。

与电子束和激光束及其他表面处理工艺相比，离子注入表面处理的优点如下：

① 离子注入是一个非热力学平衡过程，注入离子的能量很高，可以高出热平衡能量的 2～3 个数量级。因此，原则上讲，周期表上的任何元素，都可注入任何基体材料内。

② 离子注入表层与基体材料无明显界面，使力学性能在注入层至基材为连续过渡，保证了注入层与基材之间具有良好的动力学匹配性，与基体结合牢固，避免了表面层的破裂与剥落。

③ 注入元素的种类、能量、剂量均可选择，用这种方法形成的表面合金，不受扩散和溶解度的经典热力学参数的限制，可获得其他方法得不到的新合金相。

④ 离子注入为常温真空表面处理技术，零部件经表面处理后，无形变、无氧化，能保持原有尺寸精度和表面状态，特别适合于高精密部件的最后工艺。

（2）缺点。

与其他表面处理技术相比，离子束注入技术也存在一些缺点：设备昂贵，成本较高。故目前主要用于重要的精密关键部件。另外，离子注入层较薄，如 10 万电子伏的氮离子注入 GCr15 轴承钢中的平均深度仅为 0.1 μm，这就限制了它的应用范围。离子注入不能用来处理具有复杂凹腔表面的零件。并且，离子注入要在真空室中处理，受到真空室尺寸的限制。

2. 离子注入工艺及其应用简介

（1）离子注入工艺简介。

离子注入装置如图 7-10 所示。将离子引出的吸板电压调至 0～30 kV 之间。正离子从离子源中引出后，具有一定的初速度。磁分析器从引出的正离子中选出所需要注入的纯度极高的离子。加速管将选出的正离子加速到所需能量，以控制注入深度。聚焦扫描系统将离子束聚焦扫描，有控制地注入工件的表面。注入离子的剂量由与工件相连的电荷积分仪给出。

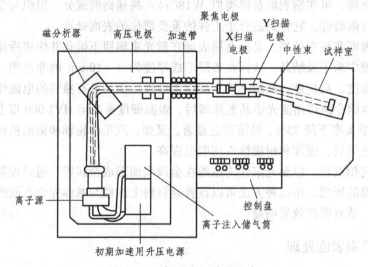

图 7-10 离子注入装置示意

（2）金属表面离子注入的应用举例。

目前，采用离子注入提高金属表面耐磨与耐腐蚀性已广泛应用于各种机械零部件中。

（三）电子束表面处理

1. 电子束的产生及工作原理

电子由电子枪阴极发射后，在加速电压的作用下，速度高达光束的 2/3。高速电子束经电磁透镜聚焦后辐照在待处理工件的表面，如图 7-11 所示。当高速电子束照射到金属表面时，电子能达到金属表面一定深度，与基体金属的原子核及电子发生相互作用。电子与原子核碰撞可看作为弹性碰撞，因此能量传递主要是通过电子与金属表层电子碰撞而完成的。所传递的能量立即以热能形式传给金属表层电子，从而使金属表层温度迅速升高。

电子束加热与激光加热不同，激光加热时金属表面吸收光子能量，激光并未穿过金属表面。目前，电子束加速电压达 125 kV，输出功率达 150 kW，能量密度达 10 MW/m，这是激光器无法比拟的。因此，电子束加热的深度和尺寸比激光大。

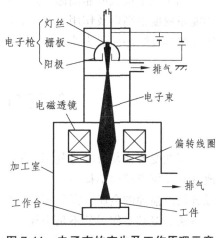

图 7-11　电子束的产生及工作原理示意

2. 电子束表面处理的主要特点

（1）加热和冷却速度快。电子束将金属材料表面由室温加热至奥氏体化温度或熔化温度仅需 1/1 000 s，其冷却速度可达 $10^6 \sim 10^8$ ℃/s。

（2）零件变形小。

（3）与激光表面处理相比，使用成本低。电子束设备一次投资约为激光的 1/3，实际使用成本也只有激光的 1/2。

（4）能量利用率高。电子束与金属表面耦合性好，几乎不受反射的影响，能量利用率远高于激光，属节能型表面处理方法。

（5）处理在真空中进行，减少了氧化、氮化的影响，可得到纯净的表面处理层。

（6）不论形状多复杂，凡是能观察到的地方就可用电子束处理。

3. 电子束表面处理技术

（1）电子束表面淬火。与激光表面淬火相似，采用散焦方式的电子束轰击金属工件表面，控制加热速度为 $10^3 \sim 10^5$ ℃/s，使金属表面超过奥氏体转变温度，在随后高速冷却过程中发生马氏体转变，使表面强化。这种方法适用于碳钢、中碳合金钢、铸铁等材料的表面强化。如在柴油机阀门凸轮推杆的制造中，采用电子束对汽缸底部球座部分进行表面淬火处理，可大大提高表层耐磨性。

（2）电子束表面重熔。采用电子束轰击金属工件表面，使表面产生局部熔化并快速凝固，从而细化晶粒组织，提高表面强度与韧性。此外，电子束重熔可使表层中各组成相的化学元素重新分布，降低元素的微观偏析，改善工件的表面性能。电子束表面重熔主要用于工模具的表面处理方面，近年来，电子束表面重熔技术在汽车制造业也得到了广泛应用，如汽车的转缸式发动机中振动最厉害的顶部密封件的制造，采用电子束表面重熔处理后，大大提高了使用寿命。

（3）电子束表面合金化。预先将选择好的具有特殊性能的合金粉末涂敷在金属表面，再用电子束轰击加热熔化，冷却后形成与基材冶金结合的表面合金层，主要用来提高表面的耐磨、耐腐蚀与耐热性能。

（4）电子束表面非晶态处理。与激光表面非晶态处理相似，只是热源不同。由于电子束的能量密度很高以及作用时间短，使工件表面在极短的时间内迅速熔化，又迅速冷却，金属液体来不及结晶而成为非晶态。这种非晶态的表面层具有良好的强韧性与抗腐蚀性能。

第三节　塑性变形修复技术

塑性变形修复技术是利用金属或合金的塑性变形性能，使零件在一定外力作用的条件下改变其几何形状而不损坏。这种方法是将零件不工作部位的部分金属向磨损的工作部位移动，以补偿磨损掉的金属，恢复零件工作表面原来的尺寸和形状。它实际上也就是一般的压力加工方法，但其工作对象不是毛坯，而是具有一定尺寸和形状的磨损零件。因此，用这种方法不仅可改变零件的外形，而且可改变金属的力学性能和组织结构。

利用塑性变形修复零件一般有以下几种方法。

一、镦粗法

镦粗法是借助压力来减小零件的高度、增大零件的外径或缩小内径尺寸的一种方法，主要用来修复有色金属套筒和圆柱形零件。例如，当铜套的内径或外径磨损时，在常温下通过专用模具进行镦粗，设备一般可采用压床、手压床或用锤手工敲击，作用力的方向应与塑性变形的方向垂直，如图 7-12 所示。

镦粗法可修复内径或外径磨损量小于 0.6 mm 的零件，对必须保持内外径尺寸的零件，可采用镦粗法补偿其中一项磨损量后，再用其他的修复方法来保证另一项恢复到原来尺寸。

用镦粗法修复零件，零件被压缩后的缩短量不应超过其原高度的 15%，对于承载较大的则不应超过其原高度的 8%。为保证镦粗均匀，其高度与直径之比不应大于 2，否则不宜采用这种方法。

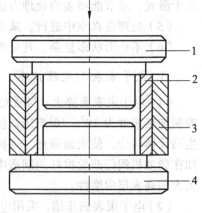

图 7-12　镦粗法修复铜套

1—上模；2—铜套；3—轴承；4—下模

二、挤压法

挤压法是利用压力将零件不需严格控制尺寸部分的材

料挤压到已磨损部位，主要用于筒形零件内径的修复。

一般都利用模具进行挤压，挤压零件的外径来缩小其内径尺寸，再进行加工以达到恢复原尺寸的目的。例如，修复轴套可用图 7-13 所示的模具进行。将所要修复的轴套（2）放在外模的锥形孔（1）中，利用冲头（3）在压力的作用下使轴套（2）的内径缩小。可用金属喷涂、电镀或镶套等方法修复缩小的轴套外径，然后进行机械加工，使内径和外径均达到规定尺寸要求。

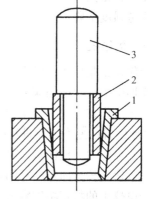

图 7-13　挤压法修复轴套
1—外模；2—轴套；3—冲头

模具锥形孔的大小根据零件材料塑性变形性的大小和需要挤压量数值的大小来确定。当零件的塑性变形性质低：挤压值较大时，模具锥形孔可采用 $10° \sim 20°$；挤压值较小时，模具锥形孔可采用 $30° \sim 40°$。对塑性变形性质高的材料，模具锥形孔可采用 $60° \sim 70°$。

三、扩张法

扩张法的原理与挤压法相同，所不同的是零件受压向外扩张，以增大外形尺寸，补偿磨损部分，主要应用于外径磨损的套筒形零件。根据具体情况可做简易模具和在冷或热的状态下进行，使用设备的操作方法都与前两种方法相同。

例如，空心活塞销外圆磨损后，一般用镀铬法修复。但若没有镀铬设备时，可用扩张法进行修复，活塞销的扩张既可在热态下进行，也可在冷态下进行。扩张后的活塞销，后磨削其外圆，直到达到尺寸要求。

四、校正法

应按技术要求进行热处理，然零件在使用过程中，常会发生弯曲、扭曲等残余变形。利用外力或火焰使零件产生新的塑性变形，从而消除原有变形的方法称为校正。

校正分为冷校和热校，而冷校又分为冷压校正与冷作校正。

（一）冷　校

1. 冷压校正

将变形的零件放在压力机的 V 形铁中，使凸面朝上，施加压力使零件发生反方向变形，保持 $1 \sim 2$ min 后去除压力，利用材料的弹性后效作用将变形抵消。检查校正情况，若一次不能校正，可进行多次，直到校正为止。

对于弯曲变形不大的小型钢制曲轴，可采用此方法校直。曲轴的弯曲度，如小于 0.05 mm 时，可结合磨修曲轴得以修整。如超过 0.05 mm 时，则须加以校正。冷压校正一般在压力校直机上进行，也可用手动螺旋压力装置在地平台上进行。校正前应测出曲轴的弯曲部位、方向及数值。将其主轴颈支承在 V 形铁上，使弯曲凸面朝上，并使最大弯曲点对准加压装置的压头，然后固定曲轴。在加压点相对 180° 的位置架设百分表，借以观察加压时的变形量。当曲轴的弯曲变形度较大时，必须分次进行，以防压校时，反向弯曲变形量过大，而使曲轴折断。校正时的反向弹性变形量不宜超过原弯曲量的 1 ~ 1.5 倍。

冷压校正简单易行，但校正的精度不容易控制，零件内留下较大的残余应力，效果不稳定，疲劳强度下降。

2. 冷作校正

冷作校正是用手锤敲击零件的凹面，使其产生塑性变形。该部分的金属被挤压延展，在塑性变形层中产生压缩应力。弯曲的零件在变形层应力的推动下被校正。

利用冷作校正法来校正弯曲的曲轴时，根据曲轴弯曲的方向和程度，使用球形手锤或气锤，沿曲柄臂的左右两侧进行敲击（锤击区应选在弯曲后曲柄臂受压应力的一侧），由于冷作而产生残余应力，使曲柄臂敲击侧伸长变形，曲轴轴线产生位移，在各个曲柄臂变形的综合作用下，达到校直曲轴的目的。

冷作校正的校正精度容易控制，效果稳定，且不降低零件的疲劳强度。但是，它不能校正弯曲量太大的零件。通常零件的弯曲量不能超过零件长度的 0.03% ~ 0.05%。

（二）热校

热校一般是将零件弯曲部分的最高点用气焊的中性焰迅速加热到 450 ℃ 以上。然后快速冷却，由于加热区受热膨胀，塑性随温度升高而增加，又因受周围冷金属的阻碍，不可能随温度增高而伸展；当冷却时，收缩量与温度降低幅度成正比，造成收缩量大于膨胀量，收缩力很大，靠它校正零件的变形。

热校适用于校正变形量较大，形状复杂的大尺寸零件，其校正保持性好，对疲劳强度影响较小，应用比较普遍。热校正的关键在于弯曲的位置及方向必须找正确，加热的火焰也要和弯曲的方向一致。否则会出现扭曲或更多的弯曲。

下面简单介绍使用热校法校正弯曲的轴，如图 7-14 所示，一般操作规范如下：

（1）利用车床或 V 形铁，找出弯曲零件的最高点，确定加热区。

（2）加热用的氧-乙炔火焰喷嘴，按零件直径决定其大小。

（3）加热区的形状有如下几种。

① 条状。在均匀变形和扭曲时常用。

② 蛇形。在变形严重，需要热区面积大时采用。

③ 圆点状。用于精加工后的细长轴类零件。

④ 若弯曲量较大时，可分数次加热校正，不可一次加热时间过长，以免烧焦工件表面。

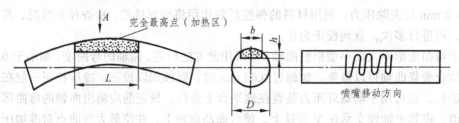

图 7-14　轴类零件的热校正

第四节　电镀修复技术

电镀是应用电化学的基本原理，在含有欲镀金属的盐类溶液中，以被镀基体金属作为阴极，通过电解作用，使镀液中欲镀金属的阳离子在基体金属表面上沉积，形成牢固覆盖层的一种表面加工技术。

电镀法形成的金属镀层不仅可补偿零件表面磨损，而且还能改善零件的表面性质，如可提高耐磨性（如镀铬、镀铁），提高防腐能力（如镀锌、镀铬等），形成装饰性镀层（如镀铬、镀银等），以及特殊用途，如防止渗碳用的镀铜、提高表面导电性的镀银等；有些电镀还可改善润滑条件。因此，电镀是常用的修复技术之一，主要用于修复磨损量不大、精度要求高、形状结构复杂、批量较大和需要某种特殊层的零件。

常用的电镀技术有槽镀、电刷镀等。槽镀由于占地面积大，污染环境，设备维修部门不宜单独设置，需要槽镀时，可到电镀车间或电镀专业厂去完成。电刷镀由于设备简单，工艺灵活，可在现场使用，所以在设备维修中使用非常广泛。

一、概　述

（一）电镀基本原理

图 7-15 所示为电镀的基本原理。镀槽中的电解液，欲镀金属的盐类水溶液。镀槽中的阴极为电镀的零件，阳极为与镀层材料相同的极板（镀铬除外）。接通电源，在电场力的作用下，带正电荷的阳离子向阴极方向移动，带负电荷的阴离子向阳极方向移动。

电解液中的阳离子，主要是欲镀金属的离子和氢离子，金属离子在阴极表面得到电子，生成金属原子，并覆盖在阴极表面上。同时氢离子也从阴极表面得到电子，生成氢原子，一部分进入零件镀层，另一部分逸出镀槽。

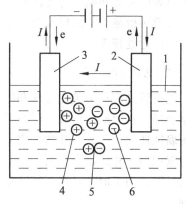

图 7-15　电镀基本原理示意

1—电解液；2—阳极；3—阴极；4—阳离子；5—电解质；6—阴离子

（二）影响镀层质量的基本因素

影响镀层质量的因素较多，包括镀液的成分以及电镀工艺参数等。现对主要影响因素进行讨论。

1. pH 值

镀液中的 pH 值可以影响氢的放电电位、碱性夹杂物的沉淀、络合物的组成和平稳、添加剂的吸附程度等。

2. 添加剂

添加剂按作用的不同可分为光亮剂、整平剂、润湿剂等，它们能明显地改善镀层组织，使之平整、光亮、致密等。

3. 电流密度

任何电解液都必须有一个正常的电流密度范围。电流密度过低，阴极极化作用较小，镀层结晶粗大，甚至没有镀层；电流密度过高，将使结晶沿电力线方向向电解液内部迅速增长，造成镀层产生结瘤和枝状结晶，甚至烧焦；电流密度大小的确定应与电解液的组成、主盐浓度、pH 值、温度及搅拌等条件相适应，加大主盐浓度、升温及搅拌等措施均可提高电流密度的上限。

4. 温　度

温度升高使扩散加快，浓差极化、电化学极化降低，晶粒变粗；但温度升高可以提高电流密度，从而提高生产效率。

5. 搅　拌

搅拌可降低阴极极化，使晶粒变粗，但可提高电流密度，从而提高生产效率。此外，搅拌还可增强整平剂的效果。

（三）电镀前预处理和电镀后处理

1. 电镀前预处理

电镀前预处理的目的是为了使待镀面呈现干净新鲜的金属表面，以获得高质量镀层。首先通过表面磨光和抛光等方法使表面粗糙度达到一定要求，再用溶剂溶解或化学、电化学除油，接着用机械、酸洗以及电化学方法除锈，最后把表面放在弱酸中浸蚀一定时间进行镀前表面活性化处理等。

2. 电镀后处理

电镀后处理包括钝化处理和除氢处理。钝化处理是指把已镀表面放入一定的溶液中进行化学处理，在镀层上形成一层坚实致密的、稳定性高的薄膜的表面处理方法。钝化处理使镀层耐腐蚀性大大提高，并增加表面光泽和抗污染能力。有些金属如锌，在电沉积过程中，除自身沉积出来外，还会析出一部分氢，这部分氢渗入镀层中，使镀件产生脆性甚至断裂，这称为氢脆。为了消除氢脆，往往在电镀后，使镀件在一定的温度下热处理数小时，称为除氢处理。

（四）电镀金属

在维修中最常用的有镀铬、镀铜、镀铁等。

1. 镀　铬

镀铬层在大气中很稳定，不易变色和失去光泽，硬度高，耐磨性、耐热性较好，是用电解法修复零件最有效方法之一。

（1）镀铬工艺的特点镀铬工艺具有以下特点：

① 铬具有较高的导热及耐热性能，在 480 ℃以下不变色，到 500 ℃以上才开始氧化，

即 700 ℃ 时硬度才显著下降。

② 镀铬层化学稳定性好，硬度高（高达 HV400 ~ 1 200），摩擦系数小，所以耐磨性好。

③ 铬层与基体金属有较高的结合强度，甚至高于它自身晶间的结合强度。

④ 抗腐蚀能力强，铬层与有机酸、硫、硫化物、稀硫酸、硝酸或碱等均不起作用，能长期保持其光泽，使外表美观。

⑤ 铬层性脆，不宜承受不均匀的载荷、不能抗冲击，一般镀层不宜超过 0.3 mm。工艺复杂，成本高，一般不重要的零件不宜采用。

（2）镀铬层的分类、特点与应用见表 7-2。

表 7-2　镀铬层的分类、特点与应用

铬层分类		特　　点	应　　用
硬质镀铬	无光泽铬层	在低温、高电流密度下获得。铬层硬度高、韧性差，有稠密的网状裂纹，结晶组织粗大，耐磨性低，表面呈灰暗色	由于脆性太大，很少使用，只用于某些工具、刀具的镀铬
	光泽铬层	在中等温度和电流密度下获得。硬度高、韧性好，耐磨，内应力较小，有密集的网状裂纹，结晶组织细致，表面光亮	适用于修复磨损的零件或作一般装饰性镀铬
	乳白铬层	在高温、低电流密度下获得。铬层硬度低、韧性好，无网状裂纹，结晶组织细致，耐磨性高，颜色呈乳白色	适用于承受冲击载荷的零件或增加尺寸和用于装饰性镀铬方面
鼻孔镀铬		多孔镀铬层的外表面形成无数网状沟纹和点状孔隙，能保存足够的润滑油以改善摩擦条件，使其具有吸附润滑性能及更高的耐磨性能	修复承受重载荷、温度高、滑动速度大和润滑供油不能充分的条件下工作的零件，如活塞环、汽缸套筒等

2. 镀　铜

镀铜层较软，富有延展性，导电和导热性能好，对于水、盐溶液和酸，在没有氧的溶解或化反应条件下具有良好的耐蚀性，它与基体金属的结合能力很强，不需要进行复杂的镀前准备，在室温和很小的电流密度下即可进行，操作很方便。

镀铜在维修中常用于以下方面：改善间隙配合件的摩擦表面，提高磨合质量，如缸套和齿轮镀铜；恢复过盈配合的表面，如滚动轴承、铜套、轴瓦、缸套外圈的加大；对紧固件起作用，如在螺母上镀铜可不用弹簧垫圈或开尾销；在钢铁零件镀铬、镀镍之前常用镀铜作底层；零件渗碳处理前，对不需要渗碳部分镀铜作防护层等。

3. 镀　铁

镀铁是电镀工艺的一种，由于镀铁工艺比镀铬工艺成本低，效率高，对环境污染小，因此，近年来镀铁工艺发展很快，在修理中已逐渐取代镀铬，成为零件修复的重要手段之一。

镀铁按电解液的温度分为高温镀铁和低温镀铁。在 90 ~ 100 ℃ 温度下进行镀铁，使用直流电源的称高温镀铁。这种方法获得的镀层硬度不高，且与基体结合不可靠；在 40 ~ 50 ℃ 常温下进行镀铁，采用不对称交流电源的称为低温镀铁。它解决了常温下镀层与基体结合的强度问题，镀层的力学性能较好，工艺简单、操作方便，在修复和强化机械零件方面可取代高温镀铁，并已得到广泛应用。

镀铁层耐磨性能相当于或高于经过淬火的 45 钢。镀铁层经过机械（磨削）加工后，宏观观察表面致密，无缺陷。在零件的本身强度和疲劳强度未到极限的前提下，镀铁修复后零件的使用寿命可与新件媲美。

二、电刷镀

电刷镀是电镀的一种特殊方式，不用镀槽，只需在不断供应电解液的条件下，用一支镀笔在工件表面上进行擦拭，从而获得电镀层。所以，它又称为无槽镀或涂镀。主要应用于改善和强化金属材料工件的表面性质，使之获得耐磨损、耐腐蚀、抗氧化、耐高温等方面的一种或数种性能。在机械修理和维护方面，电刷镀广泛地应用于修复因金属表面磨损失效、疲劳失效、腐蚀失效而报废的机械零部件，恢复其原有的尺寸精度，具有维修周期短、费用低、修复后的机械零部件使用寿命长等特点，特别是对大型和昂贵机械零部件的修复经济效益更加显著。在施镀过程中基体材料无变形，镀层均匀致密与基体结合力强，是修复金属工件表面失效的最佳工艺。

（一）电刷镀的基本原理、特点及应用

1. 基本原理

电刷镀也是一种电化学沉积过程，其基本原理如图 7-16 所示。将表面处理好的工件与刷镀电源的负极相连，作为电刷镀的阴极，将刷镀笔与电源的正极相连，作为电刷镀的阳极，阳极包套包裹着有机吸水材料（如用脱脂棉或涤纶、棉套或人造毛套等）。刷镀时，包裹的阳极与工件欲刷镀表面接触并做相对运动，含有需镀金属离子的电刷镀专用镀液供送至阳极和工件表面处，在电场力的作用下，镀液中的金属离子向工件表面做定向迁移，在工件表面获得电子还原成原子成为镀层在工件表面沉积。镀层厚度随刷镀时间的延长而增厚，直至所需的镀层厚度时为止。镀层厚度由专用的刷镀电源控制，镀层种类由刷镀液品种决定。

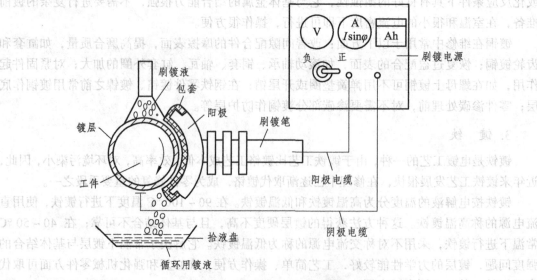

图 7-16 电刷镀工作原理示意

2. 特　点

（1）设备简单，操作灵活。不用镀槽，不需很大的工作场地，投资少，收效快。工件尺寸不受限制，可以不拆卸解体就可在现场刷镀修复，可以进行槽镀困难或实现不了的局部电镀，如对某些质量大、体积大的零件实行局部电镀。

（2）结合强度高。镀层是在电、化学、机械力（刷镀笔与工件的摩擦）的作用下沉积的，因而结合强度比槽镀高，比喷涂更高，结合强度大于等于 70 MPa。

（3）工件加热温度低通常小于 70 ℃，不会引起变形和金相变化。

（4）镀层厚度可以控制，控制精度为±10%镀后一般不必进行加工，表面粗糙度低，可以直接使用，修复时间短，维修成本低。

（5）沉积速度快。电刷镀时电流密度一般可达 50～300 A/dm^2，因此镀层沉积速度比槽镀快 5～10 倍。

（6）适用材料广常用金属材料基本都可以用电刷镀修复，如低碳钢、中碳钢、高碳钢、铸铁、铝和铜及其合金、淬火钢等。焊接层、喷涂层、镀铬层等的返修或局部返修也可应用电刷镀技术；淬火层、氮化层不必进行软化处理，不必破坏原工件表面，可直接电刷镀修复。

（7）操作安全，对环境污染小。电刷镀的溶液不含氰化物和剧毒药品，对人体无毒害，可循环使用，捧除废液少。

3. 应　用

近年来电刷镀技术在我国推广甚速。在航空、船舶、机车、电子、化工、汽车、机械、冶金以至文物保护领域都获得广泛应用，并已取得明显经济效益。在机修领域主要应用于以下几方面。

（1）对使用后产生磨损和腐蚀的或加工失误的工件进行修复，恢复尺寸和几何精度，同时使工件表面具有指定的技术性能，如使零件表面具有耐磨性。特别是精密零件的修复，如滚动轴承内外座圈的孔和外圆、花键轴的键齿宽度、曲轴轴颈等。

（2）大型及精密零件（如轴、套、油缸、机体、导杆、导轨等）局部磨损、划伤、凹坑、腐蚀的修复。用电刷镀修补机床导轨划伤或研伤，它比选用机械加工、金属喷涂、黏结等修复技术效果更佳。

（3）改善零件表面的性能，如做防护层，用于防磨、防蚀、抗高温氧化等场合，使零件具有工况需要的特殊性能，节约贵重金属；改善材料的钎焊性，在铜和铝的表面经过电刷镀过渡层即可实现铝铜之间的钎焊；作为零件局部防渗碳、渗氮等保护层等。

（4）适用于槽镀难以完成的作业，如盲孔、超大件、难拆难运件等，也常用来修补铬层。

（5）对建筑物、雕刻、塑像、古代文物的装饰或维护。

（6）修复电气元件，如印刷电路板、电气触点、整流子以及微电子元件等。

（7）用于模具的修理与防护。另外也能实现模具的刻字、去毛刺等。

但是，电刷镀仍有一定的局限性，如不适宜用在大面积、大厚度、大批量修复，此时其技术经济指标不如槽镀；它不能修复零件上的断裂缺陷；不适宜修复承受高接触应力的滚动或滑动摩擦表面，如齿轮表面、滚动轴承滚道等。

（二）影响电刷镀镀层质量的主要因素

1. 工作电压和电流

一般来说，电压低时，电流小，沉积速度慢，获得的镀层光滑细密，内应力小；而电压高时，沉积速度快，生产率高，但容易使镀层粗糙、发黑、甚至烧伤。

2. 阴、阳极相对速度

相对运动速度过低，易使镀层粗糙、脆化，有些镀层会发黑，甚至烧伤；相对运动速度过高，会使电流效率和沉积速度降低，甚至不能沉积金属，并加剧阳极包套的磨损。

3. 镀液和工作温度

工件最好和镀液都预热到 50 ℃ 左右起镀，一般不允许超过 70 ℃。

4. 镀液的洁净

各种镀液不能交叉使用，更换镀液时应清洗各部位。一般全部使用旧镀液或在新镀液中掺入 50% 的旧镀液，都会使电刷镀生产效率降低。

（三）电刷镀设备

电刷镀设备由电刷镀电源、刷镀笔和辅助装置组成。

1. 电刷镀电源

电刷镀电源是电刷镀的主要设备，它的质量直接影响着电刷镀镀层的质量。它应满足：输出直流电压可无级调节、平稳直流输出；有过电流保护功能；电源应设有正、反向开关，以满足电净、活化、电镀的需要；能监控镀层厚度等。同时为了适应现场作业，应使电源尽可能体积小、质量小、工作可靠、计量精度高，操作简单和维修方便。

考虑到实际应用中待镀面积大小的不同，常把刷镀电源按输出电流和电压的最大值分成几个等级（见表 7-3），并配套使用。

表 7-3　国产电刷镀电源的配套等级及主要用途

配套等级		主 要 用 途
电流/A	电压/V	
5	30	电子、仪表零件，首饰及小工艺品镀金、镀银等
15	20	中小型工艺品、电器元件、印刷电路板、量具、夹具的修复，模具保护和光亮处理等
30	30	小型工件的刷镀
60		中等尺寸零件的刷镀
75		
100		
120		大中型零件的刷镀
150		
300	20	特大型工件的刷镀
500		

电刷镀电源主要有恒压式刷镀电源、恒流式刷镀电源和脉冲式刷镀电源。全国电刷镀技术协作组已经制定了恒压式刷镀电源试行标准。目前，恒压式刷镀电源技术比较成熟，因此，工业应用中电刷镀技术采用恒压式刷镀电源较多。在选择电刷镀电源时，主要考虑镀件的尺寸大小和电源功能来选择电源型号及其配套等级。若实际应用中，主要对中小型零件进行修复工作，可以选择 MS-30（~100）型恒压式电源或脉冲式电源等。

电刷镀电源由整流电路、极性转换装置、过载保护电路及安培计（或镀层厚度计）等几部分组成。

整流电路的作用是用来提供平稳直流输出，输出电压可无级调节。极性转换装置用来进行任意选择正极或负极的电解操作，以满足电刷镀过程中各工序的需要。过载保护电路是用来在电刷镀过程中，当电流超过额定值时或镀笔与零件发生短路时，可快速切断主电源，以保护电源和零件。安培小时计的原理是通过直接计量电刷镀时所消耗的电量来间接指示已镀镀层的厚度。

2. 刷镀笔

刷镀笔是电刷镀的主要工具，其作用是在镀笔阳极与工件之间构成电流回路，使刷镀液中待沉积物质沉积到工件表面形成镀层，完成刷镀作业。它主要由阳极和导电手柄组成，它们之间的连接方式主要通过螺母锁紧式或螺纹连接，如图 7-17 所示。根据允许使用电流的大小，分为大、中、小和回转镀笔四种类型，可根据电刷镀的零件大小和形状不同选用不同类型的镀笔。

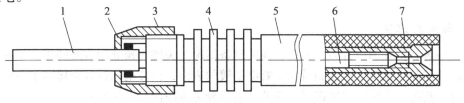

图 7-17　刷镀笔的结构

1—阳板；2—O 形密封圈；3—锁紧螺母；4—柄体；5—尼龙手柄；6—导电螺栓；7—电缆插头

（1）阳极是镀笔的工作部分，一般采用不熔性材料制成。一般为含碳量为 99.7%以上的高纯度石墨阳极，只有尺寸很小的阳极，为了保证其强度才用铂铱合金制造。为适用零件的不同形状，阳极有圆柱形、平板形、瓦片形等，如图 7-18 所示。

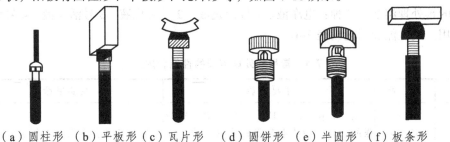

（a）圆柱形　（b）平板形（c）瓦片形　（d）圆饼形　（e）半圆形　（f）板条形

图 7-18　各种形状的阳极

电刷镀时阳极的表面用脱脂棉和针织套包裹，其作用是为了储存镀液和防止阳极与工件直接接触而产生电弧，烧伤工件，同时对阳极脱落的石墨粒子起过滤作用。

在电刷镀实际应用中，应当根据待镀件表面的形状和面积大小、镀液种类、工作空间等因素，考虑阳极的材料、形状、尺寸等几方面，选择适当的阳极，才能获得最佳的刷镀效率和效果。对于特殊形状和尺寸的待镀表面，可根据需要设计阳极形状。为了保证电刷镀时的质量，避免刷液相互污染，阳极必须专用，即一个阳极只用于一种镀液。

（2）导电手柄一般用不锈钢或铝制成。其作用是连接电源和阳极，使操作者可以握持或用机具夹持。其上凡与手柄接触的部位，均装有塑料套管绝缘，以保证操作者的安全。

3. 辅助装置

（1）电刷镀机床。用来夹持工件并使其按一定转速旋转，保证刷镀笔与工件的相对运动，以获得均匀的镀层。电刷镀机床应能调节转速（0～600 r/min），并带有尾架顶尖，一般可利用旧车床代替，对于批量刷镀的零部件，可以在专用机床上进行刷镀。

（2）供液、集液装置。电刷镀时，根据被镀零件的大小，可采用不同的方式给镀笔供液，如蘸取式、浇淋式和泵液式。流淌下来的电刷镀溶液一般使用塑料桶、塑料盘等容器收集，供循环使用。

（四）电刷镀溶液

电刷镀溶液是电刷镀过程中的主要物质条件，对电刷镀质量有关键性的影响。根据其作用可分为四大类：预处理溶液、金属电刷镀溶液、退镀液和钝化溶液。用量最大的是前两种溶液。

1. 预处理溶液

镀层是否有良好的结合力，工件表面的制备情况是关键。预处理溶液的作用就是除去待镀件表面油污和氧化膜，净化和活化需要电刷镀的表面，保证电刷镀时金属离子电化学还原顺利进行，获得结合牢固的刷镀层。预处理溶液分为电净液和活化液两类。

（1）电净液呈碱性，其主要成分是一些具有皂化能力（如 $NaOH$）和乳化能力（如 Na_3PO_4）的化学物质，用于清洗工件表面的油污。在电流作用下具有较强的去油污能力，同时也有轻度的去锈能力，适用于所有金属基体的净化。

（2）活化液呈酸性，主要成分为常用的无机酸，也有一些是有机酸，用于去除金属表面的氧化膜和疲劳层，使金属表面活化，保证镀层与基体金属间有较强的结合力。

常用的预处理溶液有 4 种：电净液、1 号活化液、2 号活化液、3 号活化液。4 号活化液也时常使用。其性能和用途见表 7-4。

表 7-4　常用预处理溶液的性能和用途

名　称	代　号	主要性能	主要用途
电净液	SGY-1	碱性，pH=12～13，无色透明，有较强的去油污能力和轻度的去锈能力，手摸有滑感，腐蚀性小，可长期存放	用于各种金属表面电解去油污
1 号活化液	SHY-1	酸性，pH=0.8～1，无色透明，有去除金属氧化膜能力，对基体腐蚀性小	用于不锈钢、高碳钢、高合金钢、铬镍合金、铸铁等的活化处理

名　称	代　号	主要性能	主要用途
2号活化液	SHY-2	酸性，pH=0.6~0.8，无色透明，有良好导电性，去除金属氧化物能力强，对金属的腐蚀作用较快，可长期保存	适用于铝及低镁的铝合金、钢、铁、不锈钢等活化处理
3号活化液	SHY-3	酸性，pH=4.5~5.5，浅绿色透明，导电性较差，腐蚀性小，可长期保存。对用其他活化液活化后残留的石墨或炭黑具有强的去除能力	通常作为后继处理液使用。适用于去除经1号或2号活化液活化的碳钢和铸铁表面残留的石墨（或碳化物）或者是不锈钢表面的污物
4号活化液	SHY-4	酸性，pH=0.2，无色透明，去除金属表面氧化物能力很强	用于经其他活化液活化仍难以镀上镀层的基体金属材料的活化，并可用于去除金属毛刺或剥蚀镀层

2. 电刷镀溶液

电刷镀溶液多为络合物水溶液，其金属离子含量高，沉积速度快。金属电刷镀溶液的品种很多，根据镀层成分可分为单金属和合金电刷镀溶液；根据镀液酸碱程度分为酸性和碱性两类。酸性镀液的突出优点是沉积速度快，但它对基体金属有腐蚀性，故不宜用于多孔的基体（如铸铁等）及易被酸浸蚀的材料（如锌和锡等）。碱性镀液的优点是能适用于各种金属材料，其镀层致密，对边角、裂缝和盲孔部位有较好的刷镀能力，不腐蚀基体和邻近的镀层，且镀层晶粒细、致密度高，但沉积速度慢。除镀镍溶液外，大多数使用中性或碱性镀液。电刷镀溶液在工作过程中性能稳定，中途不需调整成分，可以循环使用。表7-5列出了几种主要的刷镀溶液性能、特点和应用范围。

表7-5　几种主要的刷镀溶液性能、特点和应用范围

溶液名称	主要性能特点	应用范围
特殊镍	深绿色，pH=0.9~1.0，金属离子含量86 g/L，工作电压 6~16 V，有较强烈的醋酸味，有较高的结合强度，沉积速度较慢	适用于铸铁、合金钢、镍、铬及铜、铝等材料的底层和耐磨表面层
快速镍	蓝绿色，pH=7.5~8.0，金属离子含量53 g/L，工作电压 8~20 V，略有氨的气味，沉积速度快，镀层具有多孔倾向和良好的耐磨性	适用于恢复尺寸和作一般耐磨镀层
低应力镍	绿色，酸性，pH=3~3.5，金属离子含量 75 g/L，工作电压 10~25 V，有醋酸气味，组织致密孔隙少，镀层内具有压应力	可改善镀层应力状态，用作夹心镀层、防护层
镍钨合金	深绿色，酸性，pH=1.8~2.0，金属离子含量 15 g/L，工作电压 6~20 V，有轻度的醋酸气味，镀层致密，耐磨性很好，有一定耐热性，沉积速度低	主要用作耐磨涂层
碱铜	蓝绿色，碱性，pH=9~10，金属离子含量64 g/L，工作电压 5~20 V，溶液在 −21 ℃ 左右结冰，回升到室温后性能不变，镀层组织细密，孔隙率小，结合强度好	主要作底层和防渗碳、防渗氮层，改善钎焊性镀层，抗黏着磨损镀层，特别适用于铝、锌和铸铁等难镀金属

金属电刷镀溶液一般按待修零件对镀层性能要求选择。如需要快速修复尺寸，常用铜、镍和钴等镀液；要求表面有一定硬度和耐磨性，则用镍、镍—钨合金等镀液；要求表面防腐蚀，可用镍、镉、金和银等镀液；需要镀层有良好的导电性，用铜、金、银等镀液；要求改变表面可焊性，可用锡和金等镀液。

（五）电刷镀工艺

电刷镀工艺过程包括工件表面准备阶段、电刷镀阶段和镀后处理。工件表面准备阶段又包括机械准备、电净处理、活化处理，电刷镀阶段包括镀底层和刷镀工作层。

1. 机械准备

对工件表面进行预加工，除油、去锈，去除飞边毛刺和疲劳层，获得正确的几何形状和较低的表面粗糙度（宜在 R_a 3.2 μm 以下，最大不得高于 R_a 6.3 μm，因为每刷镀 0.1 mm 厚的镀层，其粗糙度大约提高一级）。当修补划伤和凹坑等缺陷时，需进行修整和扩宽。

2. 电净处理

电净处理是指采用电解方法对工件欲镀表面及邻近部位进行精除油。通电使电净液成分离解，形成气泡，撕破工件表面油膜，达到去油的目的。电净时一般为正极性进行，即工件接负极，刷镀笔接正极；反之，工件接正极，刷镀笔接负极称为负极性。只有对疲劳强度要求甚严的工件，才用负极性电净，旨在减少氢脆。

电净时的工作电压和时间应根据镀件的材质而定。电净后，用清水将工件冲洗干净，彻底除去残留的电净液和其他污物。电净的标准是水膜均摊。

3. 活化处理

活化处理是指使用活化液对工件表面进行处理，除去工件表面的氧化膜，使工件表面活化，呈现出坚实可靠的金属基体，为镀层与基体之间的良好结合创造条件。

不同的金属材料应选用不同的活化液及其工艺参数。常见的中碳钢、高碳钢的活化过程是：第 1 次活化，用 2 号活化液，反极性，6~12 V，3~15 s（刷镀笔与工件单位表面接触的净时间），这时工件表面呈均匀灰黑色，水冲至净；第 2 次活化，用 3 号活化液，反极性，11~18 V，10~20 s，这时工件表面呈均匀银灰色，水冲洗净残留活化液。活化的标准是达到指定的颜色。

4. 镀底层

在刷镀工作层之前，首先刷镀很薄一层（1~5 μm）特殊镍、碱铜或低氢脆镉作底层，它是位于基体金属和工作镀层之间的特殊层，其作用主要是提高镀层与基体的结合强度及稳定性。

镀底层时，用正极性，15 V，阳极与阴极相对运动速度为 15 m/min。一般最好先无电擦拭 3~5 s，然后再通电擦刷，这样效果才比较理想。

5. 刷镀工作层

根据工件的使用要求，选择合适的金属镀液刷镀工作层。它是最终镀层，将直接承受工作载荷、运动速度、温度等工况，应满足工件表面的力学、物理和化学性能要求。为保证镀层质量，合理地进行镀层设计很有必要。在设计镀层时，要注意控制同一种镀层一次连续刷镀的厚度。因为随着镀层厚度的增加，镀层内残余应力也随之增大，同种镀层厚度过大可能使镀层产生裂纹或剥离。由经验总结出的单一刷镀层一次连续刷镀的安全厚度见表7-6。

表 7-6　单一刷镀层一次连续刷镀的安全厚度

刷镀液种类	镀层单边厚度/mm	刷镀液种类	镀层单边厚度/mm
特殊镍	底层 0.001～0.002	铁合金	0.2
快速镍	0.2	铁	0.4
低应力镍	0.13	铬	0.025
半光亮镍	0.13	碱铜	0.13
镍-钨合金	0.103	高速酸铜	0.13
镍-钨（D）合金	0.13	高堆积碱铜	—
镍-钴合金	0.05	锌	0.13
钨-钴合金	0.005	低氢脆镉	0.13

当镀层较厚时，通常选用两种或两种以上镀液，分层交替刷镀，得到复合镀层。这样可迅速增补尺寸，又可减少镀层内应力，也保证了镀层的质量。若有不合格镀层部分可用退镀液去除，重新操作，冲洗、打磨、再电净和活化。

6. 镀后处理

刷镀后彻底清洗工件表面的残留镀液并擦干，检查质量和尺寸，需要时送机械加工。若镀件不再加工，采取必要的保护措施如涂油等。剩余镀液过滤后分别存放，阳极、包套拆下清洗、晾干、分别存放，下次对号使用。

（六）镀层剥离的主要原因及防止措施

1. 工件和镀液温度太低

工件和镀液温度太低，而选用的电压和电流又太大，造成镀层应力过大，从而开裂剥离。
措施：用温水浸泡加热中小件，镀液加热到 50 ℃，起镀时用低电流刷镀，然后逐渐增大电流。

2. 电流脉冲太大

镀平面时，因操作不当，总停留在一处或总在一处起镀，使工件多次承受大电流脉冲；夹持偏心或阳极与工件周期性的在某固定部位挤压接触，产生较大电流脉冲；停车或起车时，阳极与工件并未脱离也能造成大的脉冲电流。
措施：针对不同的产生原因，采用不同的措施。

3. 工件和镀层氧化

氧化的原因较多，如工序间停顿时间太长、极性用错等。
措施：工序间应紧凑不中断；勤换笔防止工件温升太大；极性一旦用错，一定要重新活化等。

4. 工件—阳极相对运动速度低

在刷镀有划痕、擦伤、凹坑等局部缺陷的工件时，由于阳极移动受限制，工件—阳极相对运动速度低，产生过热、结合力低等缺陷，容易造成镀层剥离。

措施：使用 SDB-4 型旋转刷镀笔或其他方法刷镀。

5. 其他原因

如阳极混用，造成交叉污染；工件边缘未倒角；疲劳层未能除去等。

措施：针对不同的原因，分别处理。

第五节　热喷涂修复技术

热喷涂技术是表面工程技术的重要组成部分。它是利用电弧、离子弧或燃烧的火焰等将粉末状或丝状的金属或非金属材料加热到熔融状态，在高速气流推动下，喷涂材料被雾化并以一定速度射向预处理过的基体零件表面，形成具有一定结合强度涂层的工艺方法。

热喷涂技术可用来喷涂几乎所有的固体工程材料，如硬质合金、陶瓷、金属、石墨和尼龙等，形成耐磨、耐蚀、隔热、抗氧化、绝缘、导电、防辐射等具有各种特殊功能的涂层。该技术还具有工艺灵活、施工方便、适应性强及经济效益好等优点，被广泛应用于宇航、机械、化工、冶金、地质、交通、建筑等工业部门，并获得了迅猛的发展。

一、热喷涂技术的分类及特点

（一）分　类

按提供热源的不同，热喷涂技术可分火焰喷涂（含爆炸喷涂、超音速喷涂）、电弧喷涂、等离子喷涂、激光喷涂和电子束喷涂等。

几种热喷涂工艺特点的比较见表 7-7。

表 7-7　几种热喷涂工艺特点的比较

项　目	火焰喷涂	电弧喷涂	等离子喷涂	爆炸喷涂
典型涂层孔隙率/%	10～15	10～15	1～10	1～2
典型黏结强度/MPa	7.1	10.2	30.6	61.2
优点	成本低，沉积效率高，操作简便	成本低，沉积速度高	孔隙率低，能喷薄壁易变形件，热能集中，热影响区小，黏结强度高	孔隙率很低，黏结强度极高
缺点	孔隙率高，黏结强度差	孔隙率高，喷涂材料仅限于导电丝材，活性材料不能喷涂	成本高	成本极高，沉积速度慢

（二）特　点

1. 适用范围广

各种金属乃至非金属的表面都可以利用热喷涂工艺获得特定性能（如耐腐蚀、耐磨、抗氧化、绝缘等）的覆盖层。同时，喷涂材料广，金属及其合金、非金属（如聚乙烯、尼龙等工程塑料，金属氧化物、碳化物、硼化物、硅化物等陶瓷材料）以及复合材料等都可以做喷涂材料。

2. 工艺简便、沉积快，生产效率高

大多数喷涂技术的生产率可达到每小时喷涂数千克喷涂材料，有些工艺方法更高。

3. 设备简单、质量小，移动方便，不受场地限制

特别适用于户外大型金属结构如铁架、铁桥，大型设备如化工容器、储罐和船舶的防蚀喷涂。

4. 工件受热影响小

热喷涂过程中整体零件的温升不太高，一般控制在 70~80 ℃，故工件热变形小，材料组织不发生变化。

5. 涂层厚度可控制

薄者可为几十微米，厚者可为几毫米。而且喷涂层系多孔组织，易存油，润滑性好。但热喷涂技术也存在缺点，例如，喷涂层与基体结合强度不很高，不能承受交变载荷和冲击载荷；涂层孔隙多，虽有利于润滑，但不利于防腐蚀；基体表面制备要求高，表面粗糙化处理会降低零件的强度和刚性；涂层质量主要靠工艺来保证，目前尚无有效的检测方法。

二、热喷涂材料

热喷涂材料有粉、线、带和棒等不同形态，它们的成分是金属、合金、陶瓷、金属陶瓷及塑料等。粉末材料居重要地位，种类逾百种。线材与带材多为金属或合金（复合线材尚含有陶瓷或塑料）；棒材只有十几种，多为氧化物陶瓷。

主要热喷涂材料可归纳为以下几大类。

（一）自熔性合金粉末

自熔性合金粉末是在合金粉末中加入适量的硼、硅等强脱氧元素，降低合金熔点，增加液态金属的流动性和湿润性。主要有镍基合金粉末、铁基合金粉末、钴基合金粉末等。它们在常温下具有较高的耐磨性和耐腐蚀性。

（二）喷涂合金粉末

可分为结合层用粉和工作层用粉两类。

1. 结合层用粉

结合层用粉喷在基体与工作层之间，它的作用是提高基体与工作层之间的结合强度。它

又称为打底粉。主要是镍、铝复合粉末，其特点是每个粉末颗粒中镍和铝单独存在，常温下不发生反应。但在喷涂过程中，粉末被加热到 600 ℃ 以上时，镍和铝之间就发生强烈的放热反应。同时，部分铝还被氧化，产生更多的热量。这种放热反应在粉末喷射到工件表面后还能持续一段时间，使粉末与工件表面接触处瞬间达到 900 ℃ 以上的高温。在此高温下镍会扩散到母材中去，形成微区冶金结合。大量的微区冶金结合可以使涂层的结合强度显著提高。

2. 工作层用粉

工作层用粉种类较多，主要分为镍基、铁基、铜基三大类。每种工作粉所形成的涂层均有一定适用范围。

（三）复合粉末

复合粉末是由两种或两种以上性质不同的固相物质组成的粉末，能发挥多材料的优点，得到综合性能的涂层。按复合粉末涂层的使用性能，大致可分为以下几种。

1. 硬质耐磨复合粉末

常以镍或钴包覆碳化物，如碳化钨、碳化铬等。碳化物分散在涂层中，成为耐磨性能良好的硬质相，同时与铁、钴、镍合金有极好的液态润湿能力，增强与基体结合能力，且有耐蚀性耐高温性能。

2. 抗高温耐热和隔热复合粉末

一般采用具有自黏结性能的耐热合金复合粉末（NiCr/Al）或耐热合金线材打底，形成一层致密的耐热涂层，中间采用金属陶瓷型复合粉末材料（如 Ni/Al_2O_3），外层采用热导率低的耐高温的陶瓷粉末（如 Al_2O_3）。

3. 减磨复合粉末

一般常用的有镍包石墨、镍包二硫化钼、镍包硅藻土、镍包氟化钙等。镍包石墨、镍包二硫化钼具有减磨自润滑性能；镍包硅藻土、镍包氟化钙有减磨性能和耐高温性能，可在 800 ℃ 以下使用。

4. 放热型复合粉末

常用的是镍包铝，其镍铝比为 80∶20，90∶10，95∶5。它常作为涂层的打底材料。

（四）丝　材

丝材主要有钢质丝材，如 T12、T9A、80#及 70#高碳钢丝等，用于修复磨损表面；还有纯金属丝材，如锌、铝等，用于防腐。

三、热喷涂技术主要方法及设备

（一）氧-乙炔火焰粉末喷涂

氧-乙炔火焰粉末喷涂是以氧-乙炔焰为热源，借助高速气流将喷涂粉末吸入火焰区加热到熔融状态后再以一定的速度喷射到已制备好的工件表面，形成喷涂层。其典型装置示意如图 7-19 所示，其原理如图 7-20 所示。喷涂的粉末从上方料斗通过进料口（1），送入输送粉末气体（氧气）通道（2）中，与气体一起在喷嘴（3）出口处遇到氧-乙炔燃烧气流而被加热，同时喷射到工件（6）的表面上。

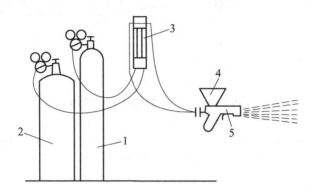

图 7-19　氧-乙炔火焰粉末喷涂典型装置示意

1—氧气；2—燃料气；3—气体流量计；4—料斗；5—喷枪

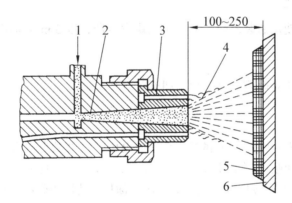

图 7-20　氧-乙炔火焰粉末喷涂原理示意

1—进料口；2—气体通道；3—喷嘴；4—火焰；5—喷涂层；
6—工件；7—氧-乙炔入口；8—气体入口

　　氧-乙炔火焰粉末喷涂设备与一般气焊设备大体相似，主要包括喷枪、氧气和乙炔供给装置以及辅助装置等。

　　1. 喷　枪

　　喷枪是氧-乙炔火焰粉末喷涂技术的主要设备。目前国产喷枪大体上可分为中小型和大型两类。中小型喷枪主要用于中小型件和精密件的喷涂，其适应性强；大型喷枪主要用于大直径和大面积的零件，生产率高。

　　中小型喷枪的典型结构如图 7-21 所示。当送粉阀不开启时，其作用与普通气焊枪相同，可作喷涂前的预热及喷粉后的重熔。按下送粉阀柄，送粉阀开启，喷涂粉末从粉斗流进枪体，随着氧-乙炔混合气被熔融、喷射到工件表面上。

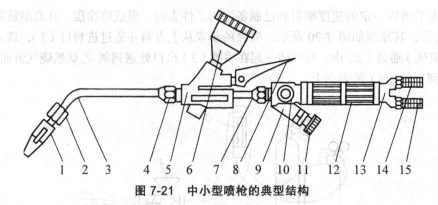

图 7-21　中小型喷枪的典型结构

1—喷嘴；2—喷嘴接头；3—混合气管；4—混合气管接头；5—粉阀体；6—粉斗头；7—气接头螺母；
8—粉阀开关阀柄；9—中部主体；10—乙炔开关阀；11—氧气开关阀；12—手柄；
13—后部接体；14—乙炔接头；15—氧气接头

2. 氧气供给装置

一般用瓶装氧气，通过减压器供氧即可。

3. 乙炔供给装置

比较好的办法是使用瓶装乙炔。如使用乙炔发生器，以 3 m³/h 的中压乙炔发生器为好。

4. 辅助装置

一般包括喷涂机床、测量工具、粉末回收装置等。

（二）电弧喷涂

电弧喷涂是将两根被喷涂的金属丝作自耗性电极，以电弧为热源，将熔化的金属丝用高速气流雾化，并以高速喷射到工件表面形成涂层的一种工艺。其特点：涂层性能优异、效率高、节能经济、使用安全。应用范围包括制备耐磨涂层、结构防腐涂层和磨损零件的修复（如曲轴、一般轴、导辊）等。

电弧喷涂的过程如图 7-22 所示。

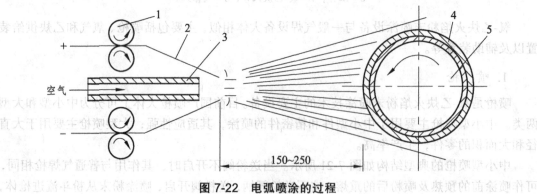

图 7-22　电弧喷涂的过程

1—送丝轮；2—金属丝；3—喷嘴；4—涂层；5—工件

两根金属丝（2）作为两个消耗电极，在电机的动力带动下向前送进，在喷嘴（3）的喷口处相交时，因短路产生电弧。金属丝不断被电弧熔化，紧接着又被压缩空气吹成细小微粒，并以高速喷向工件（5），在已制备的工件表面上堆积成涂层（4）。

电弧喷涂设备主要由直流电焊机、控制箱、空气压缩机及供气装置、电弧喷枪等组成。

下面主要介绍一下电弧喷枪。电弧喷枪是进行电弧喷涂的主要工具，电弧喷涂技术的进步是与喷枪的改进和发展分不开的。两根金属丝在送丝滚轮的带动下，通过导丝管和导电嘴，成一定角度汇交于一点。在导电嘴上紧固接电片，通过电缆软线连接电源。金属丝与导电嘴接触而带电。引入的压缩空气通过空气喷嘴形成高速气流雾化熔化的金属。由导电嘴、空气喷嘴、绝缘块和弧光罩等组成的雾化头，是喷枪的关键部分。最早的雾化头结构仅是由导电嘴和空气喷射管组成，称为敞开式喷嘴，这种结构虽然简单，但对熔化金属的雾化效果不好，喷出的颗粒比较粗大。目前采用的雾化头结构，是通过加装空气帽，将电弧区适当封闭，并分成两路雾化气流，通过辅助的二次雾化气流，对电弧适当压缩，称为封闭式喷嘴。这种结构增加了弧区的压力，相应提高了空气流的喷射速度和电弧温度，加强了对熔化金属的雾化效果，使喷出的颗粒更加细微。

（三）等离子喷涂

等离子喷涂是以电弧放电产生等离子体作为高温热源，将喷涂材料迅速加热至熔化或熔融状态，在等离子射流加速下获得高速度，喷射到经过预处理的零件表面形成涂层。

由于等离子喷涂的焰流温度高（喷嘴出口处的温度可长时间保持在数千到一万多摄氏度），可以简便地对几乎所有的材料进行喷涂，涂层细密、结合力强，能在普通材料上形成耐磨、耐腐蚀、耐高温、导电、绝缘的涂层，零件的寿命可提高 1～8 倍。它主要用于喷涂耐磨层，已在修复动力机械中的阀门、阀座、气门等磨损部位取得良好的成效。

图 7-23 所示为等离子喷涂原理。在阴极和阳极（喷嘴）之间产生一直流电弧，该电弧把导入的工作气体加热电离成高温等离子体并从喷嘴喷出形成等离子焰。粉末由送粉气体送入火焰中被熔化、加速、喷射到基体材料上形成膜。工作气体可以用氩气、氮气，或者在这些气体中再掺入氢气，也可采用氩和氮的混合气体。

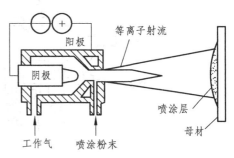

图 7-23　等离子喷涂原理示意

等离子喷涂设备主要包括喷枪、送粉器、整流电源、供气系统、水冷系统及控制系统等。

1. 喷　枪

喷枪是最关键的部件，其结构形式多样，但其基本构造是一样的，即少不了阴极、喷嘴（阳极）、进气道与气室、送粉道、水冷密封与绝缘以及枪体。

2. 送粉器

送粉器是用来储存喷涂粉末和按工艺要求向喷枪输送粉末的一种装置。送粉器种类很多，有自重式送粉器、刮板式送粉器、雾化式送粉器、电磁振动式送粉器、鼓轮式送粉器及其他新研制的送粉器。

3. 整流电源

等离子喷涂均采用直流电源，整流器大致有3种：饱和电抗器式或硅整流电源、可控硅型电源、直流发电机电源。

4. 供气系统

供气系统是包括工作气和送粉气的供给系统，主要由气瓶、减压阀、储气筒、流量计以及管道和接头组成。

5. 水冷系统

水冷系统用于冷却电源整流元件、电缆和喷枪。

6. 控制系统

控制系统用于对水、电、气、粉的调节和控制，此外还有对喷涂自动化的控制。

（四）爆炸喷涂

爆炸喷涂是20世纪50年代美国联合碳合物公司（UCAR）发明的一项技术。它是将经过严格定量的氧和乙炔的混合气体送到喷枪的水冷燃烧筒内，同时再利用氮气流注入一定量的喷涂粉末，悬浮于混合气体中，通过火花塞点燃氧和乙炔，造成气体膨胀而产生爆炸，释放出热能和冲击波，热能使喷涂的粉末熔融，冲击波使熔融粉末以约 800 m/s 的速度喷射到工件表面上形成涂层。图7-24所示为爆炸喷枪示意。

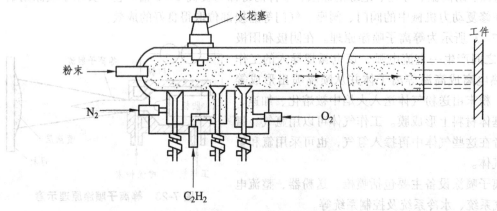

图7-24　爆炸喷枪示意

爆炸喷涂的喷射能量大、密度高，所以涂层与基体的结合强度高。它可喷涂高熔点高硬度的陶瓷粉末材料，制成优良的抗磨层，用于汽轮机叶片、刀具、模具等。但其成本也极高，沉积速度很慢，目前应用较少，但应用前景广阔。

（五）超音速火焰喷涂技术

影响涂层质量的重要因素之一是粒子的飞行速度。20世纪80年代初，出现了一种可以获得极高的粒子速度的新的热喷涂方法。开始时人们把这个新方法称为超音速火焰喷涂，现在称为高速燃气喷涂。

这个方法使用像火箭发动机那样的燃烧装置来产生高温的超声速气流，用来对粉末材料加热与加速。这个喷涂装置的特点在于喷涂粒子可以获得极高的飞行速度和不太高的温度。极高的粒子飞行速度使获得的涂层非常致密。不高的温度避免了喷涂粒子在喷涂过程中发生冶金学变化，很好地保持喷涂材料本身的性能。这对于碳化物的喷涂至关重要。

高速燃气喷涂技术设备并不复杂，它由喷涂枪（见图 7-25）、送粉器、控制系统及供气系统等组成。

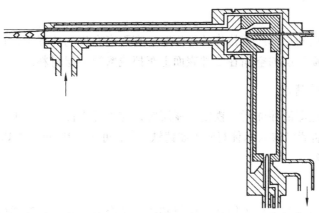

图 7-25　Jet Kote 喷涂枪的结构

高速燃气喷涂的最突出的优点在于可以喷涂高质量的碳化钨层。涂层致密，结合强度高，氧化物含量低。它用于航空与空间技术、泵及压缩机轴、阀门、造纸业的辊子以及石化工业中需要耐磨耐腐蚀的场合。其主要缺点是较高的使用成本与高噪声。

四、热喷涂工艺

氧-乙炔火焰喷涂技术设备简单，操作方便，成本低廉，且劳动条件较好，因而广泛应用于机修等领域。下面就以氧-乙炔火焰喷涂技术为例来说明热喷涂工艺过程。热喷涂施工基本有 4 个步骤：施工前的准备、表面预处理、喷涂及后处理。

（一）准备工作

喷涂的准备工作内容有材料、工具和设备的准备，工艺制订两方面。在编制工艺前首先应了解被喷涂工件的实际状况和技术要求并进行分析，从本企业设备、工装实际出发，努力创造条件定出最佳工艺方案。工艺制订中主要考虑以下几方面。

1. 确定喷涂层的厚度

一般来说，喷涂后必须进行机械加工，因此涂层厚度中应包括加工余量，同时还要考虑喷涂时的热胀冷缩。

2. 确定涂层材料

选择涂层材料的依据是涂层材料的性能应满足被喷涂工件的材料、配合要求、技术要求以及工作条件等，分别选择结合层和工作层用材料。

3．确定喷涂参数

根据涂层的厚度、材料性能、粒度确定热喷涂的参数，包括乙炔和氧气的压力、喷距、喷枪与工件的相对运动速度等。

（二）工件表面的预处理

工件表面的预处理也称表面制备，它是保证涂层与基体结合质量的重要工序。

1．凹切

表面存在疲劳层和局部严重拉伤的沟痕时，在强度允许的前提下，可以凹切处理。凹切是指为提供容纳热喷涂层的空间在工件表面上车掉或磨掉一层材料。

2．基体表面的清理

基体表面的清理即清除油污、铁锈、漆层等，使工件表面洁净。油污、油漆可用溶剂、清洗剂清除，如果油渍已渗入基体材料（如铸铁）内，可用乙炔-氧焰烘烤。对锈层可用酸浸、机械打磨或喷砂清除。

3．表面粗化

基体表面粗化的目的是为了增强涂层与基体的结合力，并消除涂层的应力效应。常用的粗化方法有喷砂、开槽、车螺纹、滚花、拉毛等，这些方法可单用也可并用。

（1）喷砂是最常用的粗化工艺方法。砂粒可采用石英砂、氧化铝砂、冷硬铁砂等，砂粒以锋利、坚硬为好，必须清洁干燥、有尖锐棱角。砂粒的尺寸、空气压力的大小、喷砂角度、距离和时间应根据具体情况进行确定。

（2）开槽、车螺纹或滚花对轴、套类零件表面的粗化处理，可采用开槽、车螺纹或滚花等粗化方法，槽或螺纹表面粗糙度以 $R_a 6.3 \sim 12.5\ \mu m$ 为宜，加工过程中不加润湿剂和冷却液。对不适宜开槽、车螺纹的工件，可以在表面滚花纹，但应避免出现尖角。

（3）拉毛。硬度较高的工件表面可用电火花拉毛机进行粗化，但薄涂层工件应慎用。电火花拉毛法是将细的镍丝或铝丝作为电极，在电弧的作用下，电极材料与基体表面局部熔合，产生粗糙的表面。

表面粗化后呈现的新鲜表面，应防止污染，严禁用手触摸，保存在清洁、干燥的环境里。一般在粗化前预热，粗化后应尽快喷涂，一般间隔时间不超过 2 h。

4．非喷涂部位表面的防护

喷涂表面附近的非喷涂表面需加以防护，常用的方法是用耐热的玻璃布或石棉布屏蔽起来，必要时应按零件形状制作相应夹具进行保护，注意夹具材料要有一定强度，且不得使用低熔点合金，以免污染涂层。对基体表面上的键槽、油孔等不允许喷涂的部位，可用石墨块或粉笔堵平或略高于基面。喷后清除时，注意不要碰伤涂层，棱角要倒钝。

（三）喷 涂

1．喷前预热

喷涂时先预热到 $100 \sim 250\ ℃$，减少涂层与基体的温度差。一般小件在烘箱内预热，通常零件用乙炔-氧预热，即直接用喷枪或气焊炬加热。

2. 喷结合层

涂层厚度应控制在 Ni/Al 层为 0.1 ~ 0.2 mm，Al/Ni 层为 0.08 ~ 0.1 mm。但因涂层薄很难测量，故一般考虑用单位喷涂面积的喷粉量来确定，即为 0.08 ~ 0.15 g/cm^2。喷粉时用中性或弱碳火焰，送粉后出现集中亮红火束，并有蓝白色烟雾。如果火焰末端呈白亮色，表明粉有过烧现象，应调整火焰或减小送粉量，或增大流速；若火焰末端呈暗红色，说明粉末没有熔透，应加大火焰，控制粉量与流速。如果调整火焰和粉量无效时，可改变粉末粒度和含镍量，可改用粗粉末或用含镍量大的粉末。喷粉时喷射角度要尽量垂直喷涂表面，喷涂距离一般掌握在 180 ~ 200 mm。

3. 喷涂工作层

结合层喷完后，用钢丝刷去灰粉和氧化膜，即换料斗喷工作层。使用铁基粉末时用弱碳化焰，使用铜基粉末用中性焰，而使用镍基粉末时介于两者之间，视其成分进行调整。喷距控制在 180 ~ 200 mm 为宜，喷距过大，则熔粒温度降低、速度减慢而能量不足，结合强度低，组织疏松；喷距过小，粉粒熔不透，冲击力强产生反弹，沉积效率低，结合强度也低。喷涂时喷枪与工件相对移动速度最好在 70 ~ 150 mm/s。喷涂过程中，应经常测量基体温度，超过 250 ℃ 时宜暂停喷涂。

4. 喷后工件冷却

喷涂后冷却时，主要要防止涂层脱裂和工件变形。特别对一些特殊形状零件应采取一定预防措施，如长轴在机床上边转动边自然冷却，或将其垂直悬挂。

（四）喷涂后处理

喷涂后处理包括封孔、机械加工等工序。

涂层的孔隙约占总体积的 15%，而且有的孔隙相互连通，由表及里。零件为摩擦副时，可在喷后趁热将零件浸入润滑油中，利用孔隙储油有利于润滑；但对于承受液压的零件，孔隙则容易产生泄漏，则应在零件喷涂后，用封孔剂填充孔隙，这一工序称为封孔。

对于封孔剂的性能要求是：浸透性好，耐化学作用（不溶解、不变质），在工作温度下性能稳定，能增强涂层性能等。常用的封孔剂有石蜡、环氧、酚醛等。

当喷涂层的尺寸精度和表面粗糙度不能满足要求时，需对其进行机械加工，可采用车削或磨削加工。

五、热喷涂技术的应用

热喷涂的应用领域几乎包括了全部的工业生产领域。可以预见，随着对热喷涂技术的不断研究及人们对材料性能要求的不断提高，热喷涂技术还将得到进一步发展。

（一）热喷涂技术的应用

热喷涂技术在机修中的应用主要在以下几个方面。

（1）修复旧件，恢复磨损零件的尺寸。如机床主轴、曲轴、凸轮轴轴颈，电动机转子轴以及机床导轨和溜板等经热喷涂修复后，既节约钢材，又延长寿命，还大大减少备件库存。

（2）修补铸造和机械加工的废品，填补铸件的裂纹如修复大铸件加工完毕时发现的砂眼气孔等。

（3）制造和修复减磨材料轴瓦。在铸造或冲压出来的轴瓦上以及在合金已脱落的瓦背上，喷涂一层"铅青铜"或"磷青铜"等材料，就可以制造和修复减磨材料的轴瓦。这种方法不但造价低，而且含油性能强，并大大提高其耐磨性。

（4）喷涂特殊的材料可得到耐热或耐腐蚀等性能的涂层。

（二）实 例

下面以发动机曲轴严重磨损后的修复为例，来简单介绍热喷涂技术在机修中的实例应用。

如果发动机曲轴磨损严重，磨削法无法修复或效果较差，可采用等离子喷涂法来修复。

1. 喷涂前轴颈的表面处理

（1）根据轴颈的磨损情况，在曲轴磨床上将其磨圆，直径一般减少 0.50 ~ 1.00 mm。

（2）用铜皮对所要喷涂轴颈的邻近轴颈进行遮蔽保护。

（3）用拉毛机对待涂表面进行拉毛处理。用镍条作电极，在 6 ~ 9 V、200 ~ 300 A 交流电下使镍熔化在轴颈表面上。

2. 喷 涂

将曲轴卡在可旋转的工作台上，调整好喷枪与工件的距离（100 mm 左右）。选镍包铝（Ni/Al）为打底材料，耐磨合金铸铁与镍包铝的混合物为工作层材料；底层厚度一般为 0.20 mm 左右，工作层厚度根据需要而定。喷涂规范见表 7-8。

表 7-8 喷涂规范

粉末材料	粒度/目	送粉量/（g/min）	工作电压/V	工作电流/A	喷涂功率/kW
Ni/Al	160 ~ 260	23	70	400 ~ 500	28 ~ 32
Ni/Al+NT	140 ~ 300	20	70	260 ~ 400	18 ~ 22

喷涂过程中，所喷轴颈的温度一般要控制在 150 ~ 170 ℃。喷涂后的曲轴放入 150 ~ 180 ℃的烘箱内保温 2 h，并随箱冷却，以减少喷涂层与轴颈间的应力。

3. 喷涂后的处理

喷涂后要检查喷涂层与轴颈基体是否结合紧密，如不够紧密，则除掉重喷。如检查合格，可对曲轴进行磨削加工。由于等离子喷涂层硬度较高，一般选用较软的碳化锡砂轮进行磨削，磨削时进给量要小一些（0.05 ~ 0.10 mm），以免挤裂涂层。另外，磨削后一定要用砂条对油道孔进行研磨，以免毛刺刮伤瓦片。经清洗后，将曲轴浸入 80 ~ 100 ℃ 的润滑油中煮 8 ~ 10 h，待润滑油充分渗入涂层后即可装车使用。

第六节　焊接修复技术

通过加热或加压，或两者并用，并且用或不用填充材料，借助于金属原子扩散和结合，使分离的材料牢固地连接在一起的加工方法称为焊接。将焊接技术用于维修工作时称为焊修。

大部分损坏的机械零件都可以用焊接方法修复。焊接材料、设备和焊接方法较为齐备、成熟，多数工艺简便易行。焊修突出特点是结合强度高，不但可修复零件的尺寸、形状，赋予零件表面以某些特殊性能（如耐磨、耐冲击等），而且可焊补裂纹与断裂，修补局部损伤（如划伤、凹坑、缺损等），局部修换，也能切割分解零件，还可用于校正形状，给零件预热和热处理。一般情况下，焊修质量好、效率高、成本低、灵活性大。但焊接加热温度高，会使零件产生内应力和变形，一般不宜修复较高精度、细长和薄壳类零件，同时容易产生气孔、夹渣、裂纹等缺陷，还会使淬火件退火，焊接还要受到零件可焊性的影响。

焊修的缺点随着焊接技术发展和采取相应工艺措施，大部分可以克服，因此应用广泛。根据提供热能的不同方式，焊修可分为电弧焊、气焊和等离子焊等；按照焊修的工艺和方法不同，又可分为补焊、堆焊、喷焊和钎焊等。

一、补　焊

（一）钢制零件的补焊

对钢进行补焊主要是为修复裂纹和补偿磨损尺寸。钢的品种繁多，其可焊性差异很大。这主要与钢中的碳和合金元素的含量有关。一般来说，含碳量越高、合金元素种类和数量越多，可焊性越差。可焊性差主要指在焊接时容易产生裂纹，钢中碳、合金元素含量越高，尤其是磷和硫，出现裂纹的可能性越大。钢的裂纹可分为焊缝金属在冷却时发生的热裂纹和近焊缝区母材上由于脆化发生的冷裂纹两类。

热裂纹只产生在焊缝金属中，具有沿晶界分布的特点，其方向与焊缝的鱼鳞状波纹相垂直，在裂纹的断口上可以看到发蓝或发黑的氧化色彩。产生热裂纹的主要原因是焊缝中碳和硫含量高，特别是硫的存在，在结晶时，所形成的低熔点硫化铁以液态或半液态存在于晶间层中形成极脆弱的夹层，因而在收缩时即引起裂纹。

冷裂纹主要发生在近焊缝区的母材上，产生冷裂纹的主要原因是钢材的含碳量增高，其淬火倾向相应增大，母材近缝区受焊接热的影响，加热和冷却速度都大，结果产生低塑性的淬硬组织。另外，焊缝及热影响区的含氢量随焊缝的冷却而向热区扩散，那里的淬硬组织由于氢作用而碳化，即因收缩应力而导致裂纹产生。

机械零件补焊比钢结构焊接较为困难，主要由于机械零件多为承载件，除有物理性能和化学成分要求外，还有尺寸精度和形位精度要求及焊后可加工性要求。而零件损伤多是局部损伤，在补焊时要保持其他部分的精度，其多数材料可焊性较差，但又要求维持原强度，则焊材与母材匹配困难。因而焊接工艺要严密合理。

1. 低碳钢零件

低碳钢零件的可焊性良好，补焊时一般不需要采取特殊的工艺措施。手工电弧焊一般选用 J42 型焊条即可获得满意的结果。若母材或焊条成分不合格、碳偏高或硫过高、或在低温条件下补焊刚度大的工件时，有可能出现裂纹，这时要注意选用抗裂性优质焊条，如 J426、J427、J506、J507 等，同时采用合理的焊接工艺以减少焊接应力，必要时预热工件。

2. 中、高碳钢零件

中、高碳钢零件，由于钢中含碳量的增高，焊接接头容易产生焊缝内的热裂纹，热影响区内由于冷却速度快而产生的低塑性淬硬组织引起的冷裂，焊缝根部主要由于氢的渗入而引起的氢致裂纹等。

为了防止中、高碳钢零件补焊过程中产生的裂纹，可采取以下措施。

（1）焊前预热。预热是防止产生裂纹的主要措施，尤其是工件刚度较大，预热有利于降低热影响区的最高硬度，防止冷裂纹和热应力裂纹，改善接头塑性，减少焊后残余应力。焊件的预热温度根据含碳量或碳当量、零件尺寸及结构来确定。中碳钢一般约为 150～250℃，高碳钢为 250～350℃。某些在常温下保持奥氏体组织的钢种（如高锰钢）无淬硬情况可不预热。

（2）选用合适的焊条。根据钢件的工作条件和性能要求选用合适的焊条，尽可能选用抗裂性能较强的碱性低氢型焊条以增强焊缝的抗裂性能，特殊情况也可用铬镍不锈钢焊条。

（3）选用多层焊。多层焊的优点是前层焊缝受后层焊缝热循环作用使晶粒细化，改善性能。

（4）设法减少母材熔入焊缝金属中的比例　例如焊接坡口的制备，应保证便于施焊但要尽量减少填充金属。

（5）加强焊接区的清理工作。彻底清除油、水、锈以及可能进入焊缝的任何氢的来源。

（6）焊后热处理。为消除焊接部位的残余应力，改善焊接接头性能（主要是韧性和塑性），同时加速扩散氢的逸出，减少延迟裂纹的产生，焊后必须进行热处理。一般中、高碳钢焊后先采取缓冷措施，并进行高温回火，推荐温度为 600～650℃。

（二）铸铁件的补焊

铸铁由于具有突出的优点，所以至今仍是制造形状复杂、尺寸庞大、易于加工、防振耐磨的基础零件的主要材料。铸铁零件在机械设备零件中所占的比例较大，且多数为重要基础件。由于这些铸铁件多是体积大、结构复杂、制造周期长，有较高精度要求，而且不作为常备件储备，所以它们一旦损坏很难更换，只有通过修复才能使用。焊接是铸铁件修复的主要方法之一。

1. 铸铁件补焊的难点

铸铁件含碳量高，组织不均匀、强度低、脆性大，是一种对焊接温度较为敏感、可焊性差的材料。其补焊难点主要有以下几个方面。

（1）焊缝区易产生白口组织。铸铁含碳量高，从熔化状态遇到骤冷易白口化（指熔合区呈现白亮的一片或一圈），脆而硬，难以进行切削加工。其产生原因是母材吸热使冷却迅速，石墨来不及析出而形成 Fe_3C。

（2）铸铁组织疏松（尤其是长期需润滑的零部件），组织浸透油脂，可焊性进一步降低，易产生气孔等。

（3）由于许多铸铁零件的结构复杂、刚性大，补焊时容易产生大的焊接应力，在零件的薄弱部位就容易产生裂纹。裂纹的部位可能在焊缝上，也可能在热影响区内。

（4）铸件损坏，应力释放，粗大晶粒容易错位，不易恢复原来的形状和尺寸精度。因此，在对铸铁件进行焊修时，要采取一些必要措施，才能保证质量。如在焊前预热和焊后缓冷、调整焊缝的化学成分、采用小电流焊接减少母材熔深等措施可以防止白口组织的产生，而通过采取减小补焊区和工件整体之间的温度梯度或改善补焊区的膨胀和收缩条件等几方面的措施可以防止裂纹的产生。

2. 铸铁件补焊的种类

铸铁件的补焊分为热焊和冷焊两种，需根据外形、强度、加工性、工作环境、现场条件等特点进行选择。

（1）热焊是焊前对工件高温预热（600 ℃ 以上），焊后加热、保温、缓冷。用气焊和电弧焊均可达到满意的效果。热焊的焊缝与基体的金相组织基本相同，焊后机加工容易，焊缝强度高、耐水压、密封性能好。特别适合铸铁件毛坯或机加工过程中发现基体缺陷的修复，也适合于精度要求不太高或焊后可通过机加工修整达到精度要求的铸铁件。但是，热焊需要加热设备和保温炉，劳动条件差，周期长，整体预热变形较大，长时间高温加热氧化严重，对大型铸铁来说，应用受到一定限制。主要用于小型或个别有特殊要求的铸铁焊补。

（2）冷焊是在常温下或仅低温预热进行焊接，一般采用手工电弧焊或半自动电弧焊。冷焊操作简便、劳动条件好，施焊时间较短，具有更大的应用范围，一般铸铁件多采用冷焊。

铸铁冷焊时要选用适当的焊条、焊药，使焊缝得到适当的组织和性能，以便焊后加工和减轻加热冷却时的应力危害。采取一系列工艺措施，尽量减少输入机体的热量，减小热变形，避免气孔、裂纹、白口化等。

常用的国产铸铁冷焊焊条有氧化型钢芯铸铁焊条（Z100）、高钒铸铁焊条（Z116、Z117）、纯镍铸铁焊条（Z308）、镍铁铸铁焊条（Z408）、镍铜铸铁焊条（Z508）、铜铁铸铁焊条（Z607、Z612）以及奥氏体铁铜焊条等，分别应用于不同场合。铸铁件常用的补焊方法见表7-9。

表7-9　铸铁件常用的补焊方法

焊补方法		要　点	优　点	缺　点	适用范围
气焊	热焊	焊前预热至 600 ℃左右，保温缓冷	焊缝强度高，裂纹、气孔少，不易产生白口，易于修复加工	工艺复杂，加热时间长，容易变形，准备工序的成本高，修复周期长	焊补非边角部位，焊缝质量要求高的场合
	冷焊	焊前不预热，只用焊炬烘烤坡口周围或加热减应区（铸铁件上被预先加热，并在施焊中保持与焊缝同时冷却的区域），焊后缓冷	不易产生白口，焊缝质量好，基体温度低，成本低，易于修复加工	要求焊工技术水平高，对结构复杂的零件难以进行全方位焊补	适于焊补边角部位

焊补方法		要　点	优　点	缺　点	适用范围
气焊	热焊	采用铸铁心焊条，预热、保温、缓冷	焊后易于加工，焊缝性能与基体相近	工艺复杂、易变形	应用范围广泛
	半热焊	采用钢芯石墨型焊条采用，预热至 400 ℃ 左右，焊后缓冷	焊缝强度与基体相近	工艺较复杂，切削加工性不稳定	用于大型铸件，缺陷在中心部位，而四周刚度大的场合
电弧焊	冷焊	用铜铁焊条冷焊	焊件变形小，焊缝强度高，焊条便宜，劳动强度低	易产生白口组织，切削加工性能差	用于焊后不需加工的地方，应用广泛
		用镍基焊条冷焊	焊件变形小，焊缝强度高，焊条便宜，劳动强度低，切削加工性极好	要求严格	用于零件的重要部位、薄壁件的修补，焊后需要加工
		用纯铁心焊条或低碳钢芯铁粉型焊条冷焊	焊接工艺性能好，焊接成本低	易产生白口组织，切削加工性能差	用于非加工面的焊接
		用高钒焊条冷焊	焊缝强度高，加工性能好	要求严格	用于焊补强度要求较高的厚件及其他部件
钎焊		用气焊火焰加热，铜合金作钎料，母材不熔化，焊后不易裂，加工性好，强度因钎料而异			

3. 电弧冷焊工艺要点简介

铸铁件冷焊采用非常规焊接工艺来避免焊接缺陷，其原则是：尽量减少焊缝的稀释率，降低 C、Si、S、P 含量；控制焊缝温度，减少焊接热循环的影响；消除或减少焊缝的内应力，防止裂纹。其工艺要点如下：

（1）坡口的制备。坡口的形状、尺寸根据零件结构和缺陷情况而定。如图 7-26 所示，未穿透裂纹可开单面坡口，薄壁件开 V 形单面坡口，厚壁件开 U 形单面坡口，已穿透裂纹应开双面坡口，但开坡口之前应在裂纹终点钻止裂孔，垂直裂纹或薄壁件钻小孔，斜裂纹或厚壁件钻较大孔。开坡口方法以机械加工为主。任何坡口焊前必须清洁，必要时应用乙炔-氧焰烘烤表面除去油和水分，但结构复杂的零件作局部烘烤时，应防止温升过快产生裂纹或使原裂纹扩大。

（2）焊条的使用。焊条使用前应烘干（温度 150～250 ℃，保温 2 h，或按说明书进行）。冷焊电流尽量小些。结构复杂件和薄壁件，应选用 ϕ2.5 mm 或 ϕ3.2 mm 焊条。结构简单或厚大件用 ϕ4 mm 焊条。

（3）直流电源应用。直流电源的两极电弧温度不同，正极为 4 200 ℃，负极为 3 500 ℃，为减少母材熔深，采用直流反接即焊条接正极。

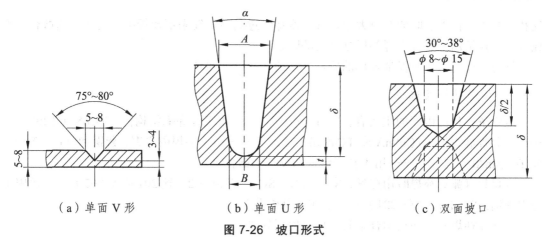

（a）单面 V 形　　　　　　（b）单面 U 形　　　　　　（c）双面坡口

图 7-26　坡口形式

（4）施焊。引弧点应在始焊点前 20 mm 处或设引弧板，以防焊点形成白口、气孔等缺陷。焊条要直线快速移动（直线运动）不做摆动。为了达到限制发热量的目的，对于长焊缝应该采取分段、断续或分散施焊的方法，如图 7-27（a）、（b）所示。当工件厚度较大时，则应采用多层施焊方法，如图 7-27（b）、（c）所示。并行焊道应往前段焊道压入 1/3 ~ 1/2[见图 7-27（d）]，这样可减少母材的熔入量，而且焊缝平齐美观。每焊段熄弧后，立即用尖头小锤敲击，用力稍轻，使焊缝遍布麻点，以消除应力，防止裂纹。然后用铁刷消除焊皮残渣，低于 60 ℃（不烫手）时才可继续施焊。

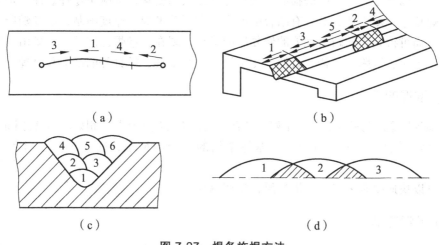

（a）　　　　　　　　　　　　　　　（b）

（c）　　　　　　　　　　　　　　　（d）

图 7-27　焊条施焊方法

（三）有色金属的补焊

机械设备中常用的有色金属有铜及铜合金、铝及铝合金等。因它们的热导率高、线膨胀系数大、熔点低，高温状态下脆性大、强度低，很容易氧化，所以可焊性差，补焊比较复杂与困难。下面以铜及铜合金焊修为例。

铜在补焊过程中，容易氧化，生成氧化亚铜，使焊缝的塑性降低，促使产生裂纹；热导率大，比钢大 5 ~ 8 倍，补焊时必须用高而集中的热源；热胀冷缩量大，焊件易变形，内应力增大；合金元素的氧化、蒸发和烧损，改变合金成分，引起焊缝力学性能降低，产生裂纹、气孔、夹渣；在液态时能溶解大量氢气，冷却时过剩的氢气来不及析出，而在焊缝熔合区形成气孔，这是铜及铜合金焊补后常见的缺陷之一。

针对上述特点，要保证补焊的质量，必须重视以下问题。

1. 补焊材料及选择

电焊条，目前国产的主要有：TCu（T107）——用于补焊铜结构件；TCuSi（T207）——用于补焊硅青铜；TCuSnA 或 TCuSnB（T227）——用于补焊磷青铜、紫铜和黄铜；TCuAl 或 TCuMnAl（T237）——用于补焊铝青铜及其他铜合金。

气焊和氩弧焊补焊时用焊丝，常用的有：SCu-l 或 SCu-2（丝 201 或丝 202）——适用于补焊紫铜；SCuZn-3（丝 221）——适用于补焊黄铜。

用气焊补焊紫铜和黄铜合金时，也可使用焊粉。

2. 补焊工艺

补焊时必须要做好焊前准备，对焊丝和焊件进行表面清理，开 60°～90°的 V 形坡口。施焊时要注意预热，一般温度为 300～700 ℃，注意补焊速度，遵守补焊规范，锤击焊缝；气焊时选择合适的火焰，一般为中性焰；电弧焊则要考虑焊法。焊后要进行热处理。

二、堆 焊

堆焊用于修复零件表面因磨损而导致尺寸和形状的变化，或赋予零件表面一定的特殊性能。用堆焊技术修复零件表面具有结合强度高，和不受堆焊层厚度限制，以及随所用堆焊材料的不同，而可得到不同耐磨性能的修复层的优点。现在，堆焊已广泛用于矿山、冶金、农机、建筑、电站、铁路、车辆、石油、化工设备以及工具、模具等的制造和修理。

（一）堆焊的特点

（1）堆焊层金属与基体金属有很好的结合强度，堆焊层金属具有很好的耐磨性和耐蚀性。

（2）堆焊形状复杂的零件时，对基体金属的热影响最小，防止焊件变形和产生其他缺陷。

（3）可以快速得到大厚度的堆焊层，生产率高。

（二）堆焊方法

几乎所有熔焊方法均可用于堆焊，目前应用最广的有手工电弧堆焊、氧-乙炔焰堆焊、振动堆焊、埋弧堆焊、等离子弧堆焊等。常用堆焊方法及其特点见表 7-10。

限于篇幅，下面只介绍埋弧堆焊。

1. 埋弧堆焊的工作原理

埋弧堆焊设备如图 7-28 所示。

焊接电流从电源（6）的正极经焊丝导管（2）、焊丝、工件（1）和电感器（7）回到电源负极，构成回路。焊剂由焊剂斗（5）漏向工件表面，焊丝由卷盘（3）送进。焊接过程中工件回转，焊丝导管（2）和焊剂斗（5）做轴向移动。

表 7-10　常用堆焊方法及其特点

堆焊方法		特　　点	注意事项
氧-乙炔焰堆焊		设备简单，成本低，操作较复杂，劳动强度大。火焰温度较低，稀释率小，单层堆焊厚度可小于 1.0 mm，堆焊层表面光滑。常用合金铸铁及镍基、铜基的实心焊丝。用于堆焊批量不大的零件	堆焊时可采用熔剂。熔深越浅越好。尽量采用小号焊炬和焊嘴
埋弧堆焊		设备简单，机动灵活、成本低，能堆焊几乎所有实心和药芯焊条，目前仍是一种主要堆焊方法。常用于小型或复杂形状零件的全位置堆焊修复和现场修复	采用小电流、快速焊、窄道焊、摆动小，防止产生裂纹。大件焊前预热，焊后缓冷
埋弧自动堆焊	单丝埋弧堆焊	常用的堆焊方法，堆焊层平整，质量稳定，熔敷率高，劳动条件好。但稀释率较大，生产率不够理想	应用最广的高效堆焊方法。用于具有大平面和简单圆形表面的零件。可配通用焊剂，也常用专用烧结焊剂进行渗合金
	双丝埋弧堆焊	双丝、三丝及多丝并列接在电源的一个极上，同时向堆焊区送进，各焊丝交替堆焊，熔敷率大大增加，稀释率下降 10%～15%	
	带极埋弧堆焊	熔深浅，熔敷率高，堆焊层外形美观	
等离子弧堆焊		稀释率低，熔敷率高，堆焊零件变形小，外形美观，易于实现机械化和自动化	有填丝法和粉末法两种

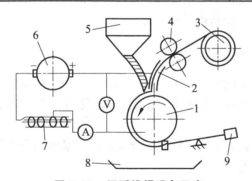

图 7-28　埋弧堆焊设备示意

1—工件；2—焊丝导管；3—焊丝卷盘；4—送丝机构；5—焊剂斗；6—电源；
7—电感器；8—焊剂盘；9—除渣刀

　　焊接开始时，焊丝与焊件接触，并被固体颗粒状的焊剂覆盖着。当焊丝和焊件之间引燃电弧，电弧热使焊件、焊丝和焊剂熔化，并有部分蒸发。焊丝熔融后，堆敷在工件上，焊剂起着保护作用和合金化作用。焊剂熔化时，不断放出气体与蒸汽，形成泡沫，在蒸汽的作用下，形成一个由渣壳包住的密闭空腔。电弧就在空腔内燃烧，隔绝了大气对电弧和熔池的影响，并防止了热量的迅速散失，因而使冶金过程比较完善。

　　埋弧堆焊的焊层表面平整，焊层的物理和力学性能好，组织均匀、气孔和夹渣较少，同时具有热效率高、劳动生产率高和劳动条件好的优点。但是，埋弧堆焊热量比较集中，热影响区大，熔深大，易引起零件变形，同时所用堆焊材料较贵，成本较高。

2. 设备与材料

埋弧堆焊设备由电源、控制箱、焊丝送进机构、堆焊机床、行走机械及焊剂输送装置等组成。

堆焊材料主要指焊丝和焊剂，需根据对焊层的不同要求和有利于保证焊层质量进行选用。

3. 堆焊工艺

一般堆焊工艺是：工件准备→工件预热→堆焊→冷却与消除内应力→表面加工。

三、喷 焊

喷焊是在喷涂基础上发展起来的。喷焊是指对经过预热的自熔性合金粉末涂层再加热，使喷涂层颗粒熔化（1 000～1 300 ℃），造渣上浮到涂层表面，生成的硼化物和硅化物弥散在涂层中，对颗粒间和基体表面润湿达到良好黏结，最终质地致密的金属结晶组织与基体形成约 0.05～0.10 mm 的冶金结合层。喷焊层与基体结合强度约 400 MPa，它抗冲击性能较好，耐磨、耐腐蚀。喷焊可以看成是合金喷涂和金属堆焊两种工艺的复合，它克服了金属喷涂层结合强度低、硬度低等缺陷，同时使用高合金粉末之后可使喷焊层具有一系列特殊性能，这是一般堆焊所不易得到的。但喷焊使用范围也有一定的局限性，重熔过程中基体局部受热后温度达 900 ℃，会产生热变形，对精度高、形状复杂的零件变形后难以校正，对淬硬性高的基体材料，喷焊后的组织会使基体产生裂纹。

（一）喷焊技术的适用范围

（1）几何形状比较简单的大型易损零件，如轴、柱塞、滑块、液压缸等。

（2）受冲击载荷，要求表面硬度高、耐磨性好的易损零件，如抛砂机叶片、破碎机齿板、挖掘机铲斗齿等。

（3）不适于喷焊的材料，如铝、镁及其合金，以及某些铜合金等，这类材料的熔点比喷焊用合金粉末的熔点还要低。

（4）适用于喷焊的金属材料一般有低碳钢，中碳钢（含碳量小于 0.4%），含锰、钼、钒总量小于 3%的结构钢，镍铬不锈钢，铸铁等，可按常规喷焊。对含碳量大于 0.4%的碳钢，含铬量大于 2%的结构钢，在喷焊时需预热 250～375 ℃，并需缓冷。

但在用喷焊技术修复大面积磨损或成批零件时，因合金粉末价格高，故应考虑其经济性，如果技术上可用焊接工艺，应不采用喷焊。

（二）喷焊用自熔性合金粉末

喷焊用自熔性合金粉末是以镍、钴、铁为基材的合金，其中添加适量硼和硅元素起脱氧造渣焊接熔剂的作用，同时能降低合金熔点，适于氧-乙炔火焰喷焊。

1. 镍基合金粉末

对硫酸、盐酸、碱、蒸汽等有较强的耐蚀性，抗氧化性达 800 ℃，红硬性达 650 ℃，耐磨性强。

2. 钴基合金粉末

最大特点是红硬性，可在 700 ~ 750 ℃ 保持较好耐磨性，抗氧化性达 800 ℃，耐蚀性略低于镍基焊层，耐硝酸腐蚀近于不锈钢。

3. 铁基合金粉末

耐磨性好，自熔性比镍基粉末差，耐硫酸、盐酸腐蚀性比 1Cr18Ni9Ti 不锈钢好，不耐硝酸的侵蚀，抗氧化温度不超过 600 ℃。

国产自熔性合金粉末品种相当多，使用时可结合厂家产品样本选用。

（三）氧-乙炔火焰喷焊

喷焊方法主要有火焰粉末喷焊和等离子粉末喷焊等。用氧-乙炔喷焊枪把自熔性合金粉末喷涂在工件表面，并继续对其加热，使之熔融而与基体形成冶金结合的过程，称之为氧-乙炔火焰喷焊。喷焊的工艺过程基本与喷涂相同。

1. 喷焊前应注意的事项

（1）如果工件表面有渗碳层或渗氮层，在预处理时必须清除，否则喷焊过程会生成碳化硼或氮化硼，这两种化合物很硬、很脆，易引起翘皮，导致喷焊失败。

（2）工件预热。一般碳钢预热温度为 200 ~ 300 ℃，对抗氧化性能好的耐热奥氏体钢可预热至 350 ~ 400 ℃。预热时火焰采用中性或弱碳化焰，避免表面氧化。

（3）重熔后，喷焊层厚度减小 25% 左右，在设计喷焊层厚度时要考虑。

2. 喷焊工艺

氧-乙炔火焰喷焊工艺过程与喷涂大体相似，包括喷前准备、喷粉和重熔、喷后处理等几个步骤。

（1）喷前准备包括工件清洗、预加工和预热等。彻底清除油与锈；表面硬度较大时需退火处理；去除电镀、渗碳、氮化层等；喷前预热，一般碳钢预热温度为 250 ~ 300 ℃，合金钢一般为 300 ~ 400 ℃。

（2）喷粉和重熔。分为一步法喷焊和二步法喷焊。

① 一步法喷焊就是边喷边熔交替进行，使用同一支喷枪完成喷涂、喷焊工序。首先工件预热后喷 0.2 mm 左右的薄层合金粉，将表面封严，以防表面氧化。接着间隙按动送粉开关进行送粉，同时将喷上去的合金粉重熔。根据熔融情况及对喷焊层厚薄的要求，决定火焰的移动速度。火焰向前移动的同时，再间隙送粉并重熔。这样，喷粉、重熔、移动周期进行，直至工件表面全部覆盖完成，一次厚度不足，可重复加厚。

一步法喷焊对工件输入热量小，工件变形小。适用于小型零件或小面积喷焊。喷焊层总厚度以不超过 2 mm 为宜。

② 二步法喷焊就是将喷涂合金粉和重熔分开进行，即先完成喷涂层再对其重熔。首先

对工件进行大面积或整体预热，工件的预热温度合适后，将火焰调为弱碳化焰。抬高焊枪使火焰与待喷面垂直，焊嘴与工件相距 100~150 mm。按动送粉开关手柄进行送粉，喷粉每层厚度不超过 0.2 mm，这有利于控制喷层厚度及保证各处粉量均匀，重复喷涂达到重熔厚度后停止喷粉，然后开始重熔。

重熔是二步法喷焊的关键工序，在喷粉后立即进行。若有条件，最好使用重熔枪，火焰调整成中性焰或弱碳化焰的大功率软化焰，将涂层加热至固—液相线之间的温度。喷距约 20~30 mm，重熔速度应掌握适当，即涂层出现"镜面反光"时，向前移动进行下一个部位的重熔。为了避免裂纹的产生，重熔后应根据具体情况采用不同冷却措施。中低碳钢、低合金钢的工件和薄焊层、形状简单的铸铁件可在空气中自然冷却；但对焊层较厚、形状复杂的铸铁件，锰、钼、钒合金含量较大的结构钢件，淬硬性高的工件等，要采取在石灰坑中缓冷。小件可用石棉材料包裹起来缓冷。

（3）喷后处理喷后要缓慢冷却，并进行浸油、机械加工、清理、检验等。

3. 影响喷焊层质量的因素

（1）合金的熔点。加热处理时，要求涂层熔融而基体并不熔化。因此，合金粉末的熔点必须低于基体金属的熔点，且合金粉末的熔点越低，重熔就越容易进行，喷焊层质量就越好。

（2）涂层熔融后对基体表面的润滑。熔融的涂层能否很好润滑基体表面，对喷焊层质量有重要影响。只有熔融的涂层合金能很好地润湿并均匀黏附在基体表面时，才能得到优质的喷焊层。影响润湿性的主要因素有：

① 工件表面的清洁程度；
② 工件表面的粗糙度；
③ 基体金属性质；
④ 重熔温度。

（3）工件材质的适应性。喷焊时，由于基体金属受热多，其基体金属成分、组织和热膨胀性能等，对喷焊质量有较大影响。

四、钎 焊

采用比母材熔点低的金属材料作钎料，把它放在焊件连接处一同加热到高于钎料熔点、低于母材熔点的温度，利用熔化后的液态钎料润湿母材，填充接头间隙并与母材产生扩散作用而将分离的两个焊件连接起来，这种焊接方法称为钎焊。

钎焊具有温度低、对焊接件组织和力学性能影响小、接头光滑平整、工艺简单、操作方便等优点。但钎焊较其他焊接方法焊缝强度低，适于强度要求不高的零件的裂纹和断裂的修复，尤其适用于低速运动零件的研伤、划伤等局部损伤的补修。

钎焊分为硬钎焊和软钎焊，钎料熔点高于 450 ℃ 的钎焊称为硬钎焊，而钎料熔点低于 450 ℃ 的钎焊称为软钎焊。机修中常见的有铸铁件的黄铜钎焊（硬钎焊）和铸铁导轨的锡铋合金钎焊（软钎焊）。

小型铸铁件或大型铸铁件的局部修复往往采用黄铜钎焊。钎焊过程中，利用氧-乙炔焰加热，因母材不熔化，接头不会产生白口组织，不易产生裂纹，但其钎料与母材颜色不一致。

下面以铸铁拨叉的黄铜钎焊修复为例来说明其修复过程。

（1）去除待焊部位的疲劳层、油污、铁锈等，最好是将之打磨光亮。

（2）选 HS221（丝 221）、HS222（丝 222）、HS224（丝 224）或 HL103（料 103）等为钎料，该钎料熔点 860~890 ℃。

（3）选无水硼砂或硼砂与硼酸混合物（成分各半）为钎剂。

（4）选用较大的火焰能率，以弱氧化焰进行堆焊钎焊。注意焊前要先将工件表面的石墨烧掉。

（5）要留有足够的加工余量，钎焊后进行成形加工。

第七节　黏结修复技术

借助胶黏剂把相同或不同的材料连接成为一个连续牢固整体的方法称为黏结，它也称为胶接或黏合。采用胶黏剂来进行连接达到修复目的的技术就是黏结修复技术。黏结同焊接、机械连接（铆接、螺纹连接）统称为三大连接技术。

一、黏结的特点

（一）黏结的优点

（1）不受材质的限制，相同材料或不同材料、软的或硬的、脆性的或韧性的各种材料均可黏结，且可达到较高的强度。

（2）黏结时的温度低，不会引起基体（或称母材）金相组织发生变化或产生热变形，不易出现裂纹等缺陷。因而可以修复铸铁件、有色金属及其合金零件、薄件及微小件等。

（3）黏结工艺简便易行，不需要复杂设备，节省能源，成本低廉，生产率高，便于现场修复。

（4）与焊接、铆接、螺纹连接相比，减轻结构质量 20%~25%，表面光滑美观。

（5）黏结还可赋予接头密封、隔热、绝缘、防腐、防振，以及导电、导磁等性能。两种金属间的胶层还可防止电化学腐蚀。

（二）黏结的缺点

（1）不耐高温。一般有机合成胶只能在 150 ℃ 以下长期工作，某些耐高温胶也只能达到 300 ℃ 左右（无机胶例外）。

（2）黏结强度不高（与焊接、铆接比）。

（3）使用有机胶黏剂尤其是溶剂型胶黏剂，存在易燃、有毒等安全问题。

（4）有机胶受环境条件影响易变质，抗老化性能差。其寿命由于使用条件不同而差异较大。

（5）胶接质量尚无可行的无损检测方法，靠严格执行工艺来保证质量，因此应用受到一定的限制。

二、黏结机理

黏结是个复杂的过程，它包括表面浸润、胶黏剂分子向被黏物表面移动、扩散和渗透，胶黏剂与被黏物形成物理和机械结合等问题，所以关于黏结机理，人们提出了不少理论来解释，目前黏结机理尚无统一结论，以下几种理论从不同角度解释了黏结现象。

1. 机械理论

该理论认为被黏物表面存在着粗糙度和多孔状，胶黏剂渗透到这些孔隙中，固化后便形成无数微小的"销钉"，产生机械啮合或镶嵌作用，将两个物体连接起来。

2. 吸附理论

该理论认为任何物质分子之间都存在着物理吸附作用，认为黏结是在表面上产生类似吸附现象的过程。胶黏剂分子向被黏物表面迁移，当距离小于 0.5 nm 时，分子间引力发生作用而吸附胶接。

3. 扩散理论

该理论认为胶黏剂的分子成链状结构且在不停地运动。在黏结过程中，胶黏剂的分子通过运动进入到被黏物体的表层。同时，被黏物体的分子也会进入到胶黏剂中。这样相互渗透、扩散，使胶黏剂和被黏物之间形成牢固地结合。

4. 化学键理论

该理论认为胶黏剂与被黏物表面产生化学反应而在界面上形成化学键结合，化学键力包括离子键力、共价键力等。这种键如同铁链一样，把两者紧密有机连接起来。

5. 静电理论

该理论认为胶黏剂和被黏物之间互相接触，产生正负电层的双电层，由于静电相互吸引而产生黏结力。

三、胶黏剂的组成和分类

（一）胶黏剂的组成

胶黏剂的组成因其来源不同而有很大差异，天然胶黏剂的组成比较简单，多为单一组分，而合成胶黏剂则较复杂，由多种组分配制而成，以获得优良的综合性能。胶黏剂的组成包括基料、填料、增韧剂、固化剂和稀释剂、稳定剂等。其中基料是胶黏剂的基本成分，是必不可少的，其余的组分则要视性能要求决定是否加入。

1. 基 料

基料也称胶料或黏料，是使两个被黏物体结合在一起时起主要作用的组分，是决定胶黏剂性能的基本成分。常用的胶黏剂基料有改性天然高分子化合物（如硝酸纤维素、醋酸纤维素、松香酚醛树脂、改性淀粉、氯化橡胶等）和合成高分子化合物。其中合成高分子化合物是胶黏剂中性能最好、用量最多的基料，包括热固性树脂、热塑性树脂、合成树脂、合成橡胶、热塑性弹性体等。使用时最好是树脂类、橡胶类同类或彼此并用，通过共混、接枝、共聚等技术进行改性，效果更好。

2. 填料

填料又称填充剂，是为改善胶黏剂的工艺性、耐久性、强度及其他性能或降低成本而加入的一种非黏性固体物质。加入填料可增加黏度，降低线膨胀系数和收缩率，提高剪切强度、刚度、硬度、耐热性、耐磨性、耐腐蚀性、导电性等。填料的种类、粒度、酸碱性和用量等，都对胶黏剂的性能有较大影响。

3. 增韧剂

增韧剂是为了改善胶黏剂的脆性、提高其韧性而加入的成分，它可以减少固化时的收缩性，提高胶层的剥离强度和冲击强度。增韧剂有活性增韧剂和非活性增韧剂之分。

4. 固化剂

固化剂能够参与化学反应，使胶黏剂发生固化，将线形结构转变为交联或体形结构。固化剂对胶黏剂的性能有着重要影响，应根据胶黏剂中基料的性能、胶黏剂的使用条件、工艺方法和成本等选择合适的固化剂。

5. 稀释剂

稀释剂是用来降低胶黏剂黏度的液体物质，它可以控制固化过程的反应热，延长胶黏剂的适用期，增加填料的用量。稀释剂也分为两类：活性和非活性稀释剂。非活性稀释剂不参与固化反应，纯属物理混入过程，仅起降低黏度的目的；活性稀释剂能够参加固化反应，有的还能起到增韧的作用。

6. 稳定剂

稳定剂是指有助于胶黏剂在配制、储存和使用期间性能稳定的物质，包括抗氧化剂、光稳定剂和热稳定剂等。

（二）胶黏剂的分类

常用的分类方法有以下几种。

1. 按胶黏剂的基本成分性质分类

按胶黏剂的基本成分性质分类比较常用，见表 7-11。

表 7-11　胶黏剂的分类

分　　类				典型代表
胶黏剂	有机胶黏剂	合成胶黏剂	树脂型 热固性胶黏剂	酚醛树脂、不饱和聚酯
			树脂型 热塑性胶黏剂	α-氰基丙烯酸酯
			橡胶型 单一橡胶	氯丁胶浆
			橡胶型 树脂改性	氯丁-酚醛

分　类				典型代表
胶黏剂	有机胶黏剂	黏合型	橡胶与橡胶	氯丁-丁腈
			树脂与橡胶	酚醛-丁腈、环氧-聚硫
			热固性树脂与热塑性树脂	酚醛-缩醛、环氧-尼龙
		天然胶黏剂	动物胶黏剂	骨胶、虫胶
			植物胶黏剂	淀粉、松香、桃胶
			矿物胶黏剂	沥青
			天然橡胶胶黏剂	橡胶水
	无机胶黏剂	磷酸盐		磷酸-氧化铝
		硅酸盐		水玻璃
		硫酸盐		石膏
		硼酸盐		硼酸钠

2. 按照固化过程中物理化学变化分类

按照固化过程中物理化学变化可分为反应型、溶剂型、热熔型、压敏型等胶黏剂。

3. 按照胶黏剂的用途分类

按基本用途可分为结构胶黏剂、非结构胶黏剂、特种胶黏剂三大类。结构胶黏剂黏结强度高、耐久性好，能够用于承受较大应力的场合。非结构胶黏剂用于不受力或次要受力的部位。特种胶黏剂主要满足特殊的需要，如耐高温、超低温、导电、导热、导磁、密封、水中胶黏等。

4. 按照胶黏剂固化工艺分类

按固化方式可分为室温固化型、中温固化型、高温固化型、紫外光固化型、电子束固化型胶黏剂。

四、胶黏剂的选用

胶黏剂的选用是否得当，是黏结及黏结修复成败的关键。

（一）选用原则

胶黏剂品种繁多、性能不一，一般说来，其选用原则如下：

（1）依据被黏结零件材料和接头形态特性（刚性连接还是柔性连接）确定胶黏剂分类。

（2）黏结的目的和用途。黏结兼具连接、密封、固定、定位、修补、填充、堵漏、防腐以及满足某种特殊需要等多种功能，但应用胶接时，往往是某一方面的功能占主导地位。如目的是密封，则选用密封胶；如目的是定位、装配及修补，则应选用室温下快速固化的胶黏剂；如需导电，则应选导电胶，等等。总之应根据黏结用途和目的来选用不同的胶黏剂。

（3）黏结件的使用环境。常见的环境因素有温度、湿度、介质、真空、辐射、户外老化等。虽然胶黏剂一般都有一定的耐介质性，但胶黏剂不同，耐介质性也不同，有的甚至是矛盾的。如耐酸者往往不能耐碱，反之亦然。因此，必须按产品说明书进行合理选择。

（4）明确胶接接头承载形式，如静态或动态、受力类型（剪切、剥离、拉伸、不均匀扯离）、载荷大小等。如果受力状态复杂应选复合型热固树脂胶。

（5）工艺上的可能性。使用结构胶黏剂时，不能只考虑胶黏剂的强度、性能，还要考虑工艺的可行性。如酚醛-丁腈胶综合性能好，但需要加压 0.3～0.5 MPa，并在 150 ℃ 高温固化，不允许加热或无条件加热的情况下则不能选用。对大型设备及异形工件来说，加热与加压都难以实现，黏结时只宜选用室温固化胶黏剂。

（6）胶黏剂的经济性。采用黏结技术收益是很大的，往往使用很少的胶黏剂就会解决大问题，而且节约材料和人力。但也要尽量兼顾经济性。在用胶黏剂量大的情况下，尤其要注意，在保证性能的前提下，尽量选用便宜的胶黏剂。

（二）常用的胶黏剂

表 7-12 列出了机械设备修理中常用的胶黏剂的基本性能及用途，供选用参考。

表 7-12　常用胶黏剂的基本性能及用途

类别	牌号	主要成分	主要性能	用途
通用胶	HY-914	环氧树脂，703 固化剂	双组分，室温快速固化，室温抗剪强度 22.5～24.5 MPa	60 ℃ 以下金属和非金属材料粘补
	农机 2 号	环氧树脂，二亚乙烯三胺	双组分，室温固化，室温抗剪强度 17.4～18.7 MPa	120 ℃ 以下各种材料
	KH-520	环氧树脂，703 固化剂	双组分，室温固化，室温抗剪强度 24.7～29.4 MPa	60 ℃ 以下各种材料
	JW-1	环氧树脂，聚酰胺	三组分，60 ℃，2 h 固化，室温抗剪强度 22.6 MPa	60 ℃ 各种材料
	502	一氰基丙烯酸乙酯	单组分，室温快速固化，室温抗剪强度 9.8 MPa	70 ℃ 以下受力不大的各种材料
结构胶	J-19C	环氧树脂，双氰胺	单组分，高温加压固化，室温抗剪强度 52.9 MPa	120 ℃ 以下受力大的部位
	J-04	钡酚醛树脂丁腈橡胶	单组分，高温加压固化，室温抗剪强度 21.5～25.4 MPa	250 ℃ 以下受力大的部位
	204（JF-1）	酚醛-缩醛有机硅酸	单组分，高温加压固化，室温抗剪强度 22.3 MPa	200 ℃ 以下受力大的部位
密封胶	Y-10S 厌氧胶	甲基丙烯酸	单组分，隔绝空气后固化，室温抗剪强度 10.48 MPa	100 ℃ 以下螺纹堵头和平面配合处紧固密封堵漏
	7302 液体密封胶	聚酯树脂	半干性，密封耐压 3.92 MPa	200 ℃ 以下各种机械设备平面法兰螺纹连接部位的密封
	W-1 密封耐压胶	聚醚环氧树脂	不干性，密封耐压 0.98 MPa	

五、黏结工艺

一般的黏结工艺流程是：黏结施工前的准备→基材表面处理→配胶→涂胶与晾置→对合→固化→卸去工装→清理→检查→加工。

（一）黏结施工前的准备

1. 选择胶黏剂

具体见前述内容。

2. 黏结接头的设计与制备

接头结构对胶接强度有直接影响，接头的受力形式不同，其强度也不同。

黏结接头的黏合强度的一般规律是：抗拉＞抗剪切＞抗剥离（扯离）＞抗冲击。它的基本设计原则如下：

（1）尽量扩大黏结面积，以提高承载能力。

（2）选择最有利的受力类型。尽可能使黏结接头承受或大部分承受剪切力，应尽量避免剥离力和不均匀扯离力的作用，确实不可避免时，应采取适当的加固措施，如图 7-29 所示。

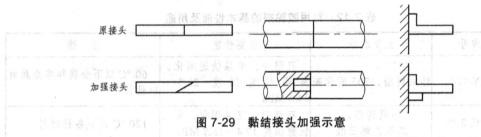

原接头

加强接头

图 7-29　黏结接头加强示意

（3）黏结接头强度不能满足工作负荷时，应采取与其他连接形式并用的复合接头，如黏结-螺纹，黏结-点焊等。

（4）接头胶层厚度与表面粗糙度应控制。有机胶胶层厚度与表面粗糙度分别为 0.05~0.1 mm 与 $R_a20 ~ 2.5\ \mu m$，无机胶胶层厚度与表面粗糙度分别为 0.1~0.2 mm 与 $R_a80 ~ 20\ \mu m$。

板条常用的几种接头形式如图 7-30 所示。

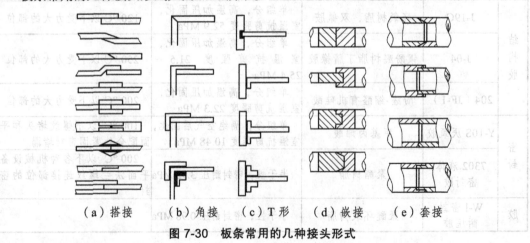

（a）搭接　（b）角接　（c）T 形　（d）嵌接　（e）套接

图 7-30　板条常用的几种接头形式

接头的制备可采用机械加工或手工加工方法，要保证接头形状吻合、缝隙均匀和达到表面粗糙度要求等。实践表明，表面经喷砂处理获得粗糙度后黏结强度最高。

黏结过程需要胶黏剂固化定型达到连接强度。除快速胶外，一般胶在常温条件下固化时间为 24 h，若加热（40 ~ 60 ℃）可缩短到 4 h，因此需要考虑置放、加压、加热和定位问题。要依据零件实际情况设置一套装夹工具。如果加热，还要准备加热和保温设施。

（二）基材表面处理

表面处理的目的是获得清洁、干燥、粗糙、新鲜、活性的表面，以获得牢固的黏结接头。

表面处理的方法最常用的有两种：一般处理方法和化学处理方法。

1. 表面的一般处理

表面的一般处理主要是保证去净油污，常用有机溶剂（如丙酮、汽油、三氯乙烯、四氯化碳等）去油脱脂，也可用碱溶液处理。同时利用锉削、打磨、粗车、喷砂等方法除去锈蚀及金属氧化物，并可粗化表面。其中喷砂效果为最好。金属件的表面粗糙度以 $R_a 12.5$ μm 为宜。经除锈粗化后，再用毛刷、干布或压缩空气清除表面的砂粒或残屑，并再次用溶液擦拭，以再除去油污，干燥待用。

对一般工件，采用一般处理方法就行了。若要求黏结强度很高、耐久性好及在特殊环境使用，应进行化学方法处理。

2. 表面化学处理

表面化学处理的目的是获得新鲜的活性表面，以提高黏结强度。尤其是塑料、橡胶类材料，表面是非极性的，活化尤为必要。化学处理是在上述一般处理后紧接着进行，其中有酸蚀法、阳极化法等。对于金属材料，采用电刷镀工艺中的表面处理方法（电净和活化）效果最好。

（三）配　胶

单组分胶黏剂，一般可以直接使用，但一些相容性差、填料多、存放时间长的胶黏剂会沉淀或分层，使用之前按规定的比例严格称取后，必须搅拌均匀。

配胶时随用随配，配胶的容器和工具须配套购置，使用前用溶剂清洗干净。配胶场所宜明亮干燥、通风。

（四）涂胶与晾置

基材处理完后应立即涂胶，最多不应超过 8 h。基体温度不应低于室温，以保证胶体的流动和表面的浸润。涂胶方式依胶黏剂的形态而定。对热熔胶可用热熔胶枪；对粉状胶可进行喷撒；对胶膜应在溶剂未完全挥发前贴上滚压；对常用的液态胶，涂胶则可采用涂、刷、刮等方法，以刷胶最普遍。刷胶时要顺着一个方向，不要往复，刷胶速度要慢，以免起泡，胶层尽量均匀、无漏缺，平均厚度约为 0.2 mm，中间应稍厚些。涂胶次数因胶黏剂和被黏物不同而异。无溶剂的有机胶只涂一遍即可，有溶剂胶一般应涂 2 ~ 3 次，头遍胶应尽量薄些，中间要有短时间间隔，待溶剂基本挥发后，再涂下次胶。

涂胶后要晾置一段时间，使胶面暴露在空气中，使气体逸出和溶剂挥发，增加黏性并流匀胶层。无溶剂胶晾少许时间，含溶剂胶要晾置一定时间，以挥发溶剂，否则胶固化后，胶县结构疏松、有气孔，降低黏结强度。但晾置切忌过度，否则会失去黏性。

（五）对　合

涂胶晾置后，将两基材接头合拢并对正位置，无溶剂胶应适当施压来回错动几次，以增加接触，排除空气，调匀胶层，如发现缺胶或有缝，应及时补充胶液。橡胶型胶对合时应一次对准位置，不准错动，并用圆棒滚压或木锤敲打，压平并排除空气，使之紧密接触。

（六）固　化

固化是使胶黏剂通过溶剂挥发、熔体冷却、乳液凝聚的物理作用或缩聚、交联等化学反立变为固体并具有一定强度的过程。固化是获得良好黏结性能的关键过程。

温度、压力、时间是固化的 3 个重要参数。温度与时间两者相关，温度高则固化快，但善固化过快，会使胶层硬脆、性能变坏。一般有机胶常温固化 24 h 以上可达到指标强度。有条件时加热至 50～60 ℃ 保温，效果更好。固化温度有特殊规定者，应按规定执行。固化过翟中施加一定的压力总是有益的，它不仅能够提高胶黏剂流动性，有利于胶液的扩散渗透，而且可以保证胶层与被黏物紧密接触，防止气孔、空洞产生，还会使胶层厚度更加均匀。加压大小视胶黏剂种类和性质而定。

（七）检　查

黏结之后，应对黏结件进行全面检查，观察是否有裂纹、裂缝、气孔、缺胶等，位置是否错动。对有密封要求的零件，还应进行密封检查。目前简单的检查方法主要有目测法、敲击法、溶剂法、水压或油压试压法等。近年来一些先进技术方法如超声波法、X 射线法、声阻法、激光法等也应用于胶层的质量检查。

对批量黏结的零件，可随机抽样做破坏性试验，测定有关数据，以检查黏结是否牢固。

（八）加　工

对于检验合格的黏结件，为满足装配要求需修整，刮掉多余的胶，将黏结表面修整得光滑平整。必要时可进行机械加工，达到装配要求。但要注意，在加工过程中要尽量避免胶层受到冲击力和剥离力。

六、黏结的应用

由于黏结有许多优点，从机械产品制造到设备维修，几乎无处不可利用黏结来满足工艺需要。特别是随着高分子材料的发展，新型胶黏剂不断出现，黏结在维修中的应用日益广泛。尤其在应急维修中，更显示其固有的特点。

（一）黏结的应用

（1）用结构胶黏结修复断裂件。

（2）用于补偿零件的尺寸磨损。例如，机械设备的导轨研伤粘补以及尺寸磨损的恢复，可采用粘贴聚四氟乙烯软带、涂抹高分子耐磨胶黏剂等。

（3）用于零件的密封堵漏。铸件砂眼、孔洞等可用胶填充堵塞而不泄漏。

（4）以粘代焊、代铆、代螺、代固等。如以环氧胶代替锡焊、点焊，省锡节电；合金刀具的黏结代替黄铜钎焊，既减小了刀具变形又保证了性能；量具的以胶代固，代替过盈配合；用黏结替代焊接时的初定位，可获得较准确的焊接尺寸。

（5）用于零件的防松紧固。用黏结代替防松零件如开口销、止动垫圈、锁紧螺母等。

（6）用黏结代替离心浇铸制作滑动轴承的双金属轴瓦，既可保证轴承的质量，又可解决中小企业缺少离心浇铸专用设备的问题，是应急维修的可靠措施。

（二）实　例

导轨伤痕的修补实例如下。

机床导轨碰伤和拉伤是经常出现的，修复导轨局部损伤较为棘手，应用黏结修复技术是快速而又经济的一种方法。下面简述采用耐磨涂料做局部修补导轨的办法。

（1）彻底清除导轨表面油渍。先用有机溶剂清洗，尤其是沟痕内的油污要去除。然后用氧-乙炔焰烘烤一遍，并去除油渣。

（2）修整沟痕。用刮刀尖修刮沟槽，去除金属疲劳层及杂物，使其呈现新鲜表面。

（3）再度烘烤清除表面组织内油渍，并起到预热作用（超过 30 ℃），有利于胶黏剂的浸润。

（4）涂抹耐磨涂料。可用成品胶，也可用还原铁粉作填料配制。涂胶时要用力压抹，胶的黏度小些流动性好，胶层要高出表面 0.5 ~ 1 mm。

（5）胶层气泡处理。调胶后静置一段时间，排出搅拌时产生的气体。胶开始凝固时也要人为排除较大气泡。

（6）24 h 后固化，用软砂轮去掉高出表面的涂层，再用刮刀顺沟痕方向修刮平整。

第八节　零件修复技术的选择

在机械设备维修中，充分利用修复技术，合理地选择修复工艺，是提高修理质量、降低修理成本、加快修理速度的有效措施。

一、修复技术的选择原则

合理选择修复技术是维修中的一个重要问题，特别是对于一种零件存在多种损坏形式或一种损坏形式可用几种修复技术维修的情况下，选择最佳修复技术显得更加必要。在选择和确定合理的修复技术时，要保证质量，降低成本，缩短周期，从技术经济观点出发，结合本单位实际生产条件，需要考虑以下一些原则。

（一）技术合理

采用的修复技术应能满足待修零件的修复要求，修复后能保持零件原有技术要求。为此，要做以下几项考虑。

1. 待选的修复技术对零件材质的适应性

在现有修复技术中，任何一种方法都不能完全适应各种材料，都有其局限性。所以在选择修复技术时，首先应考虑修复技术对待修复机械零件材质的适应性。如喷涂技术在零件材质上的适用范围较宽，金属零件如碳钢、合金钢、铸铁件和绝大部分有色金属及其合金等几乎都能喷涂。但对少数有色金属及其合金（紫铜、钨合金、钼合金等）喷涂则较困难，主要是这些材料的热导率很大，喷涂材料与它们熔合困难。

又如喷焊技术，它对材质的适应性较复杂，铝、镁及其合金，青铜、黄铜等材料不适用喷焊。

表 7-13 列出了几种修复工艺对常用材料的适应性，可供选择修复技术时参考。

表 7-13　几种修复工艺对常用材料的适应性

修复工艺	低碳钢	中碳钢	高碳钢	合金结构钢	不锈钢	灰铸铁	铜合金	铝
镀铬	+	+	+	—	—	+		
镀铁	+	+	+	+	+	+		
气焊	+	+	—					
手工电弧堆焊	+	+	—	+	+	—		
振动堆焊	+	+			+			
埋弧堆焊	+							
等离子弧堆焊	+	+	-	+	+	—		
金属喷涂	+	+	+	+	+	+	+	+
氧-乙炔火焰喷焊	+							
钎焊	+	+	+	+	+	+	+	—
黏结	+	+	+	+	+	+	+	+
金属扣合						+		
塑性变形	+	+					+	+

注："+"表示修复效果良好；"—"表示能修复，但需采取一些特殊措施；空格表示不适用。

2. 各种修复技术能达到的修补层厚度

各种零件由于磨损程度不同，要求的修复层厚度也不一样。所以，在选择修复技术时，须了解各种修复技术所能达到的修补层厚度。

3. 零件构造对修复工艺选择的影响

例如，直径较小的零件用埋弧堆焊和金属喷涂修复就不合适；轴上螺纹车成直径小一级的螺纹时，要考虑到螺母的拧入是否受到临近轴直径尺寸较大的限制等。

4. 修复零件修补层的力学性能

修补层的强度、硬度，修补层与零件基体的结合强度以及零件修复后的强度变化情况，是评价修理质量的重要指标，也是选择修复技术的重要依据。

如铬镀层硬度可高达 HV800～1 200，其与钢、镍、铜等机械零件表面的结合强度可高于其本身晶格间的结合强度；铁镀层硬度可达 HV500～800（HRC45～60），与基体金属的结合强度大约在 200～300 MPa。又如喷涂层的硬度范围为 HB150～450，喷涂层与工件基体补层硬度较高，则会使加工表面不光滑。发生表面研伤现象。

（二）经济合算

在保证零件修复技术合理的前提下，应考虑到所选择修复技术的经济性。所谓经济合算，是指不单纯考虑修复费用低，同时还要考虑零件的使用寿命，两者结合起来综合评价。

通常修复费用应低于新件制造的成本，即

$$S_修/T_修 > S_新/T_新$$

式中，$S_修$为修复旧件的费用，元；$T_修$为旧件修复后的使用期，h 或 km；$S_新$为新件的制造成本，元；$T_新$为新件的使用期，h 或 km。

上式表明，只要旧件修复后的单位使用寿命的修复费用低于新件的单位使用寿命的制造费用，即可认为此修复是经济的。

在实际生产中，还需注意考虑因缺乏备品配件而停机停产造成的经济损失情况。这时即使所采用的修复费用较高，但从整体的经济方面考虑还是可取的，则不应受上式限制。有的工艺虽然修复成本很高，但其使用寿命却高出新件很多，则也应认为是经济合算的工艺。

（三）生产可行

选择修复技术时，还要注意结合本单位现有的生产条件、修复技术水平、协作环境进行。同时应指出，要注意不断更新现有修复技术，通过学习、开发和引进，结合实际采用较先进的修复技术。

总之，选择修复技术时，不能只从一个方面考虑问题，而应综合地从几个方面来分析比较，从中确定出最优方案。

二、零件修复工艺规程的制订

制订零件修复工艺规程的目的是为了保证修理质量及提高生产率和降低修理成本。

（一）调查研究

（1）了解和掌握待修机械零件的损伤形式、损伤部位和程度。
（2）分析零件的工作条件、材料、结构和热处理等情况。
（3）了解零件在设备中功能，明确修复技术要求。
（4）根据本单位的具体情况（修复技术装备状况、技术水平和经验等），比较各种修复工艺的特点。

（二）确定修复方案

在调查研究的基础上，按照选择修复技术的基本原则，根据零件损坏部位的情况和修复技术的适用范围，最后择优确定一个合理的修复方案。

（三）制订修复工艺规程

零件修复工艺规程的内容包括：名称，图号，硬度，损伤部位指示图，损伤说明，修理技术的工序及工步，每一工步的操作要领及应达到的技术要求，工艺规范，修复时所用的设备、夹具、量具，修复后的技术质量检验内容等。

技术规程常以卡片的形式规定下来，必要时可附加文字说明。

在制订修复工艺规程中，应注意考虑以下几个问题。

1. 合理安排工序

（1）将会产生较大变形的工序安排在前面。电镀、喷涂等工艺，一般在堆焊和塑性变形修复技术后进行，必要时在两者之间可增设校正工序。

（2）精度和表面质量要求高的工序应安排在最后。

2. 保证精度要求

修复时尽量采用零件在设计和制造时的基准，若设计和制造的基准已损坏，需预先修复定位基准或给出新的定位基准。

3. 安排平衡工序

修复高速运动的机械零件，其原来平衡性可能受破坏，应考虑安排平衡工序，以保证其平衡性的要求。如曲轴修复后应做动平衡试验。

4. 其 他

必须保证零件的配合表面具有适当的硬度，绝不能为便于加工而降低修复表面的硬度；有些修复技术可能导致机械零件材料内部和表面产生微裂纹等，为保证其疲劳强度，要注意安排提高疲劳强度的工艺措施和采取必要的探伤检验手段等。

复习题：

1. 金属扣合法有哪几类？
2. 塑性变形修复零件一般是哪几种方法？
3. 简述黏结的主要应用。

参考文献

[1] 张青，王晓伟，何芹，等. 工程机械故障诊断与维修[M]. 北京：化学工业出版社，2013.

[2] 卢彦群，朱桂英，孔江生，等. 工程机械检测与维修[M]. 北京：北京大学出版社，2012.

[3] 苏阳，刘忠伟. 机械维护修理与安装[M]. 北京：化学工业出版社，2011.

[4] 王修斌，程良骏，等. 机械修理大全[M]. 辽宁：辽宁科学技术出版社，1993.

[5] 张键.机械故障诊断技术[M]. 北京：机械工业出版社，2014.

[6] 吴基安. 汽车维修指南[M]. 北京：中国物资出版社，1994.

[7] 丁玉兰，石来德. 机械设备故障诊断技术[M]. 上海：上海科学技术文献出版社，1994.

[8] 费敬银. 机械设备维修工艺学[M]. 西安：西北工业大学出版社，1999.

[9] 邝朴生，许福章，刘玉琴. 现代机器故障诊断学[M]. 北京：农业出版社，1991.

[10] 时彧，王广斌，等. 机械故障诊断技术与应用[M]. 北京：国防工业出版社，2014.